鄂托克前旗伊克乌素因长期干旱，
时至 2020 年 8 月草场寸草不生

2015 年 7 月 17 日达拉特旗树林召镇春夏连旱

2018 年 6 月 11 日鄂托克前旗昂素镇八音
乌苏嘎查旱情严重，农作物枯死

2018年6月22日达拉特旗昭君镇
干旱使玉米受损严重

2016年7月24日鄂托克前旗敖勒召其镇暴雨致
路面严重积水

2016年8月17日暴雨致东胜柴登村山洪暴发

2018年5月19日暴雨导致东胜区民族东街与
准格尔北路交叉口严重积水

2019年8月2日杭锦旗呼和木独镇地出现暴雨
造成农田渍害

2020 年 8 月 25 日乌审旗无定河巴图湾暴雨
冲毁乡村道路

2011 年 6 月 13 日鄂托克前旗昂素镇
狂风折断树木

2013 年 8 月 4 日达拉特旗昭君镇
赛乌素村大风使作物、树木倒伏

2013年8月5—6日鄂托克前旗塔布陶勒盖大风
折断电线杆

2015年6月9至10日鄂托克旗大风灾害
使作物倒伏，受损严重

2015年7月28日伊金霍洛旗红庆河镇
大风天气造成活动板房坍塌

2015年7月28日伊金霍洛旗红庆河镇
受冰雹袭击,玉米受灾

2015年7月28日伊金霍洛旗红庆河镇
受冰雹袭击,家禽死亡

2016年7月11日伊金霍洛旗雹灾造成
房屋坍塌

2016年7月11日伊金霍洛旗雹灾造成山羊死亡

2015年11月19日达拉特旗风水梁镇降雪造成草棚塌陷

2016年5月11—15日鄂托克前旗霜冻
天气使农作物大面积受灾

2019年5月13日鄂托克旗霜冻
使农作物受灾

2019年5月14日达拉特旗王爱召镇
西瓜等作物不同程度冻死冻伤

第一次全国自然灾害综合风险普查

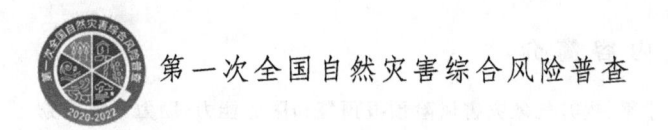

鄂尔多斯市气象灾害汇编

鄂尔多斯市气象局　编著

气象出版社
China Meteorological Press

内 容 简 介

为全面客观认识鄂尔多斯市气象灾害风险水平,提升气象灾害风险预报预警和服务能力,助力气象业务能力和社会防灾减灾能力提升,鄂尔多斯市气象局组织气象预报、气象服务等方面的专家,充分应用第一次全国自然灾害综合风险普查成果,从气候背景、时空分布特征、天气过程以及灾情信息等方面对干旱、暴雨、大风、沙尘、冰雹、雷电、雪灾、低温灾害、高温热浪等9个灾种进行了认真梳理和分析,形成了具有一定价值的科研成果,对于气象灾害风险预警、气象服务以及防灾减灾具有重要参考意义。

图书在版编目（CIP）数据

鄂尔多斯市气象灾害汇编 / 鄂尔多斯市气象局编著. — 北京：气象出版社，2022.12
ISBN 978-7-5029-7859-4

Ⅰ．①鄂… Ⅱ．①鄂… Ⅲ．①气象灾害－普查－汇编－鄂尔多斯市 Ⅳ．①P429

中国版本图书馆CIP数据核字(2022)第221278号

鄂尔多斯市气象灾害汇编
Eerduosi Shi Qixiang Zaihai Huibian

出版发行	气象出版社		
地　　址	北京市海淀区中关村南大街46号	邮政编码	100081
电　　话	010-68407112(总编室)　010-68408042(发行部)		
网　　址	http://www.qxcbs.com	E-mail	qxcbs@cma.gov.cn
责任编辑	郑乐乡	终　　审	吴晓鹏
责任校对	张硕杰	责任技编	赵相宁
封面设计	艺点设计		
印　　刷	北京建宏印刷有限公司		
开　　本	787 mm×1092 mm　1/16	印　　张	10.75
字　　数	275千字	彩　　插	6
版　　次	2022年12月第1版	印　　次	2022年12月第1次印刷
定　　价	80.00元		

本书如存在文字不清、漏印以及缺页、倒页、脱页等，请与本社发行部联系调换。

《鄂尔多斯市气象灾害汇编》
编委会

主　任：石　磊
副主任：袁　娜　伍秀峰　张连霞　聂松花
编　委（按姓氏笔画排列）：

　　　　王一鸣　刘　婷　刘雨金　刘明月　许　晶
　　　　许彩琴　苏日娜　李昊宇　杨媛媛　何　晨
　　　　张彩云　范超宇　奇奕轩　项飞录　胡　勇
　　　　段海鹏　贺小璐　郭艳梅　訾倩倩

前 言

鄂尔多斯市位于内蒙古自治区西南部，属于典型的温带大陆性季风气候，年平均气温 5.3～8.7 ℃，平均降水量 190～400 mm。干旱、暴雨、霜冻、雷电、高温、寒潮、大风和沙尘暴是主要气象灾害。随着全球变暖趋势的加剧，极端天气气候事件频发，给经济社会发展和人民生命财产安全造成严重威胁，引起社会广泛关注。

党的十八大以来，习近平总书记针对防灾减灾救灾发表了一系列重要讲话和指示，提出"两个坚持，三个转变"的防灾减灾救灾新理念：坚持以防为主、防抗救相结合，坚持常态减灾和非常态救灾相统一，努力实现从注重灾后救助向注重灾前预防转变，从应对单一灾种向综合减灾转变，从减少灾害损失向减轻灾害风险转变，全面提升全社会抵御自然灾害的综合防范能力。

2020 年 6 月，国务院办公厅印发了《关于开展第一次全国自然灾害综合风险普查工作的通知》（国办发〔2020〕12 号），由 17 个部委参与的第一次全国自然灾害综合风险普查正式开启。

鄂尔多斯市气象部门结合实际开展了干旱、暴雨、大风、沙尘、冰雹、雷电、雪灾、低温灾害、高温热浪等 9 个灾种的致灾调查、评估和风险区划，旨在摸清气象灾害风险隐患底数，全面客观认识全市气象灾害风险水平，提升气象灾害风险预报预警和服务能力，为地方政府及各部门有效开展气象灾害防治工作提供科学决策依据。普查工作积累了大量第一手资料，形成了一批包含普查数据、普查图像以及文字报告等在内的普查成果。

为充分应用普查成果，助力气象业务能力和社会防灾减灾能力提升，鄂尔多斯市气象局组织气象预报、气象服务等方面的专家，历时 2 年编写完成了《鄂尔多斯市气象灾害汇编》。本书对影响鄂尔多斯市的主要气象灾害从气候背景、时空分布特征、天气过程以及灾情信息方面进行了认真梳理和分析，形成了具有一定价值的科研成果，对于气象灾害风险预警、气象服务以及防灾减灾具有重要参考价值。

本书主要资料来源为气象灾害综合风险普查相关成果，灾情数据主要是通过查阅档案、文献资料，同时调取了应急、农牧等相关部门的历史资料。全书按灾种共分为 9 章，每章包括灾害性天气概述和灾情信息两个部分。概述部分主要介绍气象灾害的定义、灾害对社会经济的影响、灾害的防御以及时空分布特征等。由于每种灾害涉及的气象要素不同，观测资料的时段不同，分析研究侧重点也有所不同，故各章概述部分内容稍有差别。灾情部分因鄂尔多斯市气象灾害种类发生频次不同以及受到数据收集渠道限制，所以各气象灾害种类编撰的起始年限有所区别。其中，干旱灾害、暴雨洪涝灾害、大风灾害、沙尘灾害、低温灾害、雪灾资料收集整理了秦汉至今的全部相关资料；雷电灾害、冰雹灾害、高温热浪灾害因搜集不到相关的历史资料，仅编写了现代相关灾害资料。各灾种 1949 年前灾情统计主要参考《中国气象灾害大典·内蒙古卷》中相关内容。

另外,需要特别说明的是,康巴什区人民政府2017年12月正式挂牌成立,此前该区曾先后隶属于伊金霍洛旗下辖哈巴格希乡、东胜区哈巴格希街道。由于康巴什区成立时间较短,目前没有国家级气象观测站,而且距离伊金霍洛旗相隔不足10 km,因此天气概述部分没有单独进行分析,可以参照伊金霍洛旗;灾情部分凡涉及康巴什区的,2017年之前发生的灾情已经包含在伊金霍洛旗或东胜区统计之内,2017年之后相关灾害性天气较少,相关灾情信息也较少。

本书是集体智慧的结晶,编写工作由鄂尔多斯市气象局组织气象预报与服务技术人员完成。张连霞、聂松花负责本书编写工作的组织协调、内容设计,张连霞、刘婷负责文稿审阅、统稿和定稿工作,张连霞、郑玉峰进行技术指导。参加编写的主要人员如下(按章节顺序):概况由刘婷编写,第一章由张彩云、杨媛媛编写,第二章由李昊宇、刘雨金编写,第三章由苏日娜、訾倩倩编写,第四章由郭艳梅、贺小璐编写,第五章由项飞录编写,第六章由段海鹏、范超宇编写,第七章由许晶、王一鸣和刘明月编写,第八章由许彩琴、何晨编写,第九章由奇奕轩、胡勇编写。另外,杨媛媛、武方园、红儿参与了部分彩图绘制工作。

编写组秉承真实、准确、客观的原则,力争使科研人员、决策者、社会公众等读者均能从本书中有所收获。但因涉及的气象资料、灾情资料众多,时间跨度大,技术水平有限等原因,难免会出现差错和疏漏,望广大读者提出意见和建议。

编者

2022年6月

目　录

前言
鄂尔多斯市概况 …………………………………………………………………………（ 1 ）
第一章　干旱灾害 ………………………………………………………………………（ 5 ）
　　第一节　概述 …………………………………………………………………………（ 5 ）
　　第二节　公元前230年—公元1948年的干旱灾害 …………………………………（ 8 ）
　　第三节　公元1949—2020年的干旱灾害 ……………………………………………（ 12 ）
第二章　暴雨洪涝灾害 …………………………………………………………………（ 32 ）
　　第一节　概述 …………………………………………………………………………（ 32 ）
　　第二节　公元265—1948年的暴雨洪涝灾害 ………………………………………（ 34 ）
　　第三节　公元1949—2020年的暴雨洪涝灾害 ………………………………………（ 35 ）
第三章　大风灾害 ………………………………………………………………………（ 57 ）
　　第一节　概述 …………………………………………………………………………（ 57 ）
　　第二节　公元600—1948年的大风灾害 ……………………………………………（ 62 ）
　　第三节　公元1949—2020年的大风灾害 ……………………………………………（ 62 ）
第四章　沙尘灾害 ………………………………………………………………………（ 71 ）
　　第一节　概述 …………………………………………………………………………（ 71 ）
　　第二节　公元600—1948年的沙尘灾害 ……………………………………………（ 77 ）
　　第三节　公元1949—2020年的沙尘灾害 ……………………………………………（ 77 ）
第五章　冰雹灾害 ………………………………………………………………………（ 80 ）
　　第一节　概述 …………………………………………………………………………（ 80 ）
　　第二节　公元1914—1948年的冰雹灾害 ……………………………………………（ 84 ）
　　第三节　公元1949—2020年的冰雹灾害 ……………………………………………（ 85 ）
第六章　雷电灾害 ………………………………………………………………………（114）
　　第一节　概述 …………………………………………………………………………（114）
　　第二节　公元1949—2020年雷电灾害 ………………………………………………（122）
第七章　雪灾 ……………………………………………………………………………（125）
　　第一节　概述 …………………………………………………………………………（125）
　　第二节　公元1340—1948年的雪灾 …………………………………………………（127）
　　第三节　公元1949—2020年的雪灾 …………………………………………………（127）

第八章　低温灾害 (135)
   第一节　概述 (135)
   第二节　公元1912—1948年的低温灾害 (139)
   第三节　公元1949—2020年的低温灾害 (140)

第九章　高温热浪 (150)
   第一节　概述 (150)
   第二节　公元1949—2020年的高温热浪灾害 (161)

参考文献 (163)

鄂尔多斯市概况

一、区域概况

鄂尔多斯市历史源远流长，早在三万五千年前，河套人就在萨拉乌素河流域繁衍生息，迈开了人类文明的脚步。鄂尔多斯大地上，汉武帝沿秦直道巡查，王昭君怀抱琵琶出塞，赫连勃勃建都立国，隋炀帝索辫赋诗，党项族创立西夏基业，成吉思汗走完人生之旅。明朝天顺年间，蒙古族鄂尔多斯部驻牧河套，始称鄂尔多斯。清朝顺治六年，鄂尔多斯各旗会盟王爱召，形成伊克昭盟（汉意为"大庙"）。2001年，经国务院批准，撤伊克昭盟，设地级鄂尔多斯市。

鄂尔多斯市位于内蒙古自治区西南部，地处鄂尔多斯高原腹地。西、北、东三面黄河呈"几"字形环绕，南依长城，毗邻晋、陕、宁三省区，内蒙古自治区内与呼和浩特市、包头、巴彦淖尔市、阿拉善盟隔河而望。西起106°42′40″E，东至111°27′20″E，东西长约400 km；南起37°35′24″N，北至40°51′40″N，直线距离约340 km，总面积8.7万 km²。

二、地势地貌

鄂尔多斯市地形复杂，起伏不平，东、北、西三面被黄河环绕，总体为西北高东南低，以东胜区的海拔高度为最高（1466 m），全市境内地形地貌类型多样，西部为广袤的大草原、北部沿河旗（区）不乏河套套区特色，东北部多丘陵沟壑，是鄂尔多斯市的煤炭聚集地，东南部的乌审旗从北到南由沙地逐渐过渡到平原，目前市政府所在地附近形成东康阿经济联合区，GDP总量居内蒙古自治区榜首。

全市境内呈现五大类型地貌：北部黄河冲积平原由洪积和黄河挟带的泥沙等物沉积而成，主要分布于杭锦旗、达拉特旗、准格尔旗沿黄河的23个乡（镇、苏木）内，海拔高度1000～1100 m，地势平坦，水热条件极好；东部丘陵沟壑区的地表侵蚀严重，冲沟发育，水土流失严重，局部地区基岩裸露，分布于鄂尔多斯市、伊金霍洛旗、准格尔旗和达拉特旗南部，海拔高度为1300～1500 m；中部库布其、毛乌素两大沙漠，位于鄂尔多斯市中部，库布其沙漠北邻黄河平原，呈东西条带状分布，毛乌素沙漠地处鄂尔多斯市腹地，分布于鄂托克旗、鄂托克前旗、伊金霍洛旗部分和乌审旗；西部坡状高原区是包括鄂托克旗大部分区域和鄂托克前旗、杭锦旗的部分区域的鄂尔多斯市西部地区，地势平坦，起伏不大，海拔高度1300～1500 m，气候较为干燥，降雨稀少，属典型的半荒漠草原((彩)图1)。

三、行政区划

鄂尔多斯市下辖七旗两区，即康巴什区、东胜区、达拉特旗、杭锦旗、鄂托克旗、鄂托克前旗、乌审旗、伊金霍洛旗、准格尔旗。旗（区）下辖43个镇、6个苏木、2个乡、26个街道、1个管委会（图2）。

康巴什区：哈巴格希街道、青春山街道、滨河街道、康新街道。

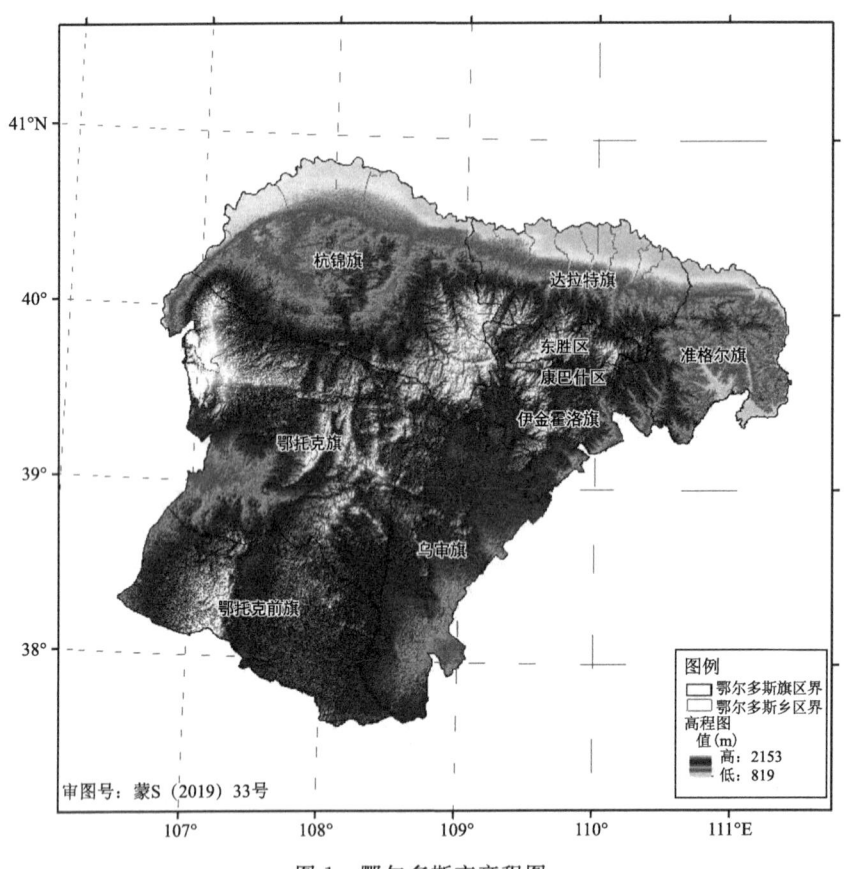

图 1　鄂尔多斯市高程图

东胜区：交通街道、公园街道、林荫街道、建设街道、富兴街道、天骄街道、诃额伦街道、巴音门克街道、幸福街道、纺织街道、兴胜街道、民族街道、泊尔江海子镇、罕台镇、铜川镇。

达拉特旗：树林召镇、吉格斯太镇、白泥井镇、风水梁镇、王爱召镇、昭君镇、恩格贝镇、中和西镇、展旦召苏木、工业街道、昭君街道、锡尼街道、白塔街道、西园街道、平原街道。

杭锦旗：锡尼镇、独贵塔拉镇、吉日嘎朗图镇、呼和木独镇、巴拉贡镇、伊和乌素苏木、塔然高勒管委会。

鄂托克旗：乌兰镇、棋盘井镇、蒙西镇、木凯淖尔镇、苏米图苏木、阿尔巴斯苏木。

鄂托克前旗：敖勒召其镇、城川镇、上海庙镇、昂素镇。

乌审旗：嘎鲁图镇、乌审召镇、图克镇、乌兰陶勒盖镇、无定河镇、苏力德苏木。

伊金霍洛旗：阿勒腾席热镇、伊金霍洛镇、苏布尔嘎镇、纳林陶亥镇、乌兰木伦镇、红庆河镇、札萨克镇。

准格尔旗：薛家湾镇、沙圪堵镇、龙口镇、准格尔召镇、纳日松镇、大路镇、布尔陶亥苏木、十二连城乡、暖水乡、魏家峁镇、蓝天街道、友谊街道、兴隆街道、迎泽街道。

四、气候概况

鄂尔多斯市属典型的温带大陆性季风气候，四季分明。春季气温骤升，干旱少雨且多大风天气；夏季温热短促，雨水相对集中，局地的冰雹、洪涝灾害频繁；秋季气温下降快，霜冻来临

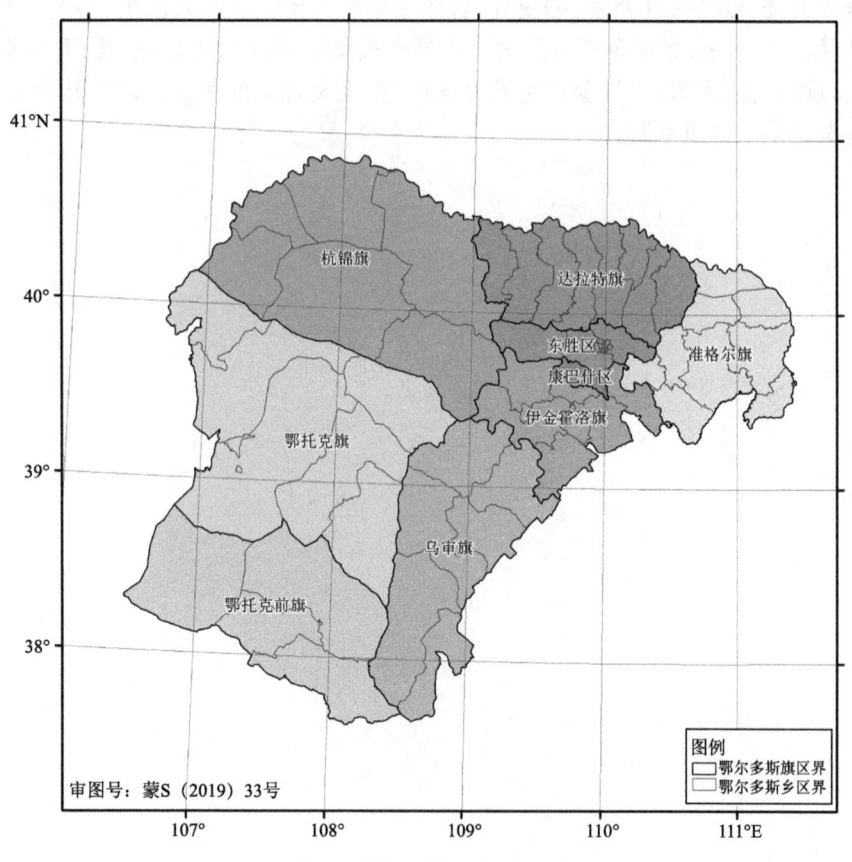

图 2　鄂尔多斯市行政区划

早;冬季寒冷漫长,寒潮多降雪少。

全市1991—2020年平均气温7.1 ℃(杭锦旗)~8.5 ℃(乌审旗),1月最冷,月平均气温在-10.9 ℃(达拉特旗)~-8.4 ℃(乌审旗)之间,极端最低气温-30.3 ℃(达拉特旗)~-26.5 ℃(乌审旗)之间;7月最热,月平均气温在21.9 ℃(东胜区)~23.7 ℃(达拉特旗)之间,极端最高气温在36.7 ℃(东胜区)~39.8 ℃(达拉特旗)之间。气温年较差平均为31.2 ℃(东胜区)~34.6 ℃(达拉特旗)。

全市降水分布不均,1991—2020年平均年降水量为263.9~397.9 mm,西部地区降水量为263.9 mm(鄂托克前旗)~295.2 mm(杭锦旗),东部地区降水量平均为327 mm(达拉特旗)~397.9 mm(准格尔旗),全年降水集中在7—9月。蒸发量大,年蒸发量为2000~3000 mm。干旱、冰雹、大风、霜冻、局地洪涝、暴雨等自然灾害是制约本市国民经济发展的主要气象灾害。

全市春季多大风、沙尘天气,其中大风天气在4—5月出现次数最多,占全年大风日数的36%;杭锦旗、伊金霍洛旗、鄂托克旗大部出现大风日数较多,其中鄂托克旗大风日数最多;不管是浮尘、扬沙、沙尘暴或是强沙尘暴,均是在春季出现次数最多,频率最高。且各类沙尘天气中,扬沙占比为80.3%,是沙尘天气中最常出现的天气,其次是浮尘,能见度小于1 km的极端天气占比极低。

全市日照充足,太阳能资源较为丰富,全年日照时数为2871.4~3044.5 h。

由于全球变暖,极端天气频发,据统计,鄂尔多斯市气象灾害及其次生、衍生灾害占自然灾害的90%左右。近年来,鄂尔多斯市多次出现创有气象记录以来的高温、暴雨、雷暴、冰雹、短时强降水、山洪等气象灾害,且气象灾害及其次生、衍生灾害发生率呈急剧上升趋势,给人民生命和财产安全带来了严重威胁。

第一章 干旱灾害

第一节 概述

干旱是指长期无雨或少雨,淡水总量缺少,不足以满足人类生存和经济发展需要的气候现象。在我国比较通用的干旱有4种类型(孙荣强,1994),分别为气象干旱、农业干旱、水文干旱和社会经济干旱。气象干旱是指某时段内由于降水和蒸发的收支不平衡造成的异常水分短缺现象,通常用某时段低于平均值的降水来定义。农业干旱指作物生长过程中因供水不足,阻碍作物正常生长而发生的水量供需不平衡现象,农业干旱主要是由大气干旱或土壤干旱导致作物生理干旱而引发的,具有复杂、多变和模糊三个特性。水文干旱指由降水和地表水或地下水收支不平衡造成的异常水分短缺现象。社会经济干旱是指由于经济、社会的发展需水量日益增多,以水分影响生产、消费活动等描述的干旱,其特点是与气象干旱、水文干旱、农业干旱相联系。在这4种类型干旱中,气象干旱是一种自然现象,最直观的表现在降水量的减少上,它的发生是最直接和最频繁的,而农业、水文和社会经济干旱更关注人类和社会方面,因此气象干旱是其他三种类型干旱的主因。

《气象干旱等级》中将干旱划分为五个等级(全国气候与气候变化标准化技术委员会,2017),分别为无旱、轻旱、中旱、重旱、特旱,并评定了不同等级干旱对农业和生态环境的影响程度。无旱,指地表湿润,作物水分供应充足,地表水资源充足,能满足人们生产、生活需要。轻旱,指地表空气干燥,土壤出现水分轻度不足,作物轻微缺水,叶色不正;水资源出现短缺,但对生产、生活影响不大。中旱,指土壤表面干燥,土壤出现水分不足,作物叶片出现萎蔫现象;水资源短缺,对生产、生活造成影响。重旱,指土壤水分持续严重不足,出现干土层(1~10 cm),作物出现枯死现象;河流出现断流,水资源严重不足,对生产、生活造成严重影响。特旱,指土壤水分持续严重不足,出现较厚干土层(大于10 cm),作物出现大面积枯死;多条河流出现断流,水资源严重不足,对生产、生活造成严重影响。

干旱作为一种由气象因素引发的自然灾害,具有出现频率高、持续时间长、波及范围广的特点。干旱的频繁发生和长期持续不但会给国民经济特别是农业生产等带来巨大的影响,还会造成水资源短缺、荒漠化加剧、沙尘暴频发、生态与环境恶化等不利影响。我国是一个旱灾频繁发生的国家,同时也是一个农业大国,干旱灾害较其他自然灾害影响范围广、历时长,对农业生产影响也最大。严重的旱灾还影响工业生产、城乡供水、人民生活和生态环境,给国民经济造成重大损失,尤其是经常受旱的北方地区,水资源紧缺形势日益严峻,已成为制约农牧业生产的重要因素之一。

鄂尔多斯市属内陆半干旱向干旱过渡地带,生态与环境极其脆弱,环境抵御自然灾害的能力较低,旱灾是影响鄂尔多斯市常见且危害最大的自然灾害之一。鄂尔多斯市干旱一年四季均有发生,轻则造成气候异常,农业减产,重则土壤干裂,农作物绝收,牧草枯死,人畜饮水困难,影响经济发展和社会稳定,干旱和水资源不足严重制约着鄂尔多斯市经济等各方面的发展。造成鄂尔多斯市干旱灾害的原因,既有自然地理条件方面的因素,也有经济社会发展的因素,同时人类不合理的生产活动对旱灾的发生也有着不可忽视的影响。鄂尔多斯市气候属极为干燥的大陆性季风气候,大部分降水集中在夏秋两季,由于山脉阻挡了东南季风的深入,降水稀少,气候干燥。另外,由于不同年份冬、夏季风进退的时间、强度和影响范围以及台风登陆次数的不同,致使降水量在年内和年际间的时空分布差异很大,这是鄂尔多斯市干旱频发的主要原因。另外,随着人口数量不断增长,进而用水增多导致水资源紧张和人类对水资源的浪费、污染、不合理开发利用等都是造成干旱的罪魁祸首。还有随着经济迅猛发展带来城市化进程加快,工农业生产和生活用水量急剧上升,水量供需矛盾的加剧,也会带来干旱的恶劣后果。

根据鄂尔多斯市自然灾害统计情况分析发现,旱灾是鄂尔多斯市影响面积大、历时长、造成的各种损失严重的自然灾害,旱灾对农牧业生产影响最为突出。鄂尔多斯市干旱灾害有以下特点:一是干旱的严重性;二是干旱的季节性与随机性;三是干旱的连发性和连片性造成特别严重的灾害;四是旱灾对经济造成的损失呈逐年上升的趋势。

一、干旱季节分布特征

鄂尔多斯市干旱具有明显的季节性特点。春季(3—5月)降水稀少,降水变率大,蒸发强(是降水的十倍甚至几十倍以上),气温上升迅速,日照丰富和大风日数多,容易发生春旱。夏季(6—8月)鄂尔多斯市降水相对集中,也是农作物生长旺盛、需水量大的时期,阶段性干旱发生时,太阳辐射强、温度高、空气干燥,这时的干旱对农作物的危害特别大。但夏季降水较多,雨水丰沛,所以夏旱的频率明显小于其他各季。

鄂尔多斯市干旱一年四季都有发生,从全市旗(区)代表站61年(1960—2020年)的资料统计分析表明,各类干旱中冬旱(当年12月至次年2月)发生频率最高,占到29%,冬季降水稀少,各旗(区)都以干旱为主,鄂尔多斯市农田多已休闲,冬旱对农作物的危害较轻。其次是发生频率较高的春旱(3—5月),占到27%,此时正值作物需水期,且降水量相对较小,同时气温上升迅速,蒸发量明显增大,因此春季的干旱危害也最重。再次是秋旱(9—11月),占25%,在一年中夏季发生干旱的频率最低,仅占19%。

二、干旱时间分布特征

从鄂尔多斯市1960—2020年降水距平百分率历年变化可以看出,降水距平百分率≤-15%的年份有19年,降水偏少,有旱情(图1.1)。其中有8年降水距平百分率≤-30%,干旱较重,特别是1962年和1965年,降水距平百分率≤-45%,旱情最重,为特旱;其次为2000年和2005年,降水距平百分率≤-40%,为重旱;再次为1972年、1974年、1980年、1986年和1999年,降水距平百分率在-40%~-30%,为中旱。在年代际尺度中,20世纪60—90年代,干旱频次较多,且较其他年代干旱程度重。

从鄂尔多斯市1960—2020年春、夏季降水距平百分率历年变化可以看出,春季有25年降水距平百分率≤-25%,其中有7年降水距平百分率≤-50%,特别是1962年、1993年、1995年和2000年旱情较重(图1.2)。夏季有17年降水明显偏少,其中1965年和1999年旱情较重(图1.3)。从两曲线变化也可以看出,春、夏季干旱于20世纪90年代前后频发,且程度较重。

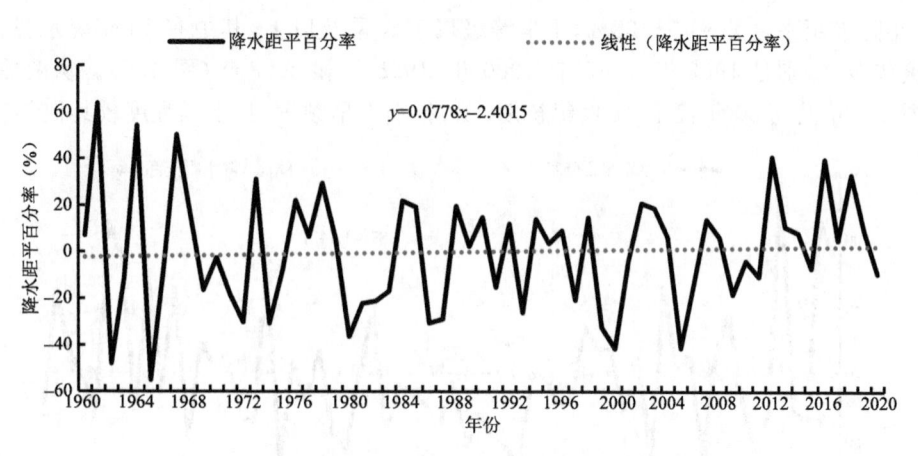

图 1.1　鄂尔多斯市 1960—2020 年年降水距平百分率变化

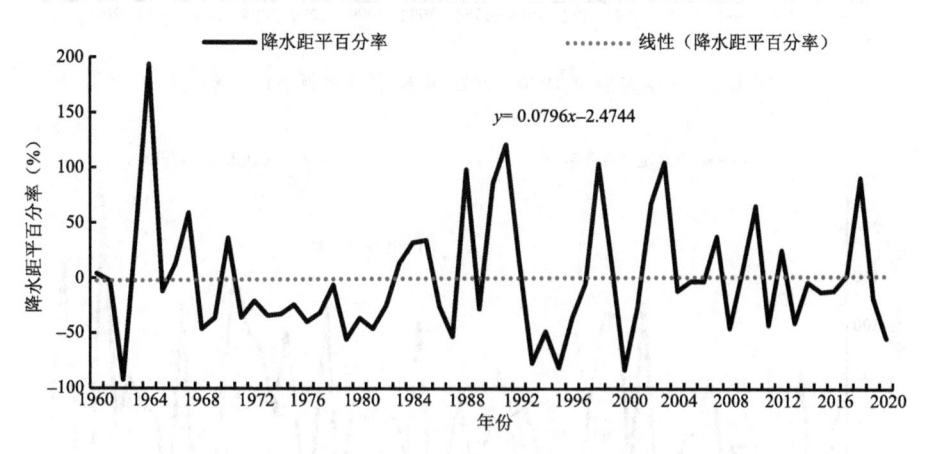

图 1.2　鄂尔多斯市 1960—2020 年春季降水距平百分率变化

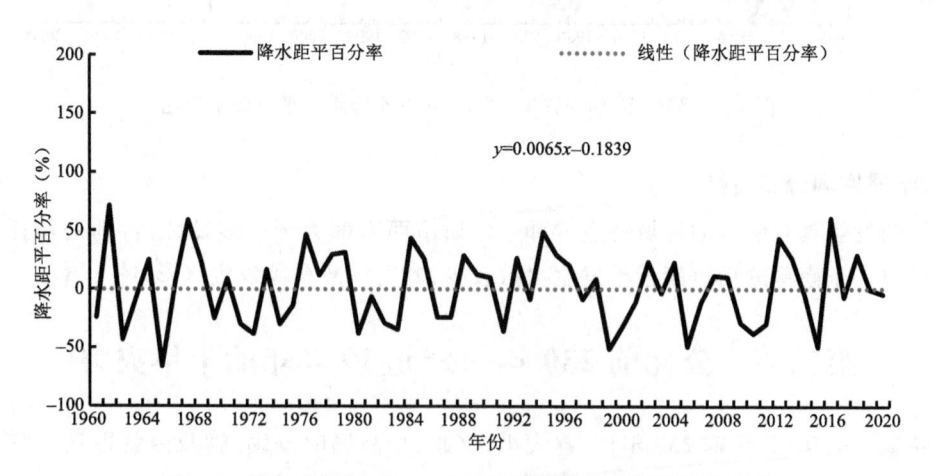

图 1.3　鄂尔多斯市 1960—2020 年夏季降水距平百分率变化

从鄂尔多斯市 1960—2020 年秋、冬季降水距平百分率历年变化可以看出,秋季有 23 年降水距平百分率≤-25%,其中有 9 年降水距平百分率≤-50%,干旱程度在中旱(图 1.4)。冬季有27年降水距平百分率≤-25%,干旱等级属于轻旱及以上,其中有13年降水显著偏少,干旱程度较重,特别是1962年、1967年、1980年、1998年和2008年(图1.5)。从两曲线变化也可以看出,20世纪80年代至21世纪初期,秋、冬季干旱频发,且干旱程度较其他年代重。

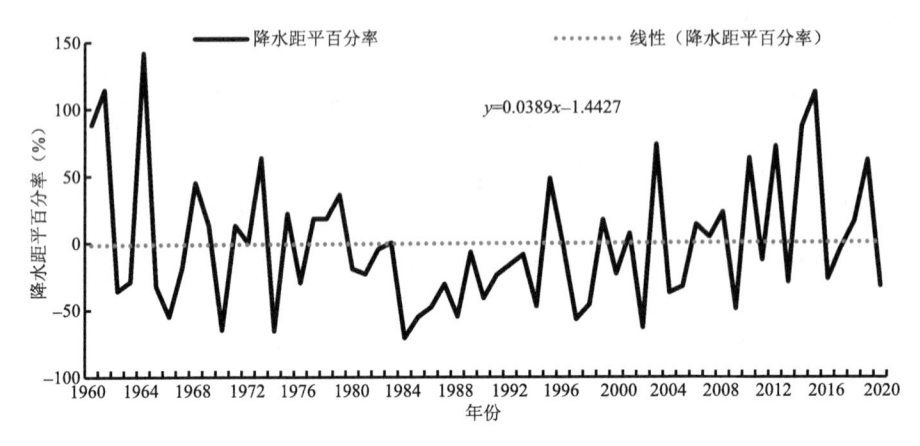

图1.4 鄂尔多斯市1960—2020年秋季降水距平百分率变化

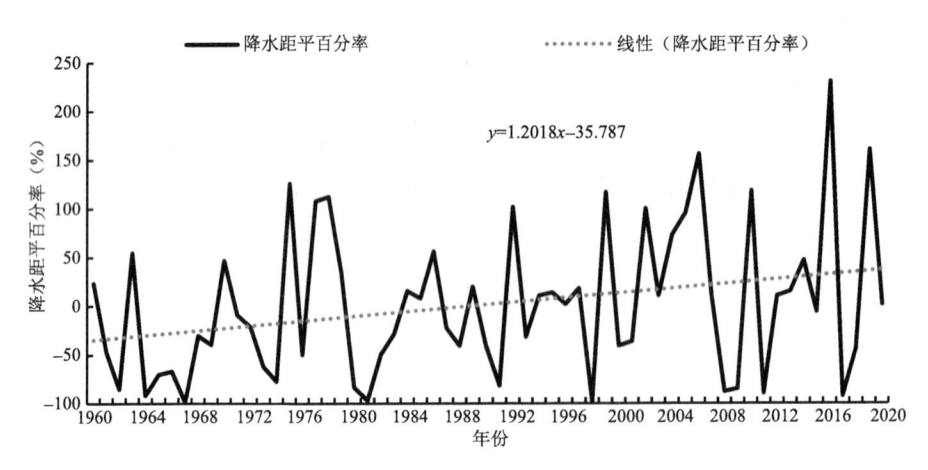

图1.5 鄂尔多斯市1960—2020年冬季降水距平百分率变化

三、干旱空间分布特征

干旱的发生具有明显的地域特点。鄂尔多斯市西南部为干旱多发区,特别是鄂托克旗和鄂托克前旗。东南部的乌审旗干旱发生次数较少,常有一般旱象发生((彩)图1.6)。

第二节 公元前230年—公元1948年的干旱灾害

秦始皇十七年(公元前230年) 赵大饥。(赵:指战国时赵国,辖及内蒙古乌兰察布市南部、呼和浩特和包头二市、河套等地区)

汉后元二年(公元前142年) 上郡以西旱。(上郡:在西汉时,北部辖及内蒙古鄂尔多斯市南半部沿边地区)

新莽建国五年(公元13年) 北地大饥,人相食。(北地:指北地郡,辖境包括内蒙古乌海

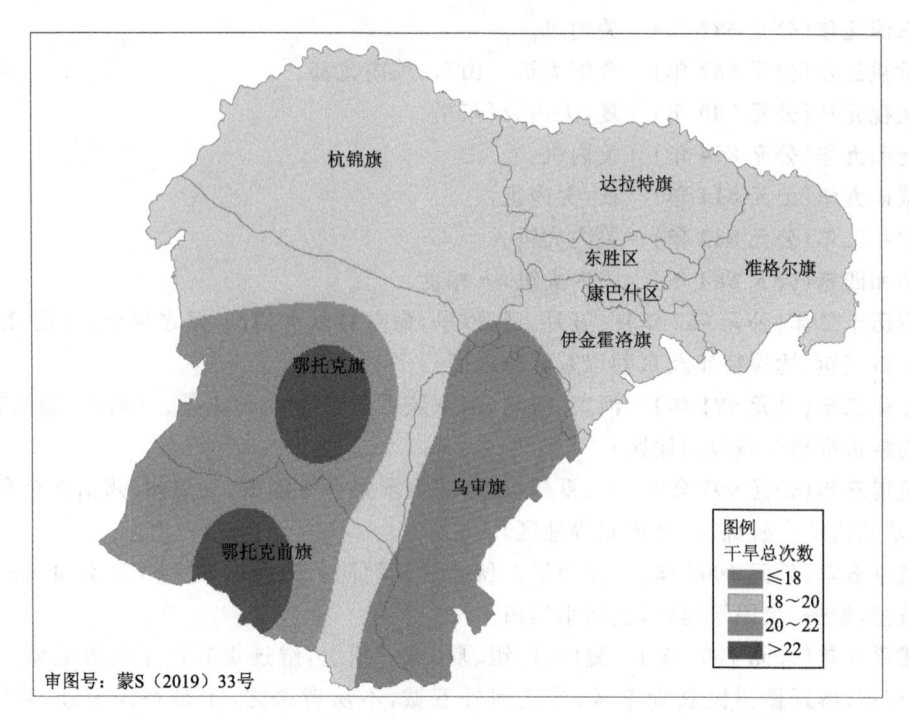

图 1.6　鄂尔多斯市 1960—2020 年干旱发生总次数空间分布

市和鄂尔多斯市西南部沿边地区）

新莽天凤二年（公元 15 年）　五原、代郡兵起。时卫卒二十余万人，久屯塞边三岁不得代，谷籴常贵，仰衣食于县官。岁大饥，人相食，盗贼蜂起。（五原：指五原郡，郡治在今包头市西北境，辖境相当今包头市、巴彦淖尔市东部、鄂尔多斯市东部沿边地区）

东汉永元十二年（公元 100 年）　春二月，诏：贷被灾诸郡，择良吏赐贫民粟布。闰四月赈贷敦煌、张掖、五原民下贫者谷。

东汉永元十三年（公元 101 年）　三月丙午，赈贷张掖、居延、朔方贫民及孤寡羸弱不能自存者。（朔方：指朔方郡，郡治在今内蒙古磴口县北境，辖境包括内蒙古鄂尔多斯市北部，巴彦淖尔市中西部地区）

东汉永元十四年（公元 102 年）　夏四月庚辰，赈贷张掖、居延、敦煌、五原、汉阳、会稽流民夏贫谷，各有差。

东汉永初三年（公元 109 年）　并州、凉州大饥，人相食。（并州：指并州刺史部，辖境包括内蒙古呼和浩特市、包头市、乌兰察布市南半部、鄂尔多斯市、巴彦淖尔市等一带地区）

魏太和二年（公元 228 年）　大旱，内蒙古五月旱。

晋永兴二年（公元 305 年）　并州大饥。

北魏神瑞元年（公元 414 年）　河西、云、代三月饥，毙岁霜旱，云代之民多饥死。

唐武德七年（公元 624 年）　关内、河东旱。（关内：指关内道，其辖境包括内蒙古呼和浩特市、包头市、鄂尔多斯市、乌兰察布市、巴彦淖尔市大部，锡林郭勒盟东乌珠穆沁旗及赤峰市巴林旗以西地区，阿拉善盟阿拉善左、右旗等一带地区）

唐贞观元年（公元 627 年）　关内饥。

唐永淳元年(公元682年)　关内饥。

唐垂拱三年(公元687年)　全国大饥。山东、关内尤甚。

唐久视元年(公元700年)　夏,关内、河东旱。

唐元和九年(公元814年)　关内饥。

唐咸通九年(公元814年)　秋,关内饥。

唐中和二年(公元882年)　关内大饥。

唐中和四年(公元884年)　关内大饥,人相食。

辽应历十二年(公元962年)　五月,辽,以旱,命左右以水相沃,倾之果雨。(辽:辖有今内蒙古乌拉特三旗、达拉特旗及东胜以东部分地区)

宋淳化二年(公元991年)　河南、河北、河东陕西等三十六州军旱。(河东:指河东路,辖境包括内蒙古准格尔旗以南地区)

宋至道三年(公元997年)　云、夏州饥,德明表求粟百万赈济。(夏州:州治在今乌审旗南白城子,辖及内蒙古杭锦旗、乌审旗等地区)

宋咸平五年(公元1002年)　夏州旱。秋七月筑河防。夏州自上年八月不雨,谷尽不登,至是旱益甚,继迁,令民筑堤防,引河水灌田。

宋咸平六年(公元1003年)　夏四月,银、夏、宥三州饥,继迁徙其民于河外五城。三州荒旱,饥馑相望,继迁籍州民衣食丰者,徙之河外五城,不从者杀之,于是番汉重迁,嗟叹四起。(宥州:在今内蒙古鄂尔多斯市乌审旗西南地区)

宋大中祥符元年(公元1008年)　春正月辰,夏州饥,请易粟,并许之。夏境旱。宋诏:榷勿禁西人市粮,以赈其乏。(夏境:指西南、都兴庆,辖境包括内蒙古阿拉善盟、巴彦淖尔市、鄂尔多斯市大部及乌海市等地区)

宋治平四年(公元1067年)　自春至夏,河北、河东、陕西诸路久旱。九月诸路复旱。冬无雪。

宋元符三年(公元1100年)　五月,河东、陕西饥。诏:帅臣计度赈恤。

宋宝庆二年(公元1226年)　五月,河西诸州草木黄,民无所食。(河西:指黄河以西地区,如陕、甘、宁等地区及内蒙古鄂尔多斯市和阿拉善盟等一带地区)

元至元二年(公元1265年)　西京、北京旱。陕西旱。(西京:辖境包括鄂尔多斯市北部和巴彦淖尔市后套等地区。陕西:元朝陕西行省延安路,包括内蒙古鄂尔多斯市中、南部地区)

元至元六年(公元1269年)　九月,丰州、云内、东胜旱,免其租赋。(云内:辽置云内州,金、元因之,辖境元比辽、金有所扩大。相当今土左、土右、包头市、固阳县、乌拉特三旗、达拉特旗、杭锦旗、王原县、临河县等一带地区)

元至元八年(公元1271年)　正月,北京饥。二月西京各州、县、益都旱。正月,赈北京饥。

元至元十三年(公元1276年)　西京西三州,以水旱缺食。四月戊辰,开元路民饥。

元大德三年(公元1299年)　东胜、云、丰等州民饥。乞籴邻郡。四月辽东开元、咸平蒙古女真等人乏食,以粮布赈之。十二月癸酉,甘肃亦集乃路屯田旱,并赈以粮。

元延祐七年(公元1320年)　大同路饥。四月上都饥。五月大同、云内、丰州、东胜州饥。

元天历二年(公元1329年)　春,大同路饥。二月,上都告饥。正月,大同及东胜州饥。四月,大都、兴和路饥。

元至顺元年(公元1330年)　八月,鄂尔多斯之地频年灾,畜牧多死,民户万七千一百八十。

元至顺二年（公元 1331 年） 七月，东胜州旱。

元至元六年（公元 1340 年） 夏，大宁、广宁、辽阳、开元旱。九月，丰州、云内、东胜旱。免其租赋。

清康熙五十一年（公元 1712 年） 谕曰：鄂尔多斯饥馑荐臻，户口流散，可速遣官察核，务令各遂生业。

清康熙五十五年（公元 1716 年） 鄂尔多斯部歉收，遣官入赈，凡七千九百余户，三万一千余丁。

清雍正元年（公元 1723 年） 郭尔罗斯、科尔沁、扎鲁特各旗饥。发币七万两，命大臣往赈。喀尔喀左翼部歉收，赐币赈之。复命赈恤鄂尔多斯。

清乾隆二十八年（公元 1763 年） 奏准鄂尔多斯游牧处所，被旱较重，有所大小九千二百余口每名借给榆林仓米二斗，以资接济，每石价银一两，俟秋收交纳地方补还。包头榆林、大同旱。

清乾隆二十九年（公元 1764 年） 归化各厅属报，包头、伊盟旱。

清乾隆三十一年（公元 1766 年） 奏准鄂尔多斯，奇旺班珠尔旗之二十三佐领并遭饥饿，于口北道库内发给赈银一千五百两，并供给各盟长札萨克一年俸银，以济贫困。

清道光十八元年（公元 1838 年） 十一月，给摩尔根城、博尔多、布特哈被灾旗民银粮。伊克昭盟大旱，人饥。

清咸丰三年（公元 1853 年） 贷山西上年被旱之托克托城农民籽种。（托克托城：即今内蒙古托县，当时兼辖杭锦旗）

清光绪元年（公元 1875 年） 伊克昭盟一带旱灾，雨不足用。

清光绪二年（公元 1876 年） 伊克昭盟盟长贝子札纳济尔迪呈，准格尔旗以频年荒歉，请开垦空场一段东西八十里，南北十五里，收租散赈，接济穷蒙。下理院议行。托县一带大旱。

清光绪三年（公元 1877 年） 口外各厅大饥。莎、托、和、清四厅尤甚。上年秋稼末登，春夏又复亢旱，秋苗未能播种，各厅开仓放赈，饥民日多，仓谷不敷，饿殍遍野，蒙旗亦大饥。伊盟准格尔旗斗米制钱千八百文，居民死者大半，多将幼子弃诸他人之门，冀得收养，旗蜀招租黑界地，购粮放赈，人得粮斗八升，稍资救济。

清光绪十八年（公元 1892 年） 宁远、和林、清水河各厅以连年大旱、死者亦多。蒙旗饥民亦伙、杭锦各旗糜子每石价至五两。

清光绪十九年（公元 1893 年） 五月以伊克昭盟盟长札萨克、贝子札纳吉尔第游牧，连年荒旱，颁帑一万赈之。

清光绪二十七年（公元 1901 年） 春，各厅灾民日多，死者更众，全道人口减十分之三，幸夏秋雨水应时，田禾倍收，流亡渐返。

清光绪三十一年（公元 1905 年） 各厅均雨迟霜早。比岁不登。（各厅：成立归绥道后，即撤销绥远成厅，在原七厅辖境内于公元一九零三年前增设兴和、陶林、武川、东胜、五原等五厅）

清宣统三年（公元 1911 年） 秋，清水河厅旱灾，民多乏食，通判洪清主准发仓谷八千六百余石赈之。各厅以上年歉收皆告饥。其新厅无仓者，拨款赈济。谕："坤岫奏准格尔旗屡年灾歉，去年亢旱，今春大雪，蒙民产业牲畜倒毙殆尽，加恩赏帑银一万两妥为散放。"又绥远城将军坤岫奏："鄂尔多斯郡王及札萨克台吉两旗连年歉收，去年亢旱，冬春大雪，牲畜倒毙，人民无计为生,请饬部赈筹,以济蒙艰。"得旨者赏银五千两。

民国五年(公元 1916 年) 绥远都统呈,伊克昭盟准格尔旗蒙地被灾,应分别蠲缓由,奉批令准予蠲缓,以纾民力。

民国十四年(公元 1925 年) 伊盟东胜地区春夏遭旱灾,禾苗大多枯死。

民国十七年(公元 1928 年) 春夏大风,仍亢旱,五谷不登。春以籽种缺,田多荒废,入夏青苗地辄罹冰雹之灾,归绥武川为甚。固阳、萨拉齐、包头、托克托、和林格尔、东胜各县皆苦旱不能下种。至乌、伊两盟十三旗地处边荒,蒙民素少生计,值此凶年尤为困苦。加以疥疠蔓延,每旗死者不下二三百人。大饥。官绅组立赈务分会以赈之。按临河向称产量之区,比以近年兵燹匪祸,水旱灾害,纷至沓来,民间盖藏当然一空。兼以东路包、莎、武、固、东胜等地方,赤地千里,比岁不登,负襁担簦来临就食者络绎于道,不下数万口,又兼回军攻宁败,东胜居临百里之大滩,饥军万余仰食临境。是时外面饥民计有四万口之多,粮价腾涌昂于平时十倍。共赈粮一千五百余石,经各区实际调查,饥民共计四万一千余口。

民国十八年(公元 1929 年) 省境以连年大旱,蒙地寸草不生,牲畜率皆倒毙,旗民生活均告饥荒。鄂托克米贵时,每升售洋一元。乌审、鄂托向称富足,至是亦以天旱草少,人畜俱困,多饿毙者。时陕西旱灾亦重,乌审与之连境,粮价亦甚昂。达拉旗、四子王、茂明安各旗,亦为被灾较重区域。杭锦接近后套,得粮稍易,粮价较他旗略低。十三旗中郡、准、札三旗灾略轻。各旗蒙汉人民多食死牲之肉,以救饥饿,境内汉人亦有鬻妻子于陕晋边县者。东胜旱灾最重,微有收成者十之有二,余地寸草皆无,又加土匪扰乱,十室九空,灾民人数227166 人。

民国二十七年(公元 1938 年) 伊盟夏秋连旱,受灾。

民国三十年(公元 1941 年) 鄂尔多斯市春夏连旱。

民国三十六年(公元 1947 年) 鄂尔多斯市春夏连旱,7月中旬才进入雨季。

第三节　公元 1949—2020 年的干旱灾害

1949 年 鄂尔多斯市南部春播期干旱少雨。

1950 年 鄂尔多斯市以春旱为主。

1951 年 全市大范围干旱,干旱时间长,受旱范围广,为旱灾较重年份之一,春夏秋连旱,且夏秋旱较春旱严重,因干旱推迟播种,农田缺苗断垄,出苗后又被大面积旱死。牧区受灾更为严重。

1953 年 鄂尔多斯市 3—7 月降水偏少 30%~50%,大部地区出现春夏连旱,春夏连旱致使农区很多农田撂荒不能下种或干寄籽,部分作物出苗后旱死。由于降水持续偏少,黄河水位下降,牧区受旱影响较大,牧草高度仅 3~4 cm,牲畜膘情较差,鄂托克旗牧场荒芜,不到 1 个月死亡牲畜 1280 头(只)。

1955 年 鄂尔多斯市春季降水较少,4—7 月降水比常年少 20%~45%,春旱明显。之后又发生较为严重的夏秋连旱,对牧业生产影响较重,鄂尔多斯市大部草场遭受旱灾影响,牧草低矮枯黄,牲畜膘情差。

1956 年 鄂尔多斯市牧区春季发生旱灾。夏秋季,鄂托克旗出现干旱。

1957 年 鄂尔多斯市春播前期降水特少,3月降水量较常年同期偏少 70%~100%,后期降水量逐渐增多,旱情明显缓解。7—9月,大部地区发生夏秋连旱,对作物后期生长极为不利。鄂托克旗乌兰镇测站5月至8月中旬未出现日降水量大于10 mm的天气过程,直到8月26日才有明显降雨,年降水量148.2 mm,仅为常年的44%,小梁地寸草不生,全旗旱灾面积57.79万 hm²,粮食减产2673.97万 kg。

1959年 鄂尔多斯市4—5月降水较常年同期偏少30%~85%,出现阶段性一般干旱,鄂托克旗以西旱情最重,牧草返青期少雨。夏季鄂尔多斯市出现阶段性干旱。

1960年 东胜、伊金霍洛旗、乌审旗入春后连续4个月未降透雨,7月14日才出现第一个大于10 mm的雨日,出现较强的春夏连旱,山梁地有些地区颗粒不收。杭锦旗从6月27日至9月23日,降水偏少7成左右,未出现过大于10 mm的降雨,发生特强夏秋连旱。准格尔旗从4月中旬至9月下旬初,降水偏少5成左右,发生强的春夏秋连旱。

1961年 杭锦旗、鄂托克前、乌审旗、杭锦旗在5月上旬至6月中旬初期,出现弱的阶段性干旱。

1962年 全市性严重干旱年,旱情范围广,持续时间长。第一场透雨出现时间普遍偏晚,乌审旗和东胜相对较早,在6月12日和6月23日,伊金霍洛旗则在8月25日才出现第一个大于10 mm的雨日,其余旗(区)在7月上旬出现第一场透雨。大部地区年降水量不足200 mm,较常年同期偏少40%~70%,各旗(区)干旱日数在163~214 d,年特旱日数在52~106 d。大部地区春、夏、秋均出现严重干旱。春夏长时间的干旱,导致农作物播种推迟或撂荒,出苗的荞麦、糜黍大部旱死,牧草普遍返青晚、长势差。伊金霍洛旗年降水量仅有100 mm,全年大旱,连续干旱日数达214 d,农业减产70%,大牲畜死亡299头,小牲畜死亡5104只。

1963年 鄂托克旗从8月中旬至10月上旬,准格尔旗从7月下旬至10月上旬发生了较强的夏秋连旱。达拉特旗和伊金霍洛旗在8月中下旬发生了弱的阶段性干旱。

1965年 全市性大旱年,全市春夏秋连旱严重,年最强干旱过程为强或者特强等级。鄂尔多斯市大部地区年降水量不足200 mm,较常年偏少50%~70%,杭锦旗年降水量仅95.3 mm,是1959年以来最少的年份。大部地区干旱日数在150 d以上,年最长连续干旱日数在100 d以上,杭锦旗年干旱日数达191 d,年最长连续干旱日数153 d;准格尔旗年干旱日数在181 d,年最长连续干旱日数达156 d。伊金霍洛旗年特旱日数最多(66 d),遭受特强干旱,旱象从5月一直持续到9月下旬,干旱受灾面积74.7万亩①,受灾面积(兼受其他灾害影响)有9万亩无收成,受灾人口8.1万,严重受灾人口6.6万。整个作物生长季无大于5 mm的降水日,降水量5 mm以下干旱日数为143 d。当时《人民日报》记者来伊金霍洛旗撰文说:"只有人们闭上眼睛,才能感觉到这里是炎热的夏季,睁开眼睛一看,眼前却呈现出一派秋天的景象。"

鄂尔多斯市大部地区6—8月降雨量都是历史同期最小值,农牧业生产受旱灾影响严重,天然牧草返青后又枯黄,鄂托克旗全年干旱,水井无水,草场无草。受旱灾影响,大多数农作物枯萎或旱死,鄂尔多斯市粮食亩产不超过15 kg,有的地方甚至颗粒无收。

1966年 鄂尔多斯市遭受旱灾,成灾面积2.7万 hm²。4月中下旬至5月下旬,达拉特旗、鄂托克旗、杭锦旗降水偏少50%~60%。5月上旬至下旬初,乌审旗、伊金霍洛旗和准格尔旗也出现旱灾,降水量仅有4~5 mm,较常年同期偏少8成左右。6月中下旬至7月中下旬,大部地区再次出现夏旱。准格尔旗夏旱较强,干旱持续时间从6月25日至8月12日。

---

① 1亩=1/15 hm²,下同。

1967 年 鄂托克旗 3 月 24 日至 5 月 2 日降水量仅 5.4 mm,出现较强等级干旱。

1968 年 全市春夏连旱,干旱过程等级评估大部地区为强干旱,4 月中下旬至 8 月初,大多旗(区)累计降水量不足 100 mm,降水距平百分率为 -40%～-80%。杭锦旗从 4 月 29 日至 7 月 13 日累计降水量仅有 26.1 mm,发生特强干旱。鄂尔多斯市全市受旱灾面积达 7.7 万 hm²,牧区干旱也较重。

1969 年 乌审旗出现强春夏连旱,年干旱日数共 146 d,年特旱日数达 32 d。5 月 4 日至 8 月 12 日,乌审旗降水量仅有 111.1 mm,较常年偏少 40%。伊金霍洛旗出现特强春夏秋连旱,年干旱日数达到 183 d,连续干旱日数 145 d,特旱日数 59 d。其余旗(区)以夏旱为主,也较为严重,东胜区 6 月 17 日至 7 月 18 日连续 32 d 没有出现日降水量大于 5 mm 的降雨天气。西部牧区夏季大部地区也出现干旱,全市经济损失 5026 万元。

1970 年 杭锦旗、鄂托克前旗和乌审旗均有干旱发生。4 月 5—29 日(牧草返青期),鄂托克前旗降水量仅有 3.7 mm,较常年同期偏少 6 成左右。进入夏季,鄂托克前旗在 7 月 4 日至 8 月 28 日出现连续干旱,长达 56 d。杭锦旗和乌审旗北部在 7 月中下旬发生不同程度的干旱,降水偏少 4～6 成。

1971 年 各旗(区)年降水量时空分布不均,达拉特旗从 4 月 11 日至 6 月 24 日,74 d 内降水量仅有 14.7 mm,降水偏少 8 成左右,之后在 7 月初至 9 月中旬,又发生夏秋连旱,降水偏少 4 成,一年内发生干旱日数达 153 d。东胜区在 6 月至 9 月中旬发生持续性干旱,连续干旱日数长达 110 d,降水偏少 4 成左右。鄂托克旗分别在 4 月 12 日至 5 月 1 日、5 月 12 日至 7 月 23 日、8 月 2 日至 9 月 14 日,发生三次阶段性干旱,干旱日数长达 137 d。杭锦旗在 5 月上旬至 7 月下旬,乌审旗在 4 月上旬至 7 月上旬,准格尔旗在 5 月下旬至 7 月下旬初期均有较强的干旱发生,干旱日数 110～130 d。乌审旗 8 月降水量仅有 8.7 mm,为有气象记录以来次小值(1974 年降水量 6.6 mm)。

1972 年 鄂托克旗在 4 月 20 日出现第一场 10 mm 的降水后,直到 8 月 18 日才出现第二场大于 10 mm 的降水(11.1 mm),年降水量仅 132.3 mm,较常年同期偏少 50%,连续干旱 5 个多月,出现特强的春夏秋连旱。达拉特旗 4 月至 9 月降水量偏少 40%,发生强的春夏秋连旱。杭锦旗从 6 月中旬至 10 月,降水量偏少 50%,出现特强夏秋连旱。准格尔旗在 6 月 18 日才出现第一场接墒雨,出现强的春夏连旱。乌审旗从 6 月 8 日至 8 月 16 日降水量仅 32.7 mm,出现严重的夏旱。伊金霍洛旗在 5 月 28 日出现大范围的透雨后,直到 8 月 18 日才出现大于 10 mm 的雨日,发生较强春旱之后,又出现强的夏秋连旱。据《伊金霍洛旗志》记载,入春以后,伊金霍洛旗旱灾(伴有冻风灾)极为严重。由于气候干燥,夏田作物枯死,牧草生长不好,牲畜缺水缺草现象严重,旱灾面积达 28 万亩。

干旱使鄂尔多斯市西部牧区大面积牧草枯死,部分草场的产草量只有正常年产草量的 15%,牲畜严重缺草,鄂托克旗从外地调运饲草料 1500 万 kg。

1973 年 年降水量时空分布不均,大部地区春旱严重,3—5 月,鄂尔多斯市大部地区降雨量不足 30 mm,较常年同期偏少 30%～70%。鄂托克旗 6 月 23 日才出现第一场接墒雨。东胜、杭锦旗、准格尔旗、乌审旗在 7 月 8 日至 7 月 10 日才出现第一场接墒雨。除达拉特旗和鄂托克前旗外,其余旗(区)在春季至初夏均遭受了较为严重的干旱。鄂托克旗牧草返青期干旱少雨,降水量仅为 21.8 mm,全旗受灾公社 21 个,耕地受旱,成灾面积达 3.61 万 hm²,大小牲畜死亡 6.58 万头(只),全旗农牧业欠国家各种贷款和信用社贷款 305 万元。《乌审旗农牧业志》记载:"1973年,全旗遭受了历史上罕见的旱灾,牲畜(尤其是大畜)缺草少料,要度冬春,困难重重。"伊金霍洛旗受灾面积3.68万 hm²,农作物严重减产,东南地区发生麦秆蝇,小麦枯死,全无收成。鄂尔多斯市全市农作物受灾面积达20万 hm²,减产5成以上的13.7万 hm²,由于受1972年和1973年两年持续干旱影响,1973年粮食产量较1972年又减产100万kg,为新中国成立以来粮食产量最低的年份。由于近几年的持续干旱,鄂尔多斯市植被破坏,草场沙化严重,缺草缺料,牲畜瘦乏、疾病、死亡增多,全市农牧区的牲畜在1973年初为480万头(只),较1972年减少了28万头(只),其中大牲畜减少8万头(只)。

1974年 鄂尔多斯市连续3年遭受严重的旱灾。上半年,鄂尔多斯市大部地区降水量偏少3~7成,其中达拉特旗、鄂托克旗、杭锦旗上半年降水量26.7~40.3 mm,较常年同期偏少50%~70%。进入8月,各旗(区)降水量较常年同期偏少60%~90%,准格尔旗降水量超过40 mm,其余旗(区)降水量不足20 mm,乌审旗降水量仅有6.6 mm,为历年同期最小值,出现了严重的夏秋连旱。达拉特旗和鄂托克旗一年中大于10 mm的降水日数仅有3 d,主要出现在7月。达拉特旗年降水量144.5 mm,较常年同期偏少6成,第一场大于10 mm的降雨出现在6月24日,发生特强春夏连旱,之后又发生较为严重的夏秋连旱,一年中干旱日数超过200 d。鄂托克旗年降水量227.2 mm,主要集中在7月(135.1 mm),7月23日出现第一场接墒雨,牧草返青季降水总量仅为21.3 mm,连年干旱,加之大风日数多,给农牧业生产带来严重影响,鄂托克旗全旗总的播种面积为2.95万 hm²,成灾面积2.17万 hm²,受灾牲畜96.7万头(只),死亡10.89万头(只)。东胜、准格尔旗、杭锦旗、伊金霍洛旗在春季和夏季均出现了较为严重的干旱。全市受旱面积14.54万 hm²,占总播种面积的51%,减产粮约4950万kg。

1975年 鄂尔多斯市入春后大部分地区一直没有落透雨,特别是5、6月和7月上旬,旱情持续发展,大部地区发生了严重的春夏连旱。准格尔旗、乌审旗、达拉特旗在6月15日才出现第一个大于10 mm的雨日,杭锦旗在6月21日,鄂托克旗在7月3日,东胜在7月21日。鄂托克前旗出现第一个大于10 mm的雨日更晚(在7月28日),日降水量16.4 mm,也是当年日降水量的最大值,且一年中仅有4 d日降水量超过10 mm,发生严重的春夏秋连旱。6月下旬至7月中旬,达拉特旗、伊金霍洛旗、鄂托克前旗、东胜、准格尔旗降水量9~15 mm,较常年同期偏少7~8成,夏旱严重,不少地区干土层厚度达30 cm。

受严重春夏连旱影响,全市有5.3万 hm²耕地无法下种,占计划播种面积的17%,已经出土的青苗出现大面积的死苗和枯苗。入伏后更为严重,准格尔旗有6个乡死苗面积占20%~30%,其中旱地小麦只有一半收成,豌豆全无收成。牧业方面,部分地区因干旱牧草未返青,有些牧草返青后又出现了倒枯现象,旱象严重的地方,连耐旱的沙蒿也旱死了,牲畜吃不饱,抓不上膘,母畜奶少,仔幼畜死亡率不断上升。据统计,全市有86%的牧业乡受旱,受灾牲畜99万多头(只),受旱灾农业乡占30%,受旱灾人口达25万。

1976年 鄂尔多斯市春季旱情较重,3~5月各旗(区)降水量偏少3~7成,杭锦旗和鄂托克旗春季降水量14~16 mm,较常年同期偏少60%~70%,在6月15日才出现第一个大于10 mm的雨日。北部大部地区在春季至初夏发生了较为严重的干旱。

1977年 鄂尔多斯市北部春季至初夏发生不同程度的干旱,期间各旗(区)降水偏少3~6成。第一场接墒雨出现的时间普遍偏晚,鄂托克旗在6月18日,鄂托克前旗在6月28日,准格尔旗、东胜、伊金霍洛旗在7月2日,达拉特旗和杭锦旗在7月5日。

1978年 准格尔旗和伊金霍洛旗入春至5月14日无有效降水,发生了较为严重的春旱。

达拉特旗在 7 月 12 日才出现第一个大于 10 mm 的雨日,发生了较为严重的春夏连旱。鄂托克旗在 6 月至 7 月 28 日,降水量仅有 30 mm,较常年同期偏少 6 成左右,期间未出现过大于 10 mm 的雨日,发生较为严重的夏旱。

1979 年 入春后第一场接墒雨出现时间普遍偏晚,达拉特旗、准格尔旗、鄂托克旗、杭锦旗在 6 月 18 日,东胜、伊金霍洛旗、乌审旗在 6 月 23 日,鄂托克前旗则出现的最晚,在 6 月 29 日。入春至初夏,大部地区出现较为严重的干旱。春季的降水量除达拉特旗超过 40 mm 外,其余旗(区)降水量不足 25 mm,伊金霍洛旗最少,仅有 13 mm,大部地区降水量较常年同期偏少 5~7 成。据鄂托克前旗民政局记录,5.85 万人受旱灾影响,因旱需生活救助人口 4.21 万人,农作物受灾面积 0.2 万 hm^2,成灾面积 0.05 万 hm^2。

1980 年 全市大部地区干旱严重,达拉特旗和鄂托克前旗出现特强春夏秋连旱,东胜出现较强春夏秋连旱,杭锦旗先出现较强春夏连旱后接着又出现夏秋连旱,鄂托克旗、乌审旗、准格尔旗出现较强夏秋连旱,伊金霍洛旗夏旱较为严重。第一场接墒雨出现的时间普遍偏晚,最早也在 6 月上旬,晚则在 9 月初。鄂尔多斯市大部地区牧草不返青,有的刚返青又因缺水旱死,牲畜因干旱缺草普遍掉膘,全市约 74.5% 的草场面积受旱,受旱草场达 350 万 hm^2。

达拉特旗年降水量仅有 141.9 mm,较常年同期偏少 6 成左右,9 月 3 日才出现全年中第一场也是仅有的一场大于 10 mm 的降水。鄂托克前旗年降水量 147.3 mm,较常年同期偏少 4 成左右,降水为当时有气象记录以来最少年份,在 8 月 23 日出现第一个大于 10 mm 的降水日,10 mm 的雨日只有 3 d。据鄂托克前旗民政局统计,因旱受灾人口 5.85 万,农作物受灾 0.41 万 hm^2,小畜死亡 1.57 万只,大畜死亡 0.57 万头(只)。乌审旗年降水量 175.0 mm,较常年同期偏少 5 成,持续 10 个月干旱缺雨,全旗受旱牲畜 79.5 万头(只),农作物受灾面积 1.27 万 hm^2,全旗三分之二的旱地农作物绝收。东胜区农田禾苗枯萎,受旱灾面积达 1 万 hm^2。鄂托克旗全旗 120 万 hm^2 植物受到严重破坏,草场基本没有返青,冬春牲畜无草可吃,牲畜长期处于饥饿状态,以致多病、死亡。《伊金霍洛旗志》记载,伊金霍洛旗 1980 年进入耕种季节后,一直少雨,当年计划播种 37 万亩农田,只播种了 32 万亩。纳林希里、苏布尔嘎、合同庙、哈巴格希、纳林陶亥、新庙、布连、布尔台、台格 9 个公社平均减产 6 成以上。

1981 年 4—6 月鄂尔多斯市各旗(区)降水持续偏少,鄂托克前旗和乌审旗降水量较常年同期偏少 3 成左右,其余旗(区)较常年同期偏少 5~9 成。达拉特旗 3 个月内累计降水量不足 10 mm,东胜区也仅有 16.3 mm。春季气温偏高,加之大风日数多,土壤水分蒸发快,鄂尔多斯市大部地区旱情较重。准格尔旗农区干土层超过 1 m,土壤含水量仅 1%。乌审旗 100 多眼机井因水位下降不能使用,春季牧草不能按时返青,农作物因无墒不能正常播种,进入 5 月以后,气温突降,东部 4 个公社成活的人工牧草和当年种植的杨树全部旱死,农作物受旱面积达 3 万多亩,占已播种面积的 60%。鄂托克旗有 7 个公社沙蒿没有返青,鄂托克旗的梁外地区和乌审旗的沙区有 19 个公社要到 35 km 外运人畜用水。杭锦旗受灾牲畜有 55.3 万头(只),占全旗牲畜数量的 78.7%。鄂托克前旗农作物受旱面积 0.27 万 hm^2。准格尔旗由于 4—6 月持续 80 d 的春旱,75% 的耕地不能下种,成灾面积 11.75 万亩。乌审旗在进入中伏,出现了致命的卡脖子旱,不少牧草和庄稼被旱死,天然草场的产量比正常年景下降三分之一,受灾最严重的有 6 个公社。

1982 年 西部牧区干旱较为严重,杭锦旗在 7 月 8 日出现第一场接墒雨;鄂托克旗在 7 月 29 日出现第一个大于 10 mm 的雨日,一年中大于 10 mm 的雨日仅有 3 d;鄂托克旗则在 8

月3日才出现第一个大于10 mm的雨日。鄂托克旗和鄂托克前旗年降水量不足170 mm,较常年同期偏少4成,年干旱日数在170~180 d,出现严重的春夏秋连旱。干旱使得部分地区干土层厚度深达1~2 m,地下水位普遍下降,泉水断流,牲畜饮水困难,连耐旱的沙蒿也部分出现死亡,鄂尔多斯市约有253万 hm² 牧草未返青,约6.7万 hm² 农田因旱未能播种。鄂托克前旗地下水位普遍下降1~2 m,全旗饮水困难大牲畜7.5万头,成幼畜死亡2万余头(只)。鄂托克旗受灾人口达4.88万。据《伊金霍洛旗志》记载,伊金霍洛旗1981—1982年连续大旱,有的地区干土层达到1 m左右,27万亩农田不能下种;牧草迟迟不能返青;新造林20万亩,幼苗成活率比往年降低30%左右;一些牧业队牲畜饮水亦发生困难。

1983年 达拉特旗、杭锦旗、准格尔旗、乌审旗、鄂托克前旗3—8月降水量偏少3成左右。鄂尔多斯市西部牧区从1982年5月至1983年8月,降水一直偏少,干旱时间长达15个月,造成地下水位下降,泉淖干涸,河溪断流。鄂尔多斯市西部的柠条、沙蒿、黄蒿等耐旱植物大面积死亡,牲畜死亡22万头(只)。鄂托克旗3—8月共出现5场10 mm以上的降水天气过程,其日最大降水量为24.7 mm,出现在8月21日,约65%草场不见返青,全旗死亡牲畜6.7万头(只),占总头数的7.4%。鄂托克前旗年降水量不足200 mm,3—10月大于10 mm的雨日仅有3 d,据统计约有0.79万 hm² 农作物受灾。达拉特旗8—9月未出现过日降水量大于10 mm的降雨,出现了较为严重的夏秋连旱。

1984年 鄂尔多斯市大部地区以阶段性春旱为主,春季的3—4月,各旗(区)降水量较常年同期偏少4~8成。伊金霍洛旗受近年来连续大旱影响,有的地区干土层厚度达到1 mm,1.8万 hm² 农田不能下种,牧草迟迟不能返青,新造林1.33万 hm²,幼林成活率比往年降低30%,有些牧业队牲畜饮水也发生困难。杭锦旗受灾人口1.60万,农作物受灾面积0.53万 hm²,成灾面积0.43万 hm²,绝收面积0.22万 hm²,直接经济损失达1000万元。鄂托克前旗农作物受灾面积533 hm²。乌审召全乡粮食减产15万 kg左右,草场产草量减少25万 kg,给社员生产、生活带来极大的影响。

1985年 1月至5月上旬,鄂尔多斯市大部地区降水量不足20 mm,除杭锦旗外,其余旗(区)降水量偏少3~7成,其中乌审旗累计降水量仅有9.6 mm,较常年同期偏少70%,土壤墒情极差,严重影响了大田作物抓苗,推迟了牧草的返青期。7月中下旬,鄂尔多斯市大部地区降水量偏少5~9成。东胜区7月中旬降水5.7 mm,7月下旬降水量8.5 mm,出现在作物生长关键期,造成卡脖子旱。

鄂托克旗7月中旬至8月中旬,降水量仅有16 mm,旱情较为严重,全旗水井干枯274眼,水位下降864眼,草场受灾面积2444万亩,受灾牲畜8745群,产草量比常年减少30%~40%,大部牲畜膘情只有5~6成。鄂托克前旗的城川、珠和、吉拉、玛拉迪、察汗陶老亥、二道川、三段地、敖勒召其镇等沙川地区苏木乡的草场,除生长有一部分次草外,细草均被旱死,面积达75.89万 hm²,占全旗总面积的63.9%,受灾牲畜46.59万头(只),占牲畜总头数的62.7%。严重缺水草场有23.95万 hm²,占总面积的20%,牲畜13万头(只),占总头数的17.5%。

1986年 大部地区出现不同程度的春旱,之后又出现较为严重的夏秋连旱,杭锦旗和鄂托克旗年降水量不足180 mm,较常年同期偏少4~5成。达拉特旗和杭锦旗第一个大于10 mm的雨日出现在6月9日,鄂托克旗第一个大于10 mm的雨日出现在6月19日,鄂托克前旗出现在6月25日。西部牧区一年中仅仅出现4个大于10 mm的降水日。大部地区在春季至夏初发生了不同程度的干旱,其中杭锦旗旱情较为严重,春季降水量仅有 10.7 mm,较常年同期偏少 8 成左右,伊和乌素降水量不足 5 mm,杭锦旗有 2 万 hm² 耕地未能下种。东胜区播种期 4 月 1 日至 6 月 11 日,70 d 内降水量只有 20.8 mm,4 月降水量 3.3 mm,5 月降水量 5.4 mm,6 月上旬降水量 12.1 mm,旱情较为严重,农作物播种困难。

7 月中旬至 10 月上旬,鄂尔多斯大部地区降水量不足 100 mm,各旗(区)降水偏少 4~7 成,大部地区出现夏秋连旱,农作物遭受伏夏的"卡脖旱",抽穗不全,灌浆不足,籽粒不饱满,造成大幅减产。鄂托克旗阿尔巴斯、公其日嘎两个苏木(乡)、查布苏木的陶利、赛乌素两个嘎查,由于去年秋季以来长期持续性干旱无雨,遭受了严重的旱灾,受灾人口 1.56 万,饮水困难大牲畜 38.64 万头(只),农作物成灾面积 0.034 万 hm²。鄂托克前旗受旱地区呈扇面分布,由西向东分别是芒哈图、上海庙、布拉格、毛盖图、玛拉迪、察汗陶勒盖等地区,受旱总面积 39.53 万 hm²,其中农作物受灾面积 0.067 hm²,受灾户数 1920 户,0.93 万人,受灾牲畜 2.52 万头,这些地区从 4 月以来持续 4 个月干旱,大部分牧草不能返青,有的返青后又干枯死亡。乌审旗全旗受旱灾的村、嘎查 70 个,合作社 356 个,草场 60.27 万 hm²,牲畜 44.9 万头(只)。杭锦旗农作物成灾面积 1.27 万 hm²,绝收面积 0.7 万 hm²,直接经济损失 7000 万元。准格尔旗农作物成灾面积 1.81 万 hm²。

1987 年 全市发生大范围的干旱,各地干旱日数在 100 d 以上,其中达拉特旗干旱日数最多,近 200 d。鄂尔多斯市受灾农田面积达 20.7 万 hm²,成灾面积 16.1 万 hm²,8670 hm² 农田因春旱无法播种。牧区有 393.3 万 hm² 草场受灾,受灾牲畜 465 万头(只),死亡近 20 万头(只)。达拉特旗年降水量仅有 151.2 mm,较常年同期偏少 5 成左右,第一个大于 10 mm 雨日出现在 8 月 11 日,且一年中大于 10 mm 的雨日只有 4 d。杭锦旗年降水量 181.0 mm,较常年同期偏少 4 成,第一个大于 10 mm 雨日出现在 8 月 12 日,一年中大于 10 mm 的雨日只有 5 d。达拉特旗和杭锦旗出现特别严重的春夏秋连旱。鄂托克前旗和鄂托克旗出现第一个大于 10 mm 雨日的时间也比较晚,分别为 6 月 11 日和 7 月 9 日。

3 月至 8 月上旬,鄂托克旗、鄂托克前旗、乌审旗、东胜、伊金霍洛旗降水持续偏少,降水量较常年同期偏少 3~5 成,其中鄂托克旗和托克前旗降水量不足 100 mm。据鄂托克旗民政局统计,鄂托克旗百里不见绿,受灾严重,受灾人口 6.5 万,饮水困难大牲畜 100 万头(只)。鄂托克前旗民政局统计,大风和干旱造成麦苗枯干,牲畜死亡,农作物受损,大田作物无法下种,死亡牲畜 5400(头)只,1000 头(只)受风灾死亡,丢失 778(头)只;5 万多只牲畜、2000 多人因水井枯干饮水困难,6000 hm² 农田无法下种,2133 hm² 果园受损,500 多户 2500 人缺口粮。

据乌审旗民政局统计,1987 年的旱灾受灾面积之大,程度之严重,持续时间之长,是历史上少见的。乌审旗受灾草场 30 多万 hm²,占可利用草场的 80%,受灾牲畜 50 多万头(只),占牲畜总数的 80%,已死亡牲畜 1200 头(只),死亡率近 0.2%。由于干旱,醉马草遍布各地,约有 10 万 hm²,采食醉马草牲畜 25 万多头(只),已有 5 万头(只)出现不同程度的中毒现象。人工种草受灾面积 1.17 万 hm²,占总播种面积的 70%,草场储草量大幅度下降,平均比 1986 年减产 30%。还有几千户既没有打草场又没有饲料可收获。全旗水位普遍下降,个别地区牲畜饮水也发生了困难,栽种的 1.3 万 hm² 树木,保存面积只有 0.4 万 hm²,成活率为 30%,全旗共种植粮料作物 0.88 万 hm²,减产近 500 万 kg,其中玉米减产 40%,旱地糜子 0.13 万 hm²,只有 3 成收成,夏田 0.13 万 hm² 减产 50%。

准格尔旗春季降水量只有 32.9 mm,较常年同期偏少 5 成左右,发生了较为严重的春旱。

1988年 3月至4月,鄂托克前旗、乌审旗、鄂托克旗降水量3.0～7.6 mm,较常年同期偏少60%～80%,出现不同程度的干旱,其中乌审旗春旱较为严重,据乌审旗民政发(1988)8号文件统计,由于连续几年的干旱,有4000多农户2.0万多人的春播夏田有按时种不上的危险,其中纳林河乡受灾农田达232.9 hm²;还有牧区的1500多户7000多人,牲畜普遍缺料,人缺口粮,其中呼吉尔特村受灾农田达148.1 hm²,成灾达83.4 hm²,绝收达64.7 hm²。鄂托克前旗农作物受灾面积1266.7万hm²。

1989年 东胜、达拉特旗、杭锦旗第一场透雨出现的时间普遍偏晚,出现不同程度的春旱。东胜在6月6日出现46.5 mm的降雨后,也是入春后第一场大于10 mm的降水,旱情开始缓解。杭锦旗3月至6月降水量仅有33.8 mm,较常年同期偏少6成左右,出现了较为严重的春夏连旱。据杭锦旗民政局统计,农作物受灾面积2.80万hm²,成灾面积1.53万hm²,绝收面积1.23万hm²,直接经济损失6000万元。达拉特旗6月中旬初才出现第一场透雨,之后在7月上中旬降水偏少7成左右,出现阶段性夏旱。乌审旗和准格尔旗在7月上中旬降水偏少5～7成,也出现阶段性夏旱。伊金霍洛旗5月降水量仅有5 mm,较常年同期偏少8成,出现了阶段性春旱。鄂托克前旗在3月至4月上旬降水量仅3.2 mm,较常年同期偏少70%,4月中下旬降水偏多,旱情得以缓解,但进入5月,降水量仅有6.2 mm,较常年同期偏少80%,出现阶段性春旱,特别是5月的干旱,影响农作物播种出苗,鄂托克前旗农作物受旱灾面积1733 hm²。

1990年 鄂尔多斯市西部和南部地区在春末至夏初出现阶段性干旱。5月下旬至6月,乌审旗、鄂托克前旗、鄂托克旗、杭锦旗降水量在9～17 mm,较常年同期偏少60%～80%。乌审旗全旗受灾草场60.70万hm²,其中重旱草场38.02万hm²,部分地区草场出现枯死现象。受灾农田3335 hm²,小麦出现卡脖子旱。水井水位下降,大口井干涸,成片的草场枯亡,受灾牲畜18.58万头(只),有200多只绵羊因无草饿死。4430人受灾,损失4500万元。鄂托克前旗的珠和、吉拉、查干陶勒盖、玛拉迪、芒哈图受旱灾较为严重,死亡大牲畜1564头,小畜2.96万只,受灾草牧场4.27万hm²。农作物因干旱和风沙灾害,造成大面积枯萎,一些刚出土的禾苗有的被风沙埋压,有的甚至被风连根拔掉。有的地区因缺墒无法下种,耽误了播种期。据统计全旗范围内麦子、玉米、山药、麻子等作物受旱灾516.7 hm²,受风灾1068 hm²,因旱、风灾全旗粮食约减产23万kg。

1991年 6月中旬至7月中旬,全市持续干旱少雨,大部地区降水量较常年同期偏少50%～90%,伊金霍洛旗40 d内降水量只有7.2 mm,杭锦旗的伊和乌素降水量只有7.6 mm,7月上旬全盟旱象发展。东胜区6月中旬降水量5.1 mm,6月下旬降水量1.5 mm,阶段性干旱使农作物出苗受影响,受灾面积达90%～100%的地区有东胜、伊旗,其他地区也不同程度受旱。7月下旬降水增多,旱情略有缓解,但之后的8月至9月,大部地区降水较常年同期偏少50%～70%,各地旱象严重。至8月底,杭锦旗伊和乌素受旱67 d,受灾面积都在百万亩以上,死亡牲畜近万头(只)。达拉特旗受旱灾影响的村(嘎查)有35个,受灾人口3.51万,农作物受灾面积1.40万hm²,农作物绝收面积9500 hm²,直接经济损失2150万元。鄂托克旗的公卡汗、阿尔巴斯、新召、查布、召稍5个苏木旱情严重,全旗有611眼筒井干枯,1017眼筒井水位下降,14眼自流井涌水量剧减,8眼自流井断水,1.69万人、80万头只牲畜饮水困难,其中公卡汗死亡牲畜134只,巴拉尔地区醉马草繁茂,面积达10万亩,严重影响牲畜正常生长。鄂托克前旗全旗草牧场受灾面积93万hm²,饲草料基地6200 hm²,农作物5133.3 hm²,受灾农牧户 12250 户 3.58 万人,受灾牲畜 77.6 万头,截至 8 月底,旱灾使全旗成幼畜死亡达 2110 头(只),梁地 50 多眼人畜饮水井干涸,100 多眼筒井供水量减少 50%,0.6 万人和 25 万头(只)牲畜饮水靠机动车拉运,现存水井昼夜均有人等待共饮。乌审旗全旗牧草场受灾面积 46.69 万 hm²,其中重灾草场已达 26.68 万 hm²,受灾牲畜 6.82 万头(只),农田受灾面积 4502.25 hm²,全旗受灾 2830 户 1.76 万人,旱灾造成的直接经济损失达 21.7 万元。康巴什区因干旱,受灾耕地 1607 hm²,140 hm² 水浇地无法浇灌,粮食总产量减产 50 万 kg。

1992 年 4 月,鄂尔多斯市大部地区降水偏少 3 成以上,其中达拉特旗、乌审旗、杭锦旗、鄂托克前旗降水量在 0.4~2.1 mm 之间,较常年同期偏少 8 成以上,发生不同程度的春旱。7 月上中旬,鄂尔多斯市降水偏少 60%~90%,出现阶段性夏旱,其中乌审旗、鄂托克前旗、伊金霍洛旗降水量 3~9 mm,其余旗(区)降水量 11~16 mm。受多年干旱影响,乌审旗近半年来旱情一直未能得到缓解,而且干旱造成的影响越来越重,据统计全旗受灾苏木(乡)有 13 个,草场受灾面积达 46.69 万 hm²,受灾牲畜 60 多万头(只),牲畜膘情下降,死亡率与往年同期相比增加达 4%,同时干旱对种草种树的成活率也有很大影响。鄂托克前旗农作物受灾面积 3533.3 hm²。

1993 年 鄂尔多斯市大部地区发生严重的春夏连旱,各地区干旱日数超过 100 d。春季 3—5 月各旗(区)降水量较常年同期偏少 60%~90%,其中杭锦旗、鄂托克旗、达拉特旗、伊金霍洛旗春季降水量不足 10 mm,其余旗(区)春季降水量不足 20 mm,各地区出现了严重的春旱,鄂尔多斯市有 13.3 万 hm² 旱地无法播种。各旗(区)出现第一个大于 10 mm 降水日的时间普遍偏晚,杭锦旗在 6 月 9 日,鄂托克前旗、乌审旗、准格尔旗在 6 月中旬,达拉特旗、鄂托克旗、东胜在 7 月 3 日,伊金霍洛旗则更晚,在 7 月 12 日。杭锦旗在 6 月 9—11 日出现 77 mm 的降水后,旱情得到缓解,但受前期旱灾影响,全旗有 5.50 万人受灾,农作物受旱面积 3.97 万 hm²,绝收面积 3.00 万 hm²,直接经济损失 1.67 万元。准格尔旗的旱情持续到 7 月下旬初,农作物受灾面积 43.30 万 hm²,其余大部地区旱情基本持续到 7 月中旬。由于降水持续偏少,且多大风沙天气,全市春夏连旱严重,东胜百万亩农田受旱,因干旱造成死亡牲畜 500 头(只)。达拉特旗 87 个村(嘎查)受旱灾影响,受灾人口 3.32 万,农作物受灾面积 1.51 万 hm²,农作物绝收面积 6600 hm²,直接经济损失 3340 万元。乌审旗河南有 9 hm² 耕地受到不同程度的干旱影响。牧区因受春旱影响,牧草返青推迟,已返青的牧草又因缺水大量死亡或者生长缓慢,草场沙化加剧。鄂尔多斯市有百万头甚至数百万头牲畜缺水缺草,挣扎在死亡线上,死亡牲畜 20 多万头(只)。鄂托克旗全旗境内大部地区牧草没有返青,327 眼井枯干,850 眼水位下降,人畜饮水发生困难,饿死、暴涨死亡牲畜 2.10 万头(只),干旱重灾区 11 个,受灾草牧场 196.86 万 hm²,人口 38 万,受灾牲畜 109 万头(只)。农作物受灾面积 4906 hm²。鄂托克前旗全旗受灾草牧场面积 65.10 万 hm²,受灾 1.3 万户 5.4 万人、70 万头(只)牲畜,因旱造成的经济损失达 290 万,农作物受灾面积 3067 hm²。

1994 年 鄂尔多斯市春季全市普遍出现不同程度的干旱,南部地区降水量较常年同期偏少 3 成左右,北部地区偏少 5~8 成,北部地区春旱较南部地区严重。春旱导致旱地农作物无法按时播种,达拉特旗 76 个村(嘎查)受旱灾影响,受灾人口 3.76 万,农作物受灾面积 1.21 万 hm²,农作物绝收面积 3100 hm²,直接经济损失 3210 万元。鄂托克前旗农作物受灾面积 2733 hm²。杭锦旗春季降水量仅有 10.7 mm,伊和乌素降水量则不足 10 mm,旱情持续到 6 月上旬,由于降水少,多大风沙天气,干旱较为严重,伊和乌素死亡牲畜 9990 头(只)。受灾人口

1.31万,农作物受灾面积1300 hm²,成灾面积800 hm²,绝收面积320 hm²,直接经济损失3000万元。东胜3月降水量0.7 mm、4月降水量2.8 mm、5月降水量12.7 mm,从春季到6月中旬,降水持续偏少,干旱严重,农作物受灾面积1.44万hm²。

1995年 鄂尔多斯市大部地区发生特别严重的春夏连旱,旱情基本持续到7月上旬。3—5月各旗(区)累计降水量1～19 mm,较常年同期偏少7成至1倍。鄂托克旗1月1日至6月5日,除5月3日至9日局部地区(阿尔巴斯北部、新召北部、公其日嘎、召稍及木凯淖尔)降一场小雨外,其他地区几乎滴雨未降,土壤墒情差,干土层厚度70～80 cm,受灾人口达7.99万。东胜区在6月16日才出现第一场大于10 mm的降水,春季累计降水只有10.1 mm,基本无有效降水,旱田不能适时播种,草牧场牧草不能返青,牲畜缺草饥渴出现倒乏现象,牲畜死亡。达拉特旗春季降水量仅有5.3 mm,截至7月上旬,降水仍然偏少6成左右,受灾村(嘎查)达33个,受灾人口1.90万,农作物受灾面积6900 hm²,农作物绝收面积2500 hm²,直接经济损失2500万元。鄂托克前旗在7月12日才出现第一场大于10 mm的降水,从1994年秋天至1995年7月上旬,鄂托克前旗12个苏木(乡、镇)未下一场饱雨(雪),干旱持续,并有大风及沙尘暴的袭击,约111.27万hm²草牧场、7193.3 hm²农作物、46160 hm²林地成灾,造成死亡大牲畜6.85万头(只),干涸水井1806眼,粮食减产1079万kg,成灾13194户,5.37万人。乌审旗春季降水量1.7 mm,第一场大于10 mm降水在6月13日,黄陶勒盖乡遭受了严重的旱灾,截止7月初,滴雨未下,致使土地干涸,地下水严重缺乏,附近所有的河槽、塘坝干涸,使农田无法灌溉,有1200多亩小麦因无水灌溉基本已无收成,2000多亩玉米、3000多亩糜子、山药因无水而缺苗严重;无收获草牧场5万多亩,2万多头只牲畜已经断草断料;乌兰陶什巴台乡有4500亩耕地无法播种,干土层厚度在15 cm左右。

1996年 各旗(区)出现不同程度的阶段性干旱,东北部的旗(区)旱情较为严重,包括达拉特旗、东胜区、伊金霍洛旗和准格尔旗。达拉特旗干旱从4月基本持续到7月中旬,累计降水量偏少60%,期间未出现过日降水量大于10 mm的雨日。据统计,受灾村(嘎查)达78个,受灾人口5.30万,农作物受灾面积2.30万hm²,农作物绝收面积1.52万hm²,直接经济损失8630万元。7月23日,达拉特旗出现42.0 mm的降水,旱情才有所缓解。东胜区和准格尔旗干旱从4月持续到7月上旬,降水较常年同期偏少40%～60%,发生了较为严重的春夏连旱。伊金霍洛旗5月至6月上旬降水量仅10.2 mm,较常年同期偏少80%,发生较严重的阶段性干旱。鄂托克前旗旱情从3月持续到6月上旬,降水偏少4成左右,农作物受灾面积2733 hm²。鄂托克旗在6月下旬至7月中旬,杭锦旗在5月至6月上旬,乌审旗在7月至8月上旬均发生了弱的阶段性干旱。

1997年 乌审旗、鄂托克旗和鄂托克前旗入春以后降雨一直不多,6—8月的降水总量比常年同期偏少4～5成,旱情较为严重,基本持续到10月末,有260多万hm²草场、330万头牲畜受灾,死亡牲畜3万头,大部牧区受干旱影响牧草生长不如往年,牲畜膘情较差。其中鄂托克旗年降水量为各旗(区)中最少,不足150 mm,较常年同期偏少5成左右,4—9月降雨量仅比大旱的1965年多12.7 mm,干旱使春季长势良好的牧草及作物受到严重影响,有5.61万人受灾,农作物受灾面积5919 hm²,成灾面积4073 hm²,直接经济损失5928.8万元。鄂托克前旗年降水量150.5 mm,较常年同期偏少4成左右,遭受了以旱灾为主的多种自然灾害,上半年全旗11个苏木(乡镇)的42万hm²草场、1333.3 hm²农田不同程度受灾,因旱造成的直接经济损失达290万元,受灾人口12650户5.40万人。准格尔旗年降水量271.4 mm,较常年同期偏少 4 成，降水时空分布不均，10 mm 雨日只有 5 d，但 7 月 31 日单日降水量达 81 mm，春季、夏季均出现相对弱的阶段性干旱，8 月下旬至 10 月降水量只有 12 mm，出现较强的秋旱。达拉特旗 4 月下旬至 5 月上旬，降水偏少 70%，出现阶段性春旱。杭锦旗 6 月 8 日至 6 月 26 日，20 多天无降水，7 月 7 日至 7 月 24 日，降水量仅有 4.9 mm，出现阶段性夏旱。伊金霍洛旗在 7 月中旬至 7 月 26 日，降水量偏少 80%，出现阶段性夏旱。

1998 年 6 月，达拉特旗、乌审旗、杭锦旗和鄂托克前旗降水偏少 3～7 成，出现阶段性干旱，其中鄂托克前旗降水仅有 8 mm，杭锦旗和乌审旗降水量不足 20 mm。8 月，除准格尔旗外，其余旗（区）降水偏少 3～8 成，杭锦旗、鄂托克旗、鄂托克前旗、乌审旗降水偏少 7～8 成，旱情较重。乌审旗受灾农田面积 1.80 万 hm^2，成灾面积 1005 hm^2，其中 1334 hm^2 旱作农田基本绝收，纳林河自流灌溉区 2001 hm^2 农作物断水不能浇灌，粮食减产 1300 万 kg，经济损失 1300 万元，受灾农户 5200 多户，受灾人口 2.7 万多人，受灾牲畜 65 万头（只），受灾草场 40.69 万 hm^2，草原减少储草 1 亿多千克，减少打秋草 2000 万 kg，当年人工种草 1005 hm^2，飞播 6003 hm^2 牧草绝大部分经不起长期干旱而枯死，总共损失在 2000 多万元，牲畜重复过牧，对旱场破坏很大，形成草原沙化，打不下牧草，给牲畜越冬带来潜在威胁。鄂托克前旗受灾人口 5.67 万，农作物受灾面积 1.00 万 hm^2，直接经济损失 1300 万元。8 月 4 日至 9 月 6 日，鄂托克旗境内未出现日雨量 5 mm 以上降雨天气，全旗受灾面积 186.87 万 hm^2，受灾牲畜 92.5 万头，由于干旱使 355 眼井缺水，68 眼井干枯。杭锦旗受灾人口 4.80 万，农作物受灾面积 27.80 万 hm^2，成灾面积 27.80 万 hm^2，绝收面积 3.7 万 hm^2，直接经济损失 9177.9 万元。东胜 7 月下旬至 8 月，持续干旱少雨，使处于灌浆期的糜谷、荞麦、玉米灌浆受阻。

1999 年 自 1998 年入秋以后，鄂尔多斯市降水一直偏少，大部地区偏少 2～5 成，加之气温偏高，蒸发量加大，至春播时，大部地区土壤墒情较差。4 月 24 日至 26 日，鄂尔多斯市出现大范围降水天气，阶段性春旱有所缓解。入夏以后，特别是盛夏期间，在农作物需水的关键期，大部地区出现了严重的伏旱。东胜区从 7 月后半月至 8 月底降水量仅有 3.8 mm，较常年同期偏少 97%，创下了 1999 年有气象记录以来伏夏期间降水量的最少纪录，其余旗（区）伏夏期间的降水量也显著偏少，较常年同期偏少 4～9 成。在降水偏少的同时，大部地区又经历了历史上罕见的高温酷暑天气，夏季（6—8 月），各旗（区）平均气温较常年同期偏高 1～2 ℃，高温日数除东胜区和鄂托克前旗只有 1 d 外，其余地区高温日数均在 5 d 以上，准格尔旗高温日数则多达 11 d，极端最高气温达 38.6 ℃。高温酷暑进一步加重了干旱，特别是 7 月下旬，高温天气集中而持续，平均气温较常年同期偏高 3～5 ℃，除准格尔旗和伊金霍洛旗外，其余旗（区）无降水或降水量不足 0.5 mm，大部地区出现了严重的夏旱，旱情持续到 9 月中下旬，乌审旗和鄂托克旗旱情则持续到 10 月上旬。鄂尔多斯市河水断流，池塘、水库及许多筒井干涸，地下水位普遍下降 1.5～2.0 m，人畜饮水困难，牧草大面积枯死，牲畜严重缺草料，膘情急剧下降，全市 8 万 hm^2 水浇地变成旱地，旱地作物基本绝收，农作物大幅度减产。

达拉特旗受灾村（嘎查）83 个，受灾人口 5.69 万，农作物受灾面积 1.80 万 hm^2，农作物绝收面积 1.14 万 hm^2，直接经济损失 9900 万元。鄂托克旗年降水量最少，仅有 153.3 mm，较常年同期偏少 4 成，加之气温偏高，从而造成绝大部分牧草枯萎死亡，全旗 74 个嘎查（村）均受旱灾的危害，农作物受灾面积 8860 hm^2，成灾面积 7088 hm^2，绝收面积 1667 hm^2，直接经济损失 8414.4 万元，其中农业经济损失 7258 万元。鄂托克前旗有 1.2 万 hm^2 农作物、93 万 hm^2 草场受到严重灾害，90 眼筒井干涸，187 户 440 多人、3 万多头牲畜发生严重饮水困难，因旱灾出现灾民8960户34406人,特重灾民4060户15590人,倒乏牲畜8万多头(只),死亡牲畜3.9万多头(只)。另外,受干旱气候影响,全旗1466.67 hm² 小麦全部发生了黄矮病,造成小麦大幅减产,14000多亩小麦减产35%,8000多亩基本绝收,小麦减产215万kg。乌审旗全旗农作物总播2.28万hm²全部受灾,受灾草场60.63万hm²,受灾人口7.7万,死亡牲畜1.34万头(只),减产粮食4500万kg,直接经济损失达14165.5万元。造成7051户2.54万人缺粮,5203户缺草,1840户明春无钱购买肥料、籽种,310户无钱购买过冬衣物。因干旱无定河断流,渔业明显减产,损失40万元。杭锦旗3950人受灾,农作物受灾面积3.08万hm²,成灾2980 hm²,绝收780 hm²,直接经济损失270.2万元。准格尔旗受灾人口21万,饮水困难大牲畜62万头(只)。康巴什区农作物受灾面积1903 hm²,绝收面积800 hm²,直接经济损失456万元。东胜区旱作农田基本绝收,牧草返青后枯死或未返青,牲畜膘情差、体弱多病。

2000年 鄂尔多斯市大部地区年降水量偏少3~5成,除达拉特旗、准格尔旗、伊金霍洛旗外,其余旗(区)年降水量不足200 mm,杭锦旗西北部的伊和乌素降水量仅有70.5 mm。鄂尔多斯大部地区自1999年7月至2000年6月,基本未出现有效降水,干土层达40~60 cm,西部硬梁地区干土层厚度达1 m以上,春播无法下种,全市计划播种29.3 hm²仅播种15.9万hm²,而且其中的13.7万hm²也遭受到干旱的严重影响,发生了新中国成立以来罕见的春旱。

乌审旗发生了特别严重的春夏秋连旱,4月由于降水稀少(3.6 mm),且大风日数和沙尘暴天气为近几年少见,风蚀土表严重,底墒差,干旱十分严重;5月降水极少(0.2 mm),且多大风,造成部分草场无法返青,农区不能下种,旱情十分严重;6月降水持续偏少(26.6 mm),旱象继续加重;7月,全月降水特少(32.2 mm),全旗旱情异常严重;8月降水量(73.9 mm)仍然较常年同期偏少,对大秋作物生长不利。

东胜区、伊金霍洛旗和杭锦旗在发生了严重的春夏连旱后,又发生了严重的夏秋连旱。东胜区3月至5月降水量仅有8.7 mm,6月23日至24日、7月3日至4日,各出现一次大于20 mm的降水,7月4日降雨过后,持续高温天气,日最高气温35.3 ℃,干旱加重,春夏连旱造成人畜饮水困难,牧草枯死,田野灰黄、赤地千里。伊金霍洛旗2000年是历史上罕见的大旱年,农牧业生产遭受了毁灭性的打击。鄂托克旗、鄂托克前旗、准格尔旗发生了严重的春旱,不同程度的夏旱和秋旱。鄂托克旗4月6日至7月10日,全旗大部地区雨水稀少,气温偏高,热量与水分严重失调,个别地区至7月底雨量不足10 mm,干土层达1.5 m。全旗受灾人口2.4万,饮水困难大牲畜75万头(只),农作物受灾面积4407 hm²,农业经济损失4868万元。鄂托克前旗农作物受灾面积8466.7 hm²。准格尔旗受灾人口18万,农作物受灾面积5.73万hm²,直接经济损失6555万元。达拉特旗以春旱为主,受灾村(嘎查)83个,受灾人口2.3万,农作物受灾面积6200 hm²,农作物绝收面积2800 hm²,直接经济损失4210万元。进入6月中旬,达拉特旗降水逐步转多,旱情缓解。

2001年 全市降水时空分布不均,大部地区发生了严重的春夏连旱。4月下旬,鄂尔多斯市各地降水量偏多1~8倍,农作物能够按时播种,但之后的5—7月各旗(区)降水持续偏少。鄂托克前旗的旱情持续到7月下旬前期,其余旗(区)的旱情则持续到8月上旬。5月各旗(区)降水量不足10 mm,较常年同期偏少7~9成;进入6月,除鄂托克前旗降水量突破20 mm外,其余地区降水量不足15 mm,大部地区较常年同期偏少6~9成;7月,只有鄂托克前旗和杭锦旗降水量与正常年份持平,其余旗(区)偏少3~6成。鄂尔多斯全市持续严重干旱,部分地区虫害严重,全市受灾农作物16.55万hm²,轻旱6.87万hm²,重旱6.46万hm²,干枯3.22

万 hm²,受灾草场 5.18 万 km²,因灾造成 37.65 万人、253.4 万头(只)牲畜饮水困难,死亡牲畜 9.44 万头(只),所到之处赤壁千里,一片灰黄。进入 8 月中旬,全市降雨增加,杭锦旗东部为中雨或小到中雨,而西部、北部,仅降小雨或零星小雨,旱情没有明显缓解,一直持续到 8 月下旬,杭锦旗受灾人口 8.20 万,农作物受灾面积 1.54 万 hm²,直接经济损失 230.4 万元。达拉特旗受灾村(嘎查)68 个,受灾人口 45120 人,农作物受灾面积 1500 hm²,农作物绝收面积 8200 hm²,直接经济损失 3300 万元。鄂托克前旗受灾人口 3.26 万,农作物受灾面积 1.00 万 hm²,死亡大牲畜 2000 头,直接经济损失 2560 万元。鄂托克旗连续 4 年少雨,造成农田草场严重受灾,受灾人口 5.6 万,农作物成灾面积 8187 hm²,死亡大牲畜 2000 头,农业经济损失 5600。乌审旗受长期干旱影响,1.5 万亩农田无法下种,大部分水井水位下降,有的甚至干涸,致使灌溉水源减少,提水效率低下,农作物生产成本进一步提高。牲畜牧草不足,膘情差,绵羊单位产毛量每只平均减少 0.3 kg;因灾死亡牲畜 1.5 万头(只),缺水牲畜 9 万头(只),46 万头(只)牲畜需补喂饲草,28 万头(只)牲畜需补喂饲料。林业受灾严重,新栽植的乔木成活率不足 20%,人工种草成活率不足 50%。苗木枯死严重。受严重干旱等多种自然灾害的侵袭,给农牧业生产生活造成极大困难,全旗有缺粮户 2650 户 9540 人,有 5460 人饮水困难。伊金霍洛旗 2000 年冬天到 2001 年 8 月上旬,基本无有效降水,大部地区干土层厚度达 45～80 cm,农牧业生产遭受了毁灭性的打击。

2002 年 杭锦旗出现较为严重的夏秋连旱,8—10 月杭锦旗东部降水偏少 7 成左右,西部的伊和乌素则偏少 8 成。杭锦旗受灾人口 3860 人,农作物受灾面积 1.56 万 hm²,成灾面积 159 hm²,绝收面积 72 hm²,直接经济损失 17 万元。8 月,大部地区阶段性降水偏少,达拉特旗和鄂托克旗偏少 2～3 成,其余旗(区)偏少 6～9 成。东胜区出现阶段性夏旱,影响大田作物各生育期生长,农作物成灾面积 9279.5 hm²,绝收面积 134 hm²。鄂托克前旗农作物受灾面积 8666.7 hm²。

2003 年 鄂尔多斯市南部地区发生阶段性夏旱,7 月至 8 月中旬,鄂托克旗降水量偏少 30%,乌审旗和鄂托克前旗降水量偏少 50%～60%,发生了不同程度的阶段性干旱。鄂托克前旗受灾人口 3.2 万,因旱需生活救助人口 2.9 万,饮水困难人口 4300 人,饮水困难大牲畜 26 万头(只),农作物受灾面积 7.8 万 hm²。干旱使乌审旗 1358 hm² 农作物受灾,成灾 839 hm²,造成直接经济损失 70 万元,受灾人口 4673 人。

2004 年 鄂尔多斯市在春季和夏季均发生阶段性干旱。达拉特旗和杭锦旗春旱从 3 月持续到 4 月底,降水量偏少 6～8 成,其余旗(区)春旱从 3 月持续到 5 月上旬,降水量偏少 6～8 成。鄂尔多斯市上半年气温偏高,降水时空分布不均,大风、沙尘天气少,日照充足,气候干燥,大部地区出现春旱,造成耕作层失墒,干旱硬梁区人畜饮水困难,牧草返青晚,给农牧业生产和农牧民生活带来诸多困难。

6 月下旬至 7 月中旬,鄂尔多斯市大部地区降水量偏少 3～9 成,出现不同程度的阶段性夏旱,特别是达拉特旗,降水量仅有 7.2 mm。受阶段性春旱和夏旱影响,达拉特旗受灾村(嘎查)166 个,受灾人口 4.10 万,农作物受灾面积 2100 hm²,农作物绝收面积 1000 hm²,直接经济损失 2400 万元。东胜区 4 月 1 日到 5 月 13 日降水持续偏少,气温偏高 4 ℃,出现春旱,7 月降水偏少,出现阶段性夏旱,受灾人口 3.70 万,因旱饮水困难人口 6000 人,农作物受灾面积 8241 hm²

鄂托克旗持续的高温干旱天气使全旗 12 个苏木(乡)普遍遭受灾害,受灾人口 3.53 万,饮水困难大牲畜 91.4 万头（只），农作物受灾面积 7600 hm²，成灾面积 6080 hm²，农业经济损失 6879 万元。鄂托克前旗农作物受灾面积 1.27 万 hm²。

2005 年 鄂尔多斯市全市旱情较为严重，南部三旗（区）、杭锦旗西北部以及北部的达拉特旗年降水量不足 200 mm，较常年同期偏少 4～8 成，其中杭锦旗的伊和乌素年降水量只有 44.2 mm，出现特别严重的春夏秋连旱。大部地区在出现阶段性春旱后，又出现了较为严重的夏秋连旱。

东胜区 3 月至 4 月降水量偏少 70%，出现阶段性春旱，5 月中下旬降水转多，旱情缓解，但进入 7 月以后，降水持续偏少，截至 10 月，降水偏少 6 成左右，且 6 月和 7 月出现高于 35 ℃的高温天气，日最高气温 36.7 ℃，出现严重的夏秋连旱，受灾人口达 3.2 万，饮水困难人口 8000 人，农作物受灾面积 8978 hm²，农作物成灾面积 8978 hm²，农作物绝收面积 4489 hm²，直接经济损失 37500 万元。达拉特旗受灾村（嘎查）145 个，受灾人口 5.4 万，农作物受灾面积 5.4 万 hm²，农作物绝收面积 10666 hm²，直接经济损失 2960 万元。鄂托克旗 3 月 1 日至 5 月 4 日降雨偏少，温度高，部分地区的干土层深度达 1 m，大部分牧草枯死，牲畜难以饱食，旱地作物生长受抑制，面临绝收危险，受灾人口 3.2 万，农作物受灾面积 7800 hm²，作物成灾面积 780 hm²，农作物绝收面积 520 hm²，农业经济损失 4000 万元。

鄂托克前旗全旗农作物受灾面积 21270 hm²，其中粮食作物 8470 hm²、辣椒、蔬菜、瓜 2130 hm²、苜蓿、青贮饲料 6730 hm²、麻黄、药材 3940 hm²，占总播面积的 85.8%，受灾草牧场 93.00 万 hm²，占草牧场总面积的 97%；全旗干枯筒井、大口井 106 眼，有 4260 多眼机电井出现供水不足或有掉泵现象。因旱灾造成饮水困难人口达 7200 多人，占全旗农业总人口的 15%，受灾牲畜 140 万头（只），占牲畜总头数的 75.4%，其中饮水困难牲畜 50 万头（只），倒乏牲畜达 56 万头（只），死亡牲畜 9000 多头（只），因旱灾造成直接经济损失 6294 万元，其中农业直接经济损失 4413 万元，全旗出现灾民 13751 户 48953 人。

乌审旗受长期干旱影响，1.5 万亩农田无法下种，大部分水井水位下降，有的甚至干涸，致使灌溉水源减少，提水效率低下，农作物生产成本进一步提高，据统计农作物受灾面积 2.46 万 hm²，绝收面积 827 hm²，农业经济损失 5107 万元。同时干旱造成牲畜牧草不足、膘情差，绵羊单位产毛量每只平均减少 0.3 kg，因灾死亡牲畜 1.5 万头（只），缺水牲畜 9 万头（只），46 万头（只）大牲畜需补喂饲草，28 万头（只）小牲畜需补喂饲料。林业也受灾严重，新栽植的乔木成活率不足 20%，人工种草成活率不足 50%。苗木枯死严重。受严重干旱等多种自然灾害的侵袭，给农牧业生产生活造成极大困难，全旗缺粮户 2650 户 9540 人，5460 人饮水困难。

伊金霍洛旗进入 6 月气温异常偏高，降水持续偏少，高温酷热，蒸发加大，致使旱情加剧，部分牧草开始枯萎死亡，受灾人口 2.7 万，饮水困难人口 7000 人，饮水困难大牲畜 1.2 万头（只），农作物受灾面积 2 hm²，直接经济损失 8100 万元。

杭锦旗受灾人口 7.43 万，农作物受灾面积 8.94 万 hm²，作物成灾面积 8.94 万 hm²，直接经济损失 6200 万元。

2006 年 3 月至 5 月 7 日，鄂尔多斯市大部地区降水量不足 10 mm，少则仅有 0.7 mm，较常年同期偏少 7～9 成，出现阶段性春旱。持续性干旱无雨，加之大风、沙尘天气频繁，土壤水分蒸发较快，干土层逐渐加深，由于水热匹配不当，丘陵干旱地区无法下种，草牧场无法返青，特别是干旱硬梁地区及库布其边缘地区旱情较为严重，地下水位急剧下降，人畜饮水困难，大面积草牧场牧草枯萎，部分农田苗木死亡严重，部分地区干土层厚度已超过 100 cm。5 月 8

日，出现大范围的降水，旱情才有所缓解。

进入夏季的 6 月，鄂尔多斯市除杭锦旗东部外，其余地区降水偏少 3～9 成，再次出现阶段性干旱，南部地区旱情最为严重，鄂托克前旗干旱从入夏 6 月持续到 9 月上旬，而乌审旗的河南旱情则基本持续到 10 月。乌审旗全旗干旱缺墒耕地达 3.05 万 hm²，受灾草牧场 46.9 万 hm²，受灾牲畜 46 万头（只），其中饮水困难 5.3 万头（只），灾害涉及困难牧民群众 5.68 万人，其中造成饮水困难 0.48 万人，造成直接经济损失 6315.7 万元。鄂托克前旗受灾人口 5300 人，因旱饮水困难人口 4800 人，农作物受灾面积 7337 hm²，直接经济损失 1280 万元。鄂托克旗干旱造成全旗 6 个苏木全部受灾。受灾人口 3.6 万，饮水困难大牲畜 107.2 万头（只），直接经济损失 1200 万元。达拉特旗受灾村（嘎查）70 个，受灾人口 5.70 万，农作物受灾面积 1.36 万 hm²，农作物绝收面积 5400 hm²，直接经济损失 16450 万元。东胜区受灾人口 3.1 万，农作物受灾面积 7303 hm²，农作物成灾面积 7303 hm²，农作物绝收面积 3350 hm²，直接经济损失 2512 万元。准格尔旗受灾人口 11.83 万，因旱饮水困难人口 4.55 万，农作物受灾面积 5.0 万 hm²，农作物成灾面积 5.0 万 hm²，直接经济损失 3750 万元，全部为农业经济损失。

2007 年　鄂尔多斯市在春、夏季分别出现了阶段性干旱，据市民政局统计：全市 8 个旗（区）48 个苏木（乡、镇）因干旱受灾人口 33.3 万，农作物 10.99 万 hm²，其中绝收 1.37 万 hm²，受灾草场 373 万 hm²，受灾牲畜 355.3 万头（只），死亡 2.54 万头（只），直接经济损失共计 21789 万元。

杭锦旗 4 月 15 日到 5 月 31 日累计降水量不足 10 mm，伊克乌素只有 2.1 mm，出现阶段性春旱。7 月至 8 月中旬，在农作物以及牧草生长关键期，鄂尔多斯市除杭锦旗外，其余旗（区）降水偏少 4～7 成，出现阶段性夏旱。准格尔旗受灾人口 15.63 万，因旱饮水困难人口 5.75 万，农作物受灾面积 3.77 万 hm²，农作物成灾面积 3.77 万 hm²，农业经济损失 2400 万元。乌审旗受灾人口 1.50 万，农作物受灾面积 8004 hm²，农业经济损失达 2400 万元。鄂托克前旗农作物受灾面积 1.53 万 hm²。达拉特旗在农作物生长关键期的 8 月，降水量仅有 20.6 mm，较常年同期偏少 70%，进入 9 月，旱情持续发展，受灾村（嘎查）达 80 个，受灾人口 4.23 万，农作物受灾面积 3300 hm²，农作物绝收面积 7000 hm²，直接经济损失 4520 万元。

2008 年　鄂尔多斯市降水时空分布不均，3 月至 7 月 27 日，除准格尔旗外，其余大部地区降水偏少 4～8 成，鄂托克前期和乌审旗河南累计降水量只有 30 mm 左右，持续性干旱特别严重。

鄂托克前旗全旗农作物受灾面积 2.1 万 hm²，草牧场受灾面积 111 万 hm²，受灾牲畜 23.00 万头（只）。由于干旱少雨，造成 4500 人、11.90 万头（只）牲畜出现饮水困难，死亡牲畜 3800 多头（只）。全旗因干旱出现灾民 7819 户 2.74 万人，其中需救济 3130 人，造成直接经济损失 2494 万元。乌审旗干旱缺墒面积达 2.81 万 hm²，受灾草牧场 73.14 万 hm²，受灾牲畜 128.9 万头（只），其中饮水困难 30.5 万头（只），因灾死亡 0.3 万头（只），受灾农牧民 5.88 万人，其中饮水困难群众 9580 人，因干旱累计造成经济损失 2687 万元，其中农牧业直接经济损失 2453 万元。达拉特旗受灾村（嘎查）76 个，受灾人口 5.10 万，农作物受灾面积 5.40 万 hm²，农作物绝收面积 1.07 万 hm²，直接经济损失 3890 万元。杭锦旗部分牧草未返青，甚至牧草场枯死，牲畜饮水困难，农作物受灾面积 6300 hm²。鄂托克旗全旗受灾人口达 7.1 万，饮水困难人口 4.5 万，17100 hm² 农作物受灾，其中成灾 13100 hm²，绝收面积达 3740 hm²，受灾草场面积 176.8 万 hm²，受灾牲畜 130 万头（只），因灾死亡 3.8 万头（只），1000 多眼取水井严重缺水，3000多口集雨水窖干枯，经济损失达3000多万元。东胜区受灾人口62.49万，农作物受灾面积21.13万 hm²，绝收面积3740 hm²，直接经济损失1.67万元，农业经济损失1.37万元。准格尔旗4月中旬至6月上旬，降水偏少40%，持续性干旱使土壤水分蒸发加快，部分硬梁地区农作物种子无法下种，人畜饮水困难。受灾人口35.32万，饮水困难人口12.59万。

2009年 鄂尔多斯市在春季和夏季均发生不同程度的阶段性干旱。鄂托克旗和乌审旗分别在3月至5月上旬、6月至7月7日、7月下旬至8月上旬多次发生阶段性干旱。鄂托克旗全旗播种面积1.69万 hm²，有1.48万 hm² 受灾，绝收面积2600 hm²，补播面积620 hm²，受灾人口4.80万，受灾牲畜120.00万头(只)，受灾草牧场170.00万 hm²，饮水困难人口5600人，牲畜23.50万头(只)，直接经济损失1150万元。乌审旗干旱缺墒面积达2.66万 hm²，其中绝收100 hm²，受灾草牧场46.87万 hm²，受灾牲畜75.6万头(只)，其中饮水困难29.4万头(只)，受灾农牧民群众6.96万人，饮水困难群众7586人，因干旱累计造成经济损失10165万元。鄂托克前旗3月至8月累计降水量不足100 mm，较常年同期偏少4成左右，受持续干旱影响，全旗草牧场受灾面积64.27万 hm²，饮水困难2536人、饮水困难牲畜33.3万头(只)，全旗出现灾民1610户5635人，农作物受灾面积2725 hm²，其中粮食作物2135 hm²、辣椒330 hm²、蔬菜260 hm²，因干旱造成直接经济损失约3300万元。

杭锦旗入春至6月，6个苏木(乡镇)干旱少雨，气温持续偏高，造成地下水位急剧下降，牧草枯萎，农田旱情严重，人畜饮水困难，尤其是西北部地区干旱较为明显。锡尼镇、伊克乌素苏木、巴拉贡镇、独贵塔拉镇、呼和木独镇和吉日嘎郎图镇的56个嘎查(村)不同程度受灾，受灾8693户2.06万人，受灾农作物2710 hm²，受灾草牧场5163 hm²，受灾牲畜13万头(只)，饮水困难人口1.51万，牲畜7.67万头(只)，直接经济损失5898万元，其中农作物损失3907万元。

伊金霍洛旗入春至仲夏，降水时空分布不均，出现了春夏连旱，受灾人口5.3万，因旱饮水困难人口1.7万，农作物受灾面积1.08万 hm²，绝收面积100 hm²，农业经济损失1185万元。

2010年 鄂尔多斯市大部地区以夏旱为主，东胜区、达拉特旗、伊金霍洛旗6月至8月降水量偏少5~6成，夏季干旱最为严重。东胜区全年旱灾面积达400.2 hm²。达拉特旗受灾村(嘎查)110个，受灾人口7.50万，农作物受灾面积3.23万 hm²，农作物绝收面积1.00万 hm²，直接经济损失21000万元。鄂托克旗7月中旬至8月，鄂托克前旗、乌审旗在7月至8月上旬，杭锦旗7月下旬至8月均出现阶段性旱情。鄂托克旗干旱导致4.2万人受灾，经济损失680万元，其中农作物受灾6400 hm²，成灾面积6400 hm²，损失粮食100万 kg，经济损失300万元；草原受灾面积为30万 hm²，经济损失为680万元。鄂托克前旗3826人受灾，因旱饮水困难2631人，直接经济损失500万元。

2011年 降水时空分布不均，南部地区偏多，北部地区偏少。鄂托克前旗年降水量为454 mm，较常年同期偏多70%；乌审旗南部的河南站降水量超过600 mm，较常年同期偏多80%，乌审旗中部地区降水量接近常年同期，而乌审旗北部地区降水则偏少20%，并且在5月至8月上旬发生较为严重的持续性干旱，干旱造成乌审旗农作物受灾面积2.29万 hm²，成灾面积1.99万 hm²，受灾牧草场42.91万 hm²，受灾牲畜87.4万头(只)，灾害涉及农牧民7.12万人，造成直接经济损失6934万元，其中农牧业损失6779万元。

北部地区年降水量较常年同期偏少30%~40%，各旗(区)旱情较为严重。入春至9月上旬，东胜区、鄂托克旗、杭锦旗、伊金霍洛旗降水量较常年同期偏少6~7成，发生了特别严重的春夏连旱。四旗(区)出现第一场大于10 mm的降水时间普遍偏晚，东胜区和伊金霍洛旗在7

月中旬初期,鄂托克旗在7月21日,杭锦旗第一场透雨出现时间最晚,在8月22日,而且在农作物生长季仅出现2 d大于10 mm的雨日。由于长期降水量持续偏少,北部大部地区旱情严重,给农牧业生产造成严重损失。鄂托克旗到6月1日,全旗各地多数牧草仍未返青,有4.50万人受灾,饮水困难人口1.20万,饮水困难牲畜8600头(只),因灾死亡牲畜1250头(只)。草原受灾面积为150万 hm²,农作物受灾面积1.56万 hm²,成灾面积9550 hm²,绝收面积4100 hm²,直接经济损失4500万元,其中农业损失为2000万元。杭锦旗受灾人口7.25万,饮水困难5174人,饮水困难大牲畜5.27万头(只),农作物受灾面积2万 hm²,直接经济损失9398.8万元。东胜区受灾人口5.0万,饮水困难2000人,饮水困难大牲畜5000头(只),农作物受灾面积4000 hm²,农作物成灾面积3000 hm²,直接经济损失2300万元,农业经济损失1000万元。伊金霍洛旗受灾人口7.5万,饮水困难人口1.0万,饮水困难大牲畜1000头(只),农作物受灾面积9000 hm²,直接经济损失3000万元。

达拉特旗入春至9月,阶段性干旱频发,7月中旬至9月,仅出现2 d大于10 mm的雨日,最大日降水量只有21.1 mm。达拉特旗受灾村(嘎查)110个,受灾人口10.60万,农作物受灾面积4.50万 hm²,农作物绝收面积1.80万 hm²,直接经济损失39240万元。准格尔旗进入5月以后,降水开始稀少,气温逐渐升高,至6月上旬开始引发大范围干旱,6月虽有几次降水过程,因降水范围十分有限(都属于局地降水),同时降水量级很小,不能从根本上解除干旱,只能对部分地区的干旱起到抑制作用,准格尔旗干旱从5月基本持续到9月,受灾2938人,饮水困难大牲畜9.0万头(只),农作物受灾面积4 hm²,直接经济损失2938万元。

2012年 鄂尔多斯市部分旗(区)发生阶段性干旱。4月至5月中旬,鄂托克旗、达拉特旗、杭锦旗降水偏少5~8成,出现阶段性春旱。6月上中旬,鄂尔多斯市除乌审旗和杭锦旗外,其余旗(区)降水偏少量4~9成,出现阶段性夏旱,鄂托克前旗20多天降水量仅有1.9 mm,伊金霍洛旗也不足8 mm。7月上中旬,除杭锦旗外,其余旗(区)降水量偏少3~8成,鄂尔多斯大部地区再次出现阶段性干旱,其中乌审旗、达拉特旗、准格尔旗7月上中旬降水量6~9 mm。鄂托克前旗4个镇52个嘎查(村)遭受不同程度的旱灾,受灾户10924户3.51万人,受灾农作物面积约2.07万 hm²,其中玉米16666.7 hm²、马铃薯3066.7 hm²、西瓜600 hm²、蔬菜200 hm²,全旗所有草牧场均受到不同程度的旱灾,饮水困难996户2597人,饮水困难牲畜40.8万头(只),死亡牲畜156只,造成经济损失约10937万元。乌审旗在入夏后也遭受不同程度的干旱,部分地区旱情严重,经济作物受灾面积达2000多 hm²,草场受灾面积达13.3多 hm²,涉及农牧民1000多户3000多人,直接经济损失达200多万元。伊金霍洛旗除纳林陶亥为中旱外,其余地区为重旱或特旱,硬梁无灌溉条件地区无法播种农作物,西部大部地区牧草返青较差,部分牧草返青后又枯死。准格尔旗受灾人口22.14万,饮水困难大牲畜48.91,农作物受灾面积13276 hm²。

2013年 鄂尔多斯市春旱比较严重,3~5月大部地区降水量偏少4~7成。4月下旬到5月上旬为玉米播种期,土壤墒情对处于出苗期的农作物及牧草生长发育均非常不利。伊金霍洛旗1—4月连续88 d未出现降水天气,达到重旱等级,受灾人口5.00万,饮水困难人口1.21万,农作物受灾面积9285 hm²,农作物成灾面积2785 hm²,直接经济损失2640万元。达拉特旗受灾村(嘎查)54个,受灾24100人,农作物受灾面积2万 hm²,直接经济损失3920万元。

杭锦旗入春后大风扬沙降温天气居多,使得水分蒸发加快,地下水位呈下降趋势,土壤表层失墒严重,造成不同程度的人畜饮水、草牧场返青、旱地耕种等困难。进入夏季,气温较常年同期偏高,降水量为各旗(区)中最少,梁外地区耕地、草牧场受旱突出,严重影响到农牧民的生产生活,杭锦旗受灾人口4.6万,饮水困难3936人,饮水困难大牲畜31.8万头(只),农作物受灾面积1.50万 hm²,农作物成灾面积5680 hm²,直接经济损失7179万元,农业经济损失6237万元。6月30日至7月1日,杭锦旗出现46 mm的降水,长期的干旱才开始解除。

8月,鄂尔多斯市南部地区降水量偏少4~9成,出现阶段性夏旱,特别是鄂托克前旗,8月降水量仅有6 mm,整月未出现过有效降水,旱情相对较重。受春旱以及阶段性夏旱影响,鄂托克前旗4个镇68个嘎查(村)遭受不同程度旱灾。造成受灾户10243户,受灾人口2.98万,饮水困难5316人。275口井出水不足,受灾农作物面积约2.56万 hm²,其中玉米1.87万 hm²、马铃薯2433.3 hm²、西瓜2566.7 hm²、蔬菜1546.7 hm²,全旗草牧场受灾面积有83.51万 hm²,饮水困难牲畜15万头(只),死亡牲畜224只,其中大牲畜54头(只),造成经济损失约1850万元。

2014年 鄂尔多斯市以阶段性干旱为主。入春至4月中旬,伊金霍洛旗、杭锦旗、鄂托克旗、达拉特旗、东胜区降水量偏少3~6成,发生阶段性春旱。7月上中旬,杭锦旗、鄂托克旗、准格尔旗、伊金霍洛旗降水量偏少3~6成,发生阶段性夏旱。

8月中上旬,在玉米灌浆关键期,鄂尔多斯大部地区再次发生阶段性干旱,除达拉特旗和东胜区外,其余旗(区)降水量偏少3~8成。鄂托克旗共有3.56万人受灾,因旱需生活救助人口2.36万,因旱饮水困难需救助2313人,农作物受灾面积1.04万 hm²,农作物成灾面积208 hm²,草场受灾面积约132.00万 hm²,因灾死亡牲畜845头(只),85万头(只)牲畜出现饮水困难,造成直接经济损失820万元。鄂托克前旗4个镇68个嘎查(村)11151户37273人受灾,农作物严重受旱,地下水位下降了1~2 m,导致塑料管井、人工大口井、机井共1854眼井出水量不足,780眼塑料管井和人工大口井干枯,死亡牲畜头数576头(只),饮水困难牲畜15万头(只),饮水困难4426人。受灾农作物面积3.23万 hm²,其中玉米2.27万 hm²、西瓜800 hm²、蔬菜733.3 hm²,其他农作物5640 hm²,全旗草牧场受灾面积约92.33万 hm²,造成经济损失达1916万元。

6月下旬到7月上旬,杭锦旗大部地区土壤墒情较差,特旱面积占全旗总面积的90%以上,干土层厚度达18 cm。7月上旬,虽发生过几次分布不均的阵性降水,但大部分地区旱情还在持续,受灾人口1.39万,饮水困难人口2267万,饮水困难大牲畜9.3万头(只),农作物受灾面积1.35万 hm²,农作物成灾面积9500 hm²,直接经济损失1500万元,农业经济损失1172万元。伊金霍洛旗进入6月,气温持续偏高,并常伴有大风扬沙天气,造成土壤失墒快,部分地区出现人畜饮水困难,旱情影响农作物生长和草场返青,受灾人口2.49万,因旱需生活救助人口1.82万,饮水困难人口2163万,农作物受灾面积1.25万 hm²,农作物成灾面积2499 hm²,直接经济损失348.6万元,农业经济损失348.5万元。

2015年 东胜区和达拉特旗5—8月降水量偏少8成左右,发生特别严重的春夏连旱。达拉特旗自从4月初出现第一场大于10 mm的降水后,直到8月底都未出现大于10 mm的雨日,8月降水量仅有1.6 mm,整个作物生长季,旱情严重,灾村(嘎查)达84个,受灾人口4.99万,农作物受灾面积8.23万 hm²,农作物绝收面积4993 hm²,直接经济损失42000万元。东胜区5—8月仅在7月上旬出现1个大于10 mm的雨日,8月降水量只有7.6 mm,受降水持续偏少影响,东胜区受灾人口1.15万,因旱需生活救助7140人,因旱饮水困难5220人,饮水困难大牲畜5400头(只),农作物受灾面积1651 hm²,农作物成灾面积1002 hm²,农作物绝收面积 800 hm²,直接经济损失 5485 万元,其中农业经济损失 1300 万元。

伊金霍洛旗、杭锦旗、鄂托克旗、鄂托克前旗 6—8 月降水量偏少 5~6 成,夏季干旱较为严重。伊金霍洛旗受旱灾影响乡镇 7 个,受灾人口 8.66 万,因旱需救助 4300 人,饮水困难 2352 人,农作物受灾面积 1.50 万 hm²,农作物成灾面积 2155 hm²,直接经济损失 1270 万元。鄂托克旗全旗受灾人口 2.95 万,因灾需救助人口 2.86 万,因旱饮水困难需救助受灾 7902 人,受灾草场面积 164.75 万 hm²,农作物受灾 1.79 万 hm²,成灾面积 1.56 万 hm²,因灾死亡 1.60 万头(只)羊,直接经济损失达 5786 万元,其中农业损失 1584 万元。鄂托克前旗全旗 4 个镇 71 个嘎查(村)12046 户 38548 人受灾,饮水困难户 745 户 2547 人,饮水困难牲畜 14.48 万头(只),死亡牲畜头数 5531 头(只),被大风吹倒棚圈 5 处;全旗农作物受灾总面积 23372 hm²,其中玉米受灾面积 22698 hm²,辣椒等其他农作物受灾面积 674 hm²;全旗草牧场受灾面积约 109.13 万 hm²,预计造成经济损失达 2400 余万元。从 5 月开始,杭锦旗整体温高雨少,尤其是进入 6 月以后,大部地区未出现大范围的有效降水,全旗旱情严重,杭锦旗 3 个镇(苏木)、36 个嘎查(村)遭受不同程度的灾害,受灾人口 3396 户 7812 人,饮水困难 1004 人,受灾农作物 6600 hm²,成灾 4620 hm²;受灾草牧场 25.20 万 hm²,其中无法返青 11.40 万 hm²,饮水困难牲畜达 12.4 万头(只)、死亡牲畜达 1089 头(只),1600 hm² 沙棘面临干枯,448 眼浅水井需要维修,共造成直接经济损失 1960 万元。

7 月中旬至 8 月,在农作物生长关键期,乌审旗和准格尔旗降水偏少 4~5 成,发生阶段性夏旱。准格尔旗 12 个行政村总耕地面积约 5133 hm²,约 2049.58 hm² 农作物受灾,其中水地玉米 1424.71 hm²,减产 30% 左右,旱地玉米 288.87 hm² 基本绝收,水地马铃薯 58.1 hm² 减产 30% 左右,旱地马铃薯 127.40 hm² 减产 60% 左右,大豆 109.9 hm² 和油菜 40.6 hm² 减产 30% 左右。18 个村 192 个合作社普遍干旱严重,多数土地急需浇灌。初步统计,全镇农作物受灾面积达 2243.17 hm²,其中水地玉米 842.31 hm²,旱地玉米 502.07 hm²;马铃薯 475.1 hm²,荞麦 96.37 hm²,糜子 201.13 hm²,蔬菜 11.53 hm²,油料 8.4 hm²,豆类 15.87 hm²,高粱 0.93 hm²,谷子 87.8 hm²,葵花 1.7 hm²。

2016 年 春季的 3 月至 5 月上旬,鄂尔多斯市北部地区降水量偏少 60%~5%,发生阶段性春旱,杭锦旗春季干旱持续到 5 月中旬,达拉特旗春旱持续到 5 月底。杭锦旗受灾人口 1.25 万,饮水困难 1968 户,受灾面积 950 hm²,成灾面积 280 hm²,直接经济损失 682 万元,农业经济损失 337 万元。准格尔旗因干旱造成经济损失 14.5 万元。鄂托克前旗 6 月至 7 月中旬降水偏少 6 成左右,发生阶段性夏旱。

2017 年 5 月中旬至 6 月中旬,达拉特旗、东胜区、乌审旗和准格尔旗降水量偏少 3~7 成,发生阶段性春旱。夏季进入 7 月后,大部地区温高雨少,旱情持续发展。鄂托克前旗入伏后持续高温,导致草牧场干枯,绿色植被覆盖无法满足牲畜食用量,饲草料短缺,部分牲畜养殖户只能二次投入资金购买饲草料解决牲畜饲喂问题。部分农户因用电量增加,变压器容量不足致使农牧业灌溉受到一定影响,农作物大面积受旱,同时并发了农作物病虫害,导致农作物减产。全旗因旱受灾 14106 户 42557 人,草牧场约 83.23 万 hm²,水浇地约 5.65 万 hm²,饲草料短缺牲畜约 58 万头(只),造成的经济损失约 5278.7 万元。达拉特旗 7—8 月降水量偏少 5 成左右,发生较为严重的夏旱,受灾村(嘎查)39 个,受灾 25064 人,农作物受灾面积 18821 hm²,直接经济损失 8600.57 万元。进入 7 月,杭锦旗气温偏高,降水偏少,期间有阵性降雨发生,但分布不均,日照时数偏多,土壤墒情快速下滑,0~20 cm 平均土壤相对湿度只有

27%,重旱面积占 30%,特旱面积达 70%,受灾 2812 人,饮水困难 848 人,饮水困难大牲畜 6.16 万头(只),农作物受灾面积 4480 hm²,成灾面积 2230 hm²,直接经济损失 1802 万元。乌审旗进入 7 月持续高温酷暑,农牧民生产生活遭受严重影响,损失较重,苏力德苏木 11 个嘎查(村)2 个居委会都受高温天气影响,草牧场、农作物干旱、牲畜饮水困难,共造成玉米、山药、豆类等农作物 1.28 万 hm² 和 18.04 万 hm² 草牧场受旱灾影响严重,28.2 万头(只)牲畜面临饥荒,灾情涉及 4164 户 12632 人,直接经济损失达 435 万元。准格尔旗在 7 月至 8 月上旬降水偏少 3 成左右,出现阶段性夏旱,受灾人口 2.93 万,因旱饮水困难 500 人,农作物受灾面积 5105 hm²,成灾面积 5105 hm²,绝收面积 620 hm²,直接经济损失 669 万元。

2018 年 鄂尔多斯市西部地区出现阶段性干旱,鄂托克旗的蒙西镇、棋盘井镇、阿尔巴斯局部地区 4 月 22 日至 6 月 22 日未出现 10 mm 以上降水,旱情十分严重,大部地区牧草枯死,局地草原裸露地表,无牧草生长。受灾人口 1.08 万,饮水困难 230 人,农作物受灾面积 5381 hm²,农作物成灾面积 957 hm²,直接经济损失 3852.1 万元。

2019 年 5 月至 6 月上旬,鄂尔多斯市各旗(区)降水量偏少 4～8 成,出现阶段性春旱,影响梁外地区农作物播种;达拉特旗、杭锦旗、伊金霍洛旗降水量不足 8 mm。7 月,伊金霍洛旗、鄂托克旗、达拉特旗、杭锦旗降水量偏少 3～6 成,发生阶段性夏旱,特别是鄂托克旗降水时空分布不均,8 月 2 日至 4 日出现 45 mm 的降水后,截至 8 月底,降水量仅有 2.2 mm,鄂托克旗全旗 6 个苏木(镇)受到旱灾影响,受灾人口 3.30 万,受灾草场面积 159.74 万 hm²,受灾农作物面积 1.16 万 hm²,15.54 万多头(只)大牲畜出现饮水困难,直接经济损失 6855.99 万元。准格尔旗因旱灾农业经济损失 38.75 万元。

2020 年 乌审旗、准格尔旗、鄂托克前旗入春至 8 月下旬末,降水偏少 3～5 成,发生严重的春夏连旱。鄂托克前旗在 6 月 11 日才出现第一场大于 10 mm 的降水,截至 8 月 29 日,共出现 3 个大于 10 mm 的雨日,旱灾共造成全旗 11440 户 35984 人受灾,草牧场共约 89.51 万 hm² 受旱灾,约 12.67 万头(只)牲畜饮水困难,造成直接经济损失约 3896.25 万元。乌审旗全旗农作物面积共 5.06 万 hm²,其中受旱面积共计 4.05 万 hm²,直接经济损失 3037.5 万元;草场受旱面积 800 万亩,经济损失 2400 万元;机电井出水不足 2606 眼,人畜饮水井出水不足 2800 眼。准格尔旗因旱灾造成经济损失 169.22 万元。鄂托克旗入春至 8 月上旬,降水持续偏少,特别是 7 月,降水仅有 9.1 mm,较常年同期偏少 80%,为各旗(区)中最少,旱情迅速发展,截至 8 月上旬,全旗 6 个苏木(镇)受灾 4969 人,农作物受灾面积 6215.36 hm²,受灾草场面积 79.15 万 hm²,直接经济损失 2562.10 万元。

东胜区、伊金霍洛旗、达拉特旗、杭锦旗西部的伊和乌素 3 月至 7 月上旬,降水量偏少 3～5 成,旱情较为严重,东胜区和伊金霍洛旗 6 月 28 日才出现第一场大于 10 mm 的降水,旱情持续到 7 月上旬,进入 7 月中旬,降水增多,旱情才有所缓解。东胜区受灾 4448 人,饮水困难大牲畜 192 头(只),农作物受灾面积 3463.7 hm²,农作物成灾面积 3463.7 hm²,农作物绝收面积 1.3 hm²,直接经济损失 527.2 万元。杭锦旗伊和乌素苏木、巴拉贡镇长期处于干旱少雨状态,大部地区无有效降水,导致旱情严重,受灾 5426 人,农作物受灾面积 6.7 万 hm²,直接经济损失约 497 万元。

第二章 暴雨洪涝灾害

第一节 概述

暴雨是鄂尔多斯市影响最为严重的气象灾害之一。由暴雨引发的洪水、涝灾、滑坡和泥石流等衍生灾害,不仅影响农业生产,而且可能危害人民群众生命财产安全、造成严重的经济损失。鄂尔多斯市是内蒙古暴雨多发区,也是暴雨诱发中小河流洪水和山洪地质灾害的高发区。

一、灾害分类

暴雨是一种影响严重的灾害性天气。某一地区连降暴雨或出现大暴雨、特大暴雨,常导致山洪暴发、水库垮坝、江河横溢,房屋被冲塌,农田被淹没,交通和电讯中断,给国民经济和人民的生命财产带来严重危害。暴雨可直接致灾,也易诱发崩塌、滑坡、泥石流等地质灾害,暴雨最主要的危害有两种:

(一)渍涝危害

由于暴雨急而降水量大,排水不畅易引起积水成涝,土壤孔隙被水充满,造成陆生植物根系缺氧,使根系生理活动受到抑制,产生有毒物质,使作物受害而减产。

(二)洪涝灾害

洪涝是指因大雨、暴雨或持续降雨使低洼地区淹没、渍水的现象。淹水越深,淹没时间越长,危害越严重。特大暴雨引起的山洪暴发、河流泛滥,不仅危害农作物、果树、林业和渔业,而且还冲毁农舍和工农业设施,甚至造成人畜伤亡,经济损失严重。

鄂尔多斯地处内蒙古中西部的大漠边缘地区,常常形成局地暴雨,引起暴洪事件。例如2013年6月30日15时10分,鄂尔多斯市东胜区遭遇严重强对流天气袭击,突降暴雨,过程降雨量达71 mm,引发严重城市内涝,造成部分建筑墙体倒塌,低洼处浸水等严重灾害。其中东胜区3个镇12个街道不同程度受灾,共造成塌方79处,374户979人受困,19人死亡。多条街道交通瘫痪,公路运输拥堵,鄂尔多斯机场进出港航班延误。

二、暴雨分布特征

使用1971—2020年鄂尔多斯市11个国家级气象站的50年降水量资料,分析鄂尔多斯市暴雨气候特征。暴雨指日降水量≥50.0 mm的降水(日界为北京时20时到次日20时),短时暴雨是指1 h降水量20 mm以上的降水(乌兰 等,2018)。

(一)空间分布

图2.1是鄂尔多斯市年平均暴雨日数的空间分布,总体呈现东多西少的分布特点,自东向西年平均暴雨日数逐渐减少,并且存在两个多暴雨中心,分别是中部的伊金霍洛旗和东北部的准格尔旗。

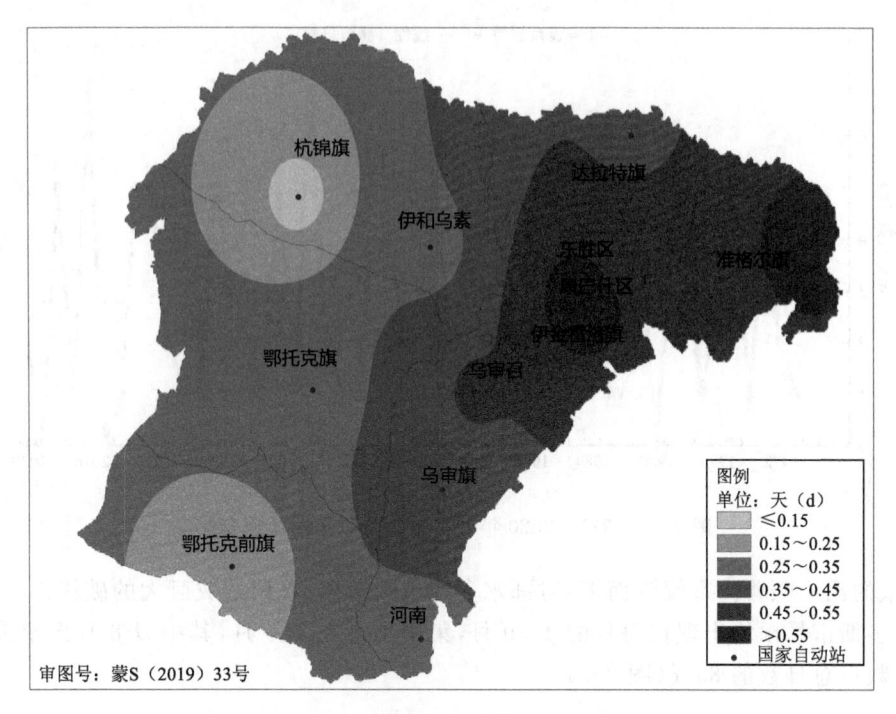

图 2.1　1971—2020 年鄂尔多斯市年平均暴雨日数

(二)时间分布

50 年来,鄂尔多斯市 11 个观测站出现暴雨日数总计为 213 d,最早暴雨日出现在 1973 年 4 月 30 日的河南站为 55.2 mm,最晚暴雨日出现在 1973 年 9 月 24 日的东胜站为 58.7 mm。鄂尔多斯市没有一个观测站连续 50 年均出现暴雨。

1. 年际变化

50 年来,鄂尔多斯市有 4 年没有出现暴雨(1980 年、1987 年、2015 年、2019 年),其次年暴雨日数为 1 d 的年份有 1971 年、1974 年、1977 年、1983 年、1986 年、1990 年、1993 年、1999 年、2000 年、2003 年、2005 年、2009 年、2010 年、2014 年、2017 年。年暴雨日数大于等于 4 d 的年份有 1973 年、1975 年、1979 年、1981 年、1984 年、1988 年、1989 年、1992 年、1994 年、1997 年、1998 年、2002 年、2004 年、2008 年、2012 年、2013 年、2016 年、2018 年,其中 2002 年、2016 年的年暴雨日数最多,为 7 d。

图 2.2 为 50 年来鄂尔多斯市年暴雨日数及线性趋势变化情况。由图可见,全市年暴雨日数呈波动增长趋势。

2. 月际变化

鄂尔多斯市地势为由南北向中间隆起,其脊在 39°50′N 一线,这一带是鄂尔多斯市各主要河流沟壑的分水岭。东南季风盛行的季节,暖湿空气在爬坡北上的过程中,由于地形的抬升作用,在鄂尔多斯高原的南坡或顶端上形成强降水。因而,分水岭附近正好是暴雨比较集中的地区,沿 39°N 各向南北延伸 30~40 km 的地区,是鄂尔多斯市夏季暴雨的多发区,鄂尔多斯市的准格尔旗、东胜区、伊金霍洛旗正位于此带上。由于鄂尔多斯市暴雨的强度很大,暴雨集中区和由南北向中部隆起的特殊地形的配合,更加剧了暴雨和山洪的危害。每当暴雨出现形成

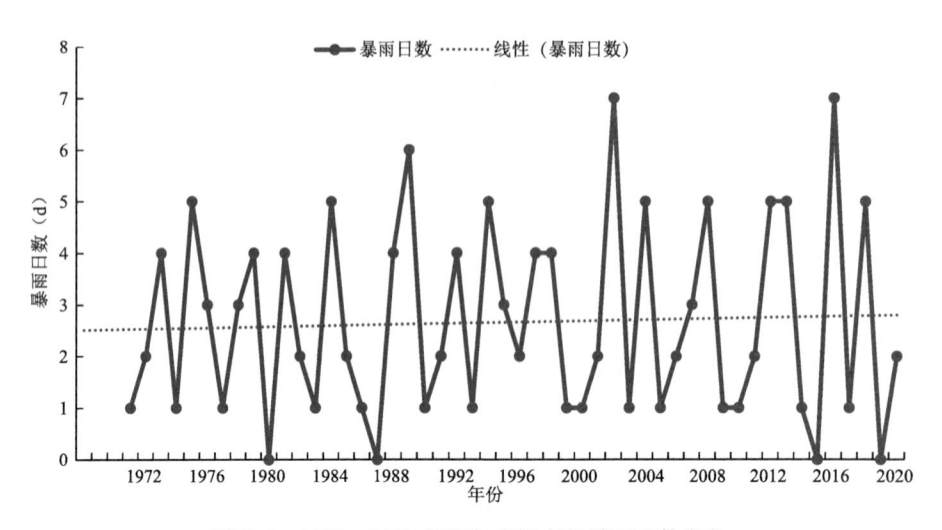

图 2.2　1971—2020 年鄂尔多斯市年暴雨日数变化

山洪,大量的泥土顺着沟壑倾泻而下,对鄂尔多斯市的河流、农田造成巨大的破坏作用。

鄂尔多斯市暴雨均出现在每年的 4—9 月,集中出现在 7、8 月,其中以 8 月出现最多,7、8 月暴雨日数占总日数的 89%(图 2.3)。

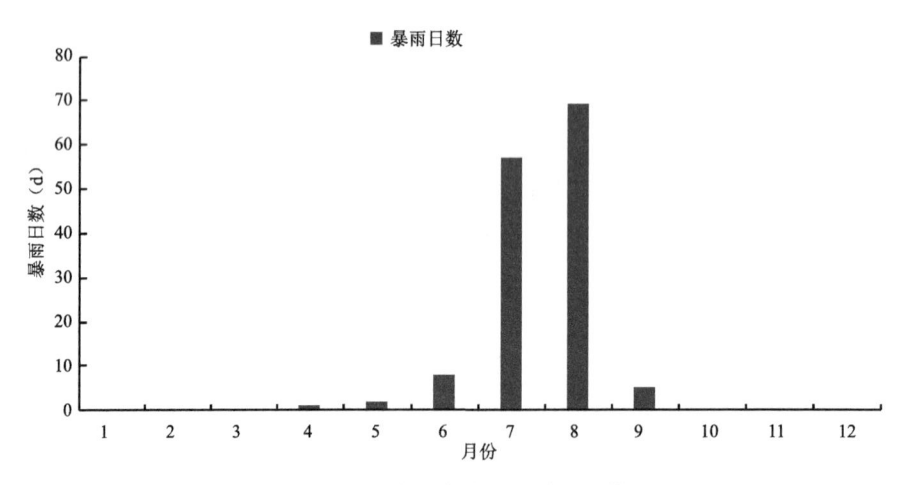

图 2.3　1971—2020 年鄂尔多斯市暴雨日数月际变化

3. 旬际变化

50 年来 4—9 月逐旬暴雨总日数分布情况总体呈"单峰型"(图 2.4)。7 月下旬是暴雨最集中的时段,其次是 8 月上旬和 8 月下旬。7 月上旬暴雨日数开始明显增多,9 月上旬开始暴雨日数明显减少。4 月上旬、中旬,5 月上旬暴雨日数为 0。

第二节　公元 265—1948 年的暴雨洪涝灾害

晋太始元年(公元 265 年)　塞外(延安府志所指塞外,即今内蒙古鄂尔多斯市)大水。

清光绪二十九年(公元 1903 年)　夏,黄河在准格尔旗决口,名曰车驾口子,水势湍流,向

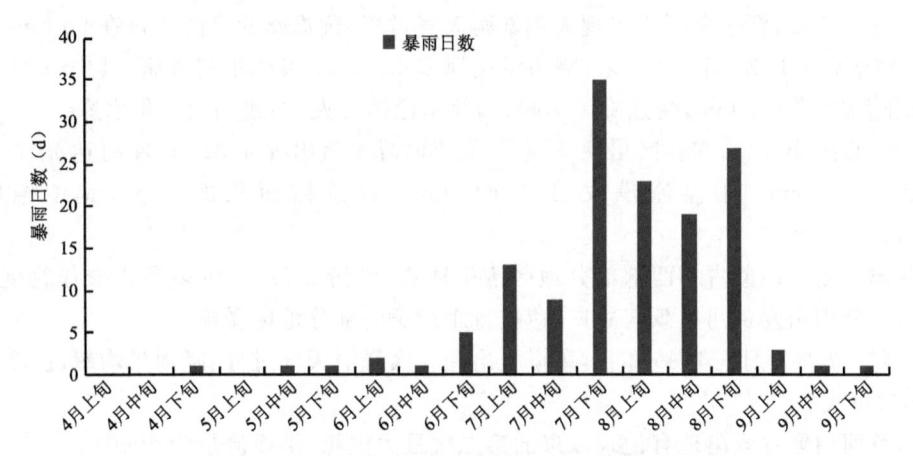

图 2.4　1971—2020 年鄂尔多斯市逐旬暴雨日数变化

东北流,达邑境东界五区,半壁悉成水海,面积曾不若以往广阔,而灾害甚巨。

民国三年(公元 1914 年)　绥远特别区,向北京政府呈报灾情,归化、武川、萨拉齐、五原、东胜等地被水、被雹。

民国十八年(公元 1929 年)　七月鄂尔多斯达拉特旗连降暴雨,哈什拉川山洪暴发,新民堡附近土城东大社等村庄被淹没,百人死亡,400 户外迁。罕台川洪水将羊场壕 200 hm² 良田变为沙丘。

民国三十二年(公元 1943 年)　鄂尔多斯市达拉特旗雨涝。

民国三十六年(公元 1947 年)　八、九月鄂尔多斯秋雨连绵,长达 40 d。

第三节　公元 1949—2020 年的暴雨洪涝灾害

1952 年　7 月下旬,鄂尔多斯市降雨骤增,杭锦旗、准格尔旗暴雨洪涝冲淹农作物 1300 hm²。

1954 年　6—8 月,鄂尔多斯市伊金霍洛旗、达拉特旗、准格尔旗 8000 hm² 农田遭水淹。

1956 年　入夏,鄂尔多斯市大部地区雨量增大,达拉特旗、准格尔旗局地遭受暴雨洪涝灾害,损失较重。

1958 年　进入雨季,鄂尔多斯市降雨较多。8 月 6—8 日,鄂尔多斯市出现暴雨天气,部分地区降雨量超过 50 mm。降雨引起河水上涨,8 月 8 日达拉特旗发生洪灾,淹没农作物 2.8 万 hm²,死亡 24 人,经过 3 d 的排水工作也仅仅抢救了 3700 hm²,其余农田全部绝收。

1959 年　8 月 3—5 日,鄂尔多斯市出现大范围降雨天气过程,部分旗(区)达到暴雨,24 h 降水量乌审旗 192.2 mm、准格尔旗 96 mm、杭锦旗 56.8 mm、东胜区 52.7 mm,部分地区发生洪灾,淹没农田 1.4 万 hm²,死亡 7 人,死亡牲畜 1 万余头(只)。

1960 年　9 月 28 日,东胜区出现暴雨,日降水量为 64.3 mm。受暴雨影响,倒塌房屋 389 间,砸死 3 人,伤 3 人,部分农田被淹。

1961 年　进入 7 月,降雨较为集中,降雨量较常年偏多,部分地区遭受暴雨洪涝灾害。7 月 21—22 日,鄂尔多斯市出现大范围降雨天气,东胜区、准格尔旗、乌审旗降雨量 52.6~63.6 mm。

8月20—22日，鄂尔多斯市出现大到暴雨天气过程，杭锦旗的日降雨量在50 mm以上。

伊金霍洛旗7月21日—8月末，降雨量达到286.9 mm，发生洪涝灾害，其中，7月22日夜间6 h降雨量达123.1 mm，受强降雨影响，乌兰木伦镇受灾，冲毁乌兰木伦水库。

9月27日凌晨开始，东胜区出现暴雨，最大小时降水量出现在27日01时达22.7 mm，日降水量达59.2 mm。山洪淹没农田20000 hm²，占总播面积的37%，其中绝收面积7733.33 hm²。

1963年 夏季内蒙古中西部部分地区遭受冰雹、洪涝灾害，鄂尔多斯市农作物受灾面积1.7万hm²，降雨引发黄河灌溉区决口，达拉特旗沿黄河部分地区受灾。

1964年 7月5日—8月12日，乌审旗出现3次暴雨天气过程，降雨量均超过62 mm，部分地区出现洪灾。

7月，黄河内蒙古段出现有记录以来的第二次最大洪峰，洪峰流量为5000~5500 m³/s，黄河决口，鄂尔多斯市遭受水灾面积2.5万hm²，死亡13人，损毁房屋5800余间，损失牲畜2.1万头（只）。

1966年 7月8日，鄂尔多斯市出现大到暴雨天气，达拉特旗日降雨量在50 mm以上。8月13日—15日，鄂尔多斯市又出现一次大到暴雨天气过程，乌审旗、东胜区、鄂托克旗的日降雨量为50~100 mm。受连续两次大到暴雨天气过程影响，鄂尔多斯市出现洪涝灾害，68个乡镇受灾，受淹农田1.8万hm²，淹毁蔬菜240 hm²，死亡17人，冲坏黄河南干渠6处，达拉特旗毛不拉孔总工程被冲坏、进水闸被冲塌，鄂托克旗电灌工程14段水道被冲毁，全市共有526处塘坝、185道拦洪坝被冲垮。

1967年 鄂尔多斯市7月中旬至8月底出现连阴雨，月余不晴，降水量200~300 mm，灾情比较严重。8月，准格尔旗、伊金霍洛旗、达拉特旗、杭锦旗、乌审旗的降水量较常年偏多110%~240%，除鄂托克旗外，其余旗（区）均出现过一到两次超过50 mm的暴雨天气过程，造成区域性洪涝灾害。准格尔旗黄河沿岸农田全部被淹，达拉特旗发生7次洪水，受洪涝灾害影响，全市总计淹没农田5.6万hm²，其中1.8万hm²农作物绝收，冲毁房屋2124间。

伊金霍洛旗从7月17日—8月10日连续出现4次大到暴雨天气，1.3万hm²湿地出现涝灾，其中7月17、18日，伊金霍洛旗出现暴雨，札萨克、台格庙两个公社受灾，据统计，农作物受灾面积5333.33 hm²，冲塌房屋208间，毁水坝41座，机井8眼，受灾10500人。

1973年 鄂尔多斯市东胜区、杭锦旗、准格尔旗等地春季严重干旱，但7月8日后连降大雨，7—9月总降雨量280~410 mm，造成这些地区山洪暴发，形成洪涝灾害，据统计，全市受涝灾面积达1.9万hm²，粮食损失330万kg。

7月8—11日，东胜区出现连续降雨天气，过程总量达到92.3 mm，日最大降水量为44.2 mm，出现在7月10日。

7月17—18日，东胜区连续2 d均出现降水及冰雹天气，过程总雨量达47.4 mm，日最大降水量为27.6 mm，出现在7月17日。受连续降雨过程影响，东胜区受灾生产队130个，占总数的32.9%，受灾2171户10024人，受灾农田4333.33 hm²；死亡大畜77头，小畜893只；洪水冲毁水井31眼，塘坝21处，渠道、澄地坝343条共88 km；倒塌房屋34间，棚圈128间。罕台川内山洪暴发，吞没在川内行驶的车辆数十辆及牲畜百余头（只），使16人丧生。

1974年 鄂尔多斯市7月下旬降水偏多，局部遭受涝灾，受淹农田240 hm²，房屋倒塌78间。

1975 年 8 月,鄂尔多斯市连降大到暴雨,月降水量较常年同期偏多 2~5 成,暴发山洪,局地形成洪灾。

1976 年 7 月下旬至 8 月 18 日,鄂尔多斯市连续出现 4 次大到暴雨天气过程,其中东胜区、鄂托克旗、伊金霍洛旗、达拉特旗、准格尔旗等地总降雨量达 200 mm 以上,其中鄂托克旗总降雨量达 453.8 mm,为常年同期的 5 倍,造成区域性洪涝灾害,山洪暴发,农田、牧场被冲毁,灾情严重。

7 月 27 日—8 月 3 日,东胜区出现两次大范围降水天气过程。7 月 27—28 日,过程降水总量 99.3 mm,其中 7 月 28 日降水量 65.6 mm,达到暴雨标准;8 月 1—3 日,过程降水总量 129.2 mm,其中 8 月 2 日降水量 85.3 mm,达到暴雨标准。连续降水使得东胜遭受严重洪涝灾害。洪水冲垮漫赖公社乌尔图水库,毁坏大口井 85 眼,水井 50 眼,截伏流工程 17 处,土石坝 1169 道;洪水冲毁林地 450 hm²,基本农田 366 hm²,使 3133.33 hm² 农田无收成,倒塌房屋 950 间,棚圈 2164 处;死亡 4 人,伤 1 人;死亡大小畜 354 头(只),猪 80 头;洪水冲走上场小麦 5000 kg,冲毁桥梁 1 座,涵洞 22 处,路基 3.1 万余立方米。直接经济损失约 13.5 万元。柴登公社水推或淹没粮田 570 hm²,受灾占 33.5%,基本农田 52.2 hm²;全社山药 570 hm²,被水沤 226 hm²;大面积防风林带被冲毁,棚圈倒塌 1212 处,社员住房倒塌 246 间。巴彦敖包公社被水冲垮 73 道土石坝。泊江海公社冲垮土石坝 150 道,受灾粮田 733.33 hm²,占粮田总播面积的 42.4%;全社公路、广播线路中断。

鄂托克旗从 7 月 27 日开始降暴雨,截至 8 月 7 日,暴雨引发的洪水冲毁公路 125 km,冲垮木桥、石桥各 1 座,共倒塌房屋 5154 间。伊金霍洛旗出现两次暴雨过程,过程降雨量达 121.3 mm。受暴雨影响,阿勒腾席热镇受灾,据统计,农作物受灾面积 5333.33 hm²,冲毁水利工程 513 处,其中塘坝 350 处,蓄水量 10 万~100 万 m³ 的大坝 9 处,损失石方 636 万 m³,淹没机井 63 眼,推到电杆 486 根,冲毁林田 98.40 hm²,粮食减产 650 kg,淹死大小牲畜 2827 头(只),冲走人工喂养鱼 105 万尾。

1977 年 入夏以后,鄂尔多斯市降雨增多,7 月下旬至 8 月上旬,连降两场大到暴雨。鄂托克旗乌兰镇两次降雨过程总雨量为 102.2 mm,导致山洪暴发,使巴彦陶亥、察汗淖、察布木凯淖等 4 个公社 19 个大队遭受洪涝灾害,巴彦陶亥公社大型水利建筑 4 处被洪水冲毁,3 处干渠决口,87 hm² 农作物绝收;巴彦陶亥农场第一道防洪坝决口,冲毁 180 m,二道坝冲毁 60 m;察汗淖公社淹死小畜 366 只,倒塌房屋 65 间、畜棚 50 间,淹没水井 39 眼、水库 4 座,冲毁粮食 850 kg;察布公社赛五素大队冲坏草库伦围墙,损失刺丝 1000 kg,淹死牲畜 53 头(只),淹没水井 17 眼,冲坏畜圈 168 处,冲走电线杆 100 根;木凯淖公社淹没农田 164 hm²,粮食减产 6~8 成。

8 月 1 日 20 时—2 日 20 时,乌审旗中部、北部遭受暴雨,嘎鲁图镇降水量为 60.4 mm,乌审召镇降水量 133.2 mm,其中乌审召最大小时雨量为 43 mm。共计 3686 多户 17551 人受灾,农作物被淹没 27400 多亩,房屋倒塌 1825 间、棚圈 355 间,80% 草牧场被洪水淹没。

1978 年 5 月 22 日,东胜区出现雷雨大风冰雹天气,全公社 10 个大队有 6 个大队受灾,受灾面积 328.67 hm²,具体为谷子 176.67 hm²,糜子 113.33 hm²,油料 24.67 hm²,蔬菜 14 hm²。

6 月 27 日,东胜国家级气象站出现雷雨天气,日降水量 22.7 mm,最大小时降水量 10.8 mm。受雷雨天气影响,杜家圪崂农作物受灾面积糜子 4.67 hm²、玉米 1 hm²、山药 0.33 hm²;乌素队农作物受灾面积糜子 4 hm²；羊圈顶坍塌死羊 2 只；红泥塔农作物受灾面积糜子 10 hm²、玉米 1.33 hm²、山药 0.67 hm²。

8月26日—9月6日，伊金霍洛旗连降 3 次大到暴雨，总降雨量为 171.4 mm。因降水时段集中，水势凶猛，全旗 15 个公社全部遭灾，已播种农田 2.3 万 hm²，1.6 万 hm² 农田绝收，粮食减产 1000 多万千克，倒塌房屋 2618 间，淹没水井 84 眼，冲毁水利工程水坝 200 m、石坝 50 m、护岸工程 55 处。

8月30日，达拉特旗出现降水天气，最大小时降水量达 14.9 mm，日降水量达 57.4 mm。哈什拉川、罕台川、母哈日沟、壕庆河 4 条孔兑山洪泛滥，德胜泰、榆林子、白泥井、乌兰淖、大树湾、树林召、新民堡等公社遭受洪水灾害，淹没农田 40 余万亩，冲毁民房 1000 余间，死 4 人，损失粮食 250 万 kg、甜菜 6.05 万 kg、油料 5 万 kg，死亡牲畜 1000 余头（只），毁机电井数百眼。梁外 8 个公社也普遍受害，冲毁水利工程 107 处，冲毁土地甚多。

1979 年 7月26日夜间开始，东胜区出现降雨天气，持续至 27 日清晨，最大小时降水量为 19.3 mm 出现在 27 日 04 时，日降水量为 70.9 mm。巴彦敖包社全社 243.6 hm² 粮田基本无收成，玉米、糜谷等作物减产 25 万 kg，其中山药 15 万 kg、糜子 7.5 万 kg，其他杂类 2.5 万 kg。

7月下旬，鄂尔多斯市出现中到大雨。8月10、12日又连降两场大暴雨，15 h 降雨量 100～150 mm，其中，东胜区 11 日降雨量为 62.2 mm，东部山区暴发山洪，准格尔旗纳林、外牛两川洪峰流量 4600 m³/s，西部地区平地积水 0.5 m 深，受灾公社 86 个，受灾面积 160 万 hm²，冲毁水利工程 997 处，冲毁机电井、电机、柴油机、水泵等，损失严重，冲走牲畜 1600 多头（只），冲走成材林树木 53.2 万株，冲塌房屋 5200 多间、棚圈 4400 多间，损失粮食 16.7 万 kg。

1980 年 7月19日，东胜区出现雷雨大风天气。受雷雨大风天气影响，东胜区受灾 257 户 1183 人，受灾面积 646.87 hm²，其中粮豆面积 392.13 hm²，油料 175.93 hm²，自留地 78.8 hm²。

9月，达拉特旗降了一场暴雨，暴发山洪，死亡 1 人，淹死牲畜 130 多头（只），倒塌房屋、库房 20 多间，损失粮食 146 万 kg。

1981 年 6月底到7月底，准格尔旗、达拉特旗、伊金霍洛旗、东胜区等旗（区）受暴雨影响遭受洪灾，4 个旗（区）19 个公社 66 个大队受灾，受灾农作物面积 8900 多 hm²，其中绝收 3460 hm²，冲塌房屋 28 间、棚圈 202 间，冲毁林地 60 多 hm²、草牧场 2670 hm²。

7月1日，东胜区出现暴雨，最大小时降水量出现在 1 日 03 时达 27.4 mm，日降水量达 58.3 mm。塔拉壕、添漫梁、羊场壕、罕台 4 个公社的 28 个大队 139 个生产队中牲畜棚圈倒塌，造成牲畜严重死亡，个别地方出现了社员住房倒塌、凉房灌水。4 个公社受灾 3172 户 18582 人，受灾面积 4773.8 hm²，其中粮田 3395.4 hm²，油料 1323.2 hm²，蔬菜 88.53 hm²，成灾三成的面积 1466.13 hm²，成灾四至八成的面积 1728.33 hm²，无收成面积 1579.33 hm²。洪水冲毁土地 1481 hm²，其中水浇地 176 hm²。洪水冲毁各种水利工程和机具设备有大口井 65 眼，小水井 116 眼，溶坝 36 处，石坝 48 道 5620 m，土坝 225 道 9610 m，电机、水泵各一台，高低压水泥电杆 6 根，电线 860 m。倒塌棚圈 202 处，死亡大畜 8 头、小畜 1023 只。社员房屋倒塌 25 间，被洪水冲走成片林 272.67 hm²，零星树 72000 株，柠条（草）587 hm²。其中，罕台公社玉米、山药、谷子、大豆、草麦、油料等早期作物全部毁灭。

7月21日，准格尔旗出现暴雨，降雨量达 51 mm，22 日，为雷阵雨天气，23 日，再次出现暴雨,降雨量达 69.3 mm,连续 3 d 累积降雨量达 121.5 mm。连日的暴雨造成全旗受灾面积达 9252.13 hm², 推走土地 130.53 hm², 水冲泥沙压良田 97 hm²,冲毁牧草 420 hm²。冲毁大小水坝 94 处,河口 20 处,渠道 7 条,人畜饮水工程 2 处,大小井 108 口,冲倒大小树 12421 棵。房屋倒塌 287 间,棚圈倒塌 696 间,压死大小牲畜共 480 头(只),3 人死亡,给农业生产造成极大损失。

1982 年 9 月 16 日,达拉特旗昭君镇高头窑公社遭受特大暴雨侵袭,树林召观测站日降水量 10.9 mm。高头窑公社遭受特大暴雨侵袭,多年投资建成的一处引洪澄地上百万亩的拦河工程遭受毁灭性破坏,洪水还冲垮小拦河坝 77 道、机井 14 眼、其他大小水井 228 眼、井房 12 个,冲走柴油机 5 台、胶管 12 根、水泵 5 台、机井架 1 副。1000 余亩良田变成沙滩,受灾面积达 36500 亩,损失粮食 74005 kg。

1983 年 6 月 30 日—7 月 1 日,东胜区出现雷雨大风天气,导致 623 户 222.4 hm² 农田受损,36.67 hm² 塔地被水推走,坡地 185.73 hm² 被水浸。

1984 年 6 月 21 日、23 日,杭锦旗独贵塔拉乡连续遭受两次暴风雨的袭击,造成粮食减产。

8 月 1—2 日,鄂托克旗本站累计降水量 72 mm,其中 1 日降雨量 21.1 mm,2 日降雨量 50.9 mm。受暴雨影响,巴音陶亥乡、碱柜村受灾。据民政局提供灾情数据,全旗 4 个苏木 12 个村,32 个农业合作社受洪水袭击,使 4633 亩庄稼受灾,粮食减产 102.5 万 kg,111 间住房被水淹,其中 63 间倒塌,水淹凉房 187 间,137 间倒塌。冲走和霉坏粮食 23500 kg、化肥 20 袋、油肉 135 kg、冲毁干渠 18 处、树 638 颗、120 只鸡被淹死。

8 月 2 日、10 日,杭锦旗出现大雨天气,局地出现冰雹。导致大小牲畜 1950 头(只)死亡,倒塌棚圈 156 个。

8 月 26 日,乌审旗出现暴雨,25 日 20 时—26 日 20 时嘎鲁图镇累计降水量 63.5 mm,最大小时降水量为 39.5 mm。达镇地区遭受不同程度灾害,据调查受灾面积达 100 多亩,其中山药 50 亩,蔬菜 30 亩,玉米 20 亩,这些均无收成。倒塌房屋 7 间,损坏房屋 53 间,直接损失 8.08 万元。图克镇遭受水灾,受灾 732 户 4157 人,水淹庄稼 9807 亩,其中山药 750 亩全部受水淹,油料 1050 亩减产 30%,糜子 2050 亩,减产 85%,倒塌房屋 111 间、棚圈 1121 间,损坏房屋 89 间,338 人无居住处。黄陶勒盖镇遭受雹灾、洪灾,受灾 463 户 2107 人,受灾总面积 50000 亩、牲畜 7949 只,其中,农田受灾总面积 3200 亩,损失 104300 元,损失粮食 38.15 万 kg、油料 5 万 kg、秸秆草 24.5 万 kg、草场 14500 亩,损失 12.3 万元。牲畜死亡 153 只,丢失 180 只,洪水摧毁房屋 20 间、水坝 4 处、树木 500 株、水井 120 眼、围墙 500 m,共计损失 24 万元。

1985 年 7 月 19 日,杭锦旗塔然高勒乡发生洪水,99 只羊被洪水冲走,22 处拦洪坝被冲毁。

8 月 23—27 日,鄂尔多斯市出现了一次暴雨过程,局地出现大暴雨,东胜区过程雨量达 164.7 mm,乌审旗累计降水量 107.3 mm。其中 8 月 24 日,东胜区降水量为 108.4 mm,乌审召镇降雨量为 104.7 mm,达到大暴雨量级。降雨集中,引发局地的山洪暴发,农田被淹,交通中断,人民生命财产遭受严重损失。

东胜区 10 乡 82 个村 430 多个社 13400 余户 6 万多人不同程度受灾。受灾作物 19333.33 hm²,受灾草牧场 46666.67 hm²,大水冲坏道路多处,冲走林木 66.67 hm²,冲毁拦洪澄地坝 600 余条,毁坏鱼塘、鱼池 32 处,淹没水井 230 眼;雨后农村倒塌民房 323 间,凉房、炭房 1232 间,倒塌棚圈 2200 余处,压死羊 293 只、猪 58 头。城市塌房数以百计,80% 以上的房屋漏水顶棚毁坏。

乌审旗各乡镇苏木受灾达 37967 人,倒塌房屋 1305 间,损坏房屋 4000 多间,遭受水灾农田面积 21585 亩,草牧场 285 万多亩,林地 13958 亩,干线公路受灾 102 km。两个碱厂损失 70 多万元。

8 月 23—26 日、9 月 6—9 日、9 月 11—13 日,乌审旗图克镇乌兰什巴台、呼吉尔特遭受连续降水影响,出现严重涝灾,农作物 7684 亩遭受严重水涝,其中山药、糜谷杂粮无收成,油料作物减产 50%,粮食减产 30%。草地被淹 15.46 亩,倒塌房屋 186 间、危房 484 间,棚圈倒塌 300 间。乌审旗河南乡、纳林河乡遭受水灾袭击,具体损失如下:被水淹没农田 8989 亩,以山药、萝卜、葵花、玉米为主,倒塌房屋 2748 间 837 户,搬迁他处居住 360 户,损坏房屋 1233 间,洪水淹没桥梁 5 座、道路 110 km,造成了不可弥补的损失。

1986 年 6 月 11 日,东胜区出现雷雨大风天气,导致 5 个村 47 个社受灾,涉及 1225 户 5504 人,农作物受灾面积达 2201.6 hm²,其中被洪水冲毁 22.67 hm²,除山药、玉米外,其他作物都需补种,补种面积达 1835.73 hm²。

7 月 2—3 日,东胜区出现雷雨大风天气,导致 14.67 hm² 良田被冲毁,163.33 hm² 农田被淤漫,大小 5 条拦洪坝、1 座水库被冲垮,近 1333.33 hm² 草牧场被冲毁或淤漫。

1987 年 7 月 1 日,东胜区出现降雨过程,潮脑梁、塔拉壕两个乡的部分村社受到冰雹和洪水的袭击,受灾面积 467 hm²,洪水冲毁堤坝 3 处、小煤窑 4 个、露天煤矿 1 个。

1988 年 6 月 25 日、27 日,东胜出区现两次较大降雨过程,其中 25 日降水量为 55.6 mm,27 日降水量为 42 mm。受连续降雨影响,导致 8 个乡受灾,其中重灾乡 3 个,受灾农户 21589 人,其中重灾 10687 人,农作物成灾面积 5823.8 hm²,其中重灾面积 4493.73 hm²,城郊蔬菜社蔬菜受灾面积 40 hm²,其中蔬菜重灾面积 32.53 hm²,减产粮食 376 万 kg。蔬菜经济损失 42.2 万元,全东胜洪水冲蚀和泥沙掩埋水地近 133.33 hm²,掩埋大小井 36 眼,冲毁堰道、堤坝 35 道,掩埋乡办露天煤矿 1 个,淹没民办小煤窑 23 个,冰雹砸死和洪水淹死羊 275 只,洪水冲走檩椽 340 多条,洪水冲走冲塌民房 10 间、凉房 12 间、大小畜圈棚 72 间。其中,朝脑梁乡 33 座小煤矿被水淹没冲走土坝 30 道,淹没大小井 9 眼。东胜城区大街小巷洪水横溢,中心街道积水 1 m 多深,940 多户居民住房、菜窖及部分单位房屋进水,使 300 多户住房地基沉陷,10 多户住房倒塌,3 户住房被洪水冲走。近郊羊场壕乡部分农房被洪水冲走,蔬菜地被洪水冲漫,损失 70 多万元。

1989 年 7 月 21 日早晨,东胜区 4 h 降雨量达 129 mm,最大小时降水量为 39.6 mm,准格尔旗降雨量为 100 多毫米,出现大暴雨,形成百年不遇的洪灾,使工农牧业生产和人民财产遭到严重损失。东胜城区 100 多个单位和 3500 户居民房舍被水淹,45 户 2250 m² 居民住房倒塌,5 万多平方米住房、厂房、仓库、办公室成为危房,办公及市政设施均受到不同程度的损失。具体受灾情况:百货商场库房漏雨湿烟损失 3000 元,百货公司库房漏雨水淹商品损失 9000 元,饮食服务公司家属房漏雨、裂缝 14 间,副食品加工厂会议室漏雨、裂缝 1 间,围墙水淹倒塌 35 m,蔬菜公司菜窖围墙水淹倒塌 40 m。农村有 258 间房屋倒塌,1.35 万 kg 村民存粮被水淹或冲走,934 处牲畜棚圈倒塌,死亡大小畜 531 头(只)、猪 55 头。洪水冲毁淹没农田 4400 hm²,有 2600 hm² 农田绝收,粮食减产 789.1 万 kg。洪水冲毁草场 90.4 hm²,林地

124.27 hm²,大口井 189 眼,澄地工程 20 处 126.13 hm²,塘坝 400 多条,堰道、谷坊工程 397 处;冲毁砖窑 19 座、小煤窑 97 处、温室 34 处、淤灌大棚 30 处。公路、铁路及通信、供电线路多处被毁坏而中断。城乡直接经济损失 800 余万元。

02—08 时,达拉特旗梁外山区普降暴雨,降雨量 80~183.6 mm,八大孔兑及两条界河的山洪来势凶猛,流量超过历史最高纪录。达拉特旗境内沿滩各乡同时遭受历史罕见的水害,受灾人口 10 余万,受灾面积达 325200 亩,死 6 人,死牲畜 12942 头(只),冲毁房屋 1520 间、棚圈 5500 处、林地 18600 亩、鱼塘 350 亩、砖瓦厂 9 个、煤窑 126 座、孔兑防洪堤 38 km、扬水站 16 个、水保谷方 1638 座、塘坝 97 座、淤地坝 21060 座、机电井 1262 眼、提水设备 267 套、大口井 26 眼、水车井 162 眼、高低压线路 4.3 km。高头窑水泥厂和纳林、罕台、高头窑、唐公沟等 4 个国营煤矿受害。所有损失折合人民币 6400 多万元。到 7 月 24 日,黄河上游出现 3100 m³/s 的洪峰。

1990 年 夏季多雨,导致河水上涨,鄂尔多斯市纳林河堤决口,淹死牲畜 2700 多头(只),受淹农田 220 hm²,倒塌房屋 200 多间,受淹粮食 250 万~300 万 kg。

1991 年 5 月 31 日,东胜区出现间歇性降水天气,导致受灾 87 户 423 人,受灾面积 141 hm²。柴登村三社 16.8 hm² 农作物(山药、葵花、玉米、麻子、莜麦、胡麻等)完全浸在水中,占全社耕地总面积的 50%。

7 月 14 日,东胜区出现雷雨大风天气,致使全乡 4 个村 438 户 1578 人受灾,受灾总面积 275 hm²,其中被洪水冲毁 42 hm²,受冰雹袭击 233 hm²。受灾农作物玉米 36.67 hm²、糜子 105.33 hm²、山药 28 hm²、荞麦 68.67 hm²、谷子 21.33 hm²、其他 15 hm²。

7 月 21—22 日,乌审旗连降两场大暴雨,降水量分别为 134 mm 和 150 mm,包神铁路被冲毁 3 处,线路中断。据统计 3412 户 15321 人受灾,共计塌房 168 间,危房 280 间,牲畜死亡 140 多只,农田重灾 15450 亩,草场重灾 52.4 万亩,直接经济损失 170 多万元。

1992 年 6 月 19—25 日,杭锦旗呼和木都苏木出现降雨,受降雨影响死亡小牲畜 46 只。

7 月 23 日,鄂托克前旗降雨量为 40.6 mm,其中最大小时雨量为 11.6 mm。三段地乡部分地区农田(水浇地)被洪水淹没。据统计,特重灾面积 4.67 hm²。受灾人口 26 户 59 人,造成经济损失近 0.6 万元。

7 月 27 日,东胜区普降大雨,过程降水量达 48.8 mm。朝脑梁乡受灾,小牲畜死亡 143 只、猪 5 头,毁坏水井 7 眼、水浇地 10 hm²、草牧场 700 hm²、农田 862.4 hm²,2156 人受灾。

7 月 27—28 日,鄂托克旗累计降水 58.9 mm。鄂托克旗遭受严重暴雨、冰雹袭击,大部地区受灾,农作物、草牧场受灾,有牲畜死亡,造成直接经济损失 178.916 万元。

8 月 6—7 日,杭锦旗出现暴雨,过程降雨量为 72.9 mm。15 个苏木(镇)受灾,死亡大小畜 2948 头(只),倒塌棚圈 2571 处,淹没机电井 62 眼,冲毁水利设施 67 处,损坏柴油机 4 台、水泵 2 台,冲毁高压电线杆 10 根、鱼池 5 处,雷击变压器 5 台、电视机 10 台,冲走积存粮食 129010 kg、现金 1200 元、羊绒 65 kg、绵羊毛 78 kg,1 人受伤,冲毁盐田 45 万 m²、日晒硝田 3 万 m²、原盐 250 万 kg、原硝 500 万 kg、林木 12 万株。

8 月 7 日夜间至 8 日清晨,东胜区普降大暴雨,降水量达 108.2 mm。最大小时降水量为 71.1 mm,出现在 8 日 08 时。东胜区民用住宅 40 多户受灾,近郊蔬菜塑料大棚遭水灾,经济损失在保险范围内达 20 多万元,不在保险范围内远大于 20 多万元。

1993 年 7 月 3 日,鄂托克前旗出现降雨天气。查干陶勒盖、玛拉迪、珠和、吉拉、二道川、敖勒召其 6 个苏木（乡、镇）的 12 个嘎查受灾。造成农作物成灾 334.27 hm²，其中特重灾 180.13 hm²，重灾 154.13 hm²，使待收的农田一无所有，减产粮食 102.5 万 kg。成灾农牧户 390 户 1755 人。成灾草牧场 47933.33 hm²。狂风暴雨和冰雹打伤 10 人，打死牲畜 467 头，打伤牲畜 2 万多只，淹没水井 45 眼，刮倒高压电杆两根、低压电杆 200 多根，倒塌民房 5 间，造成危房 22 间。

1994 年 7 月 25—28 日，鄂尔多斯市东部降了大到暴雨，受暴雨、冰雹影响，受灾农田 11000 hm²，其中 4360 hm² 绝收，造成直接经济损失 1 亿元以上。

7 月 25—29 日、8 月 1—2 日、8 月 4 日，东胜区出现连续多日降水天气，总降雨量达 226.4 mm，其中 7 月 26 日、8 月 4 日达到暴雨量级，降雨量分别为 64 和 83.5 mm。巴音敖包乡、柴登乡部分村、社遭到冰雹袭击，损失严重。农村造成直接经济损失 667.65 万元，城市损失 14 万元。自来水公司沙沙圪台白家渠段城市供水工程多处被毁，中断供水 3 d，直接经济损失 98 万元；部分地区出现洪涝灾害，使农田、牧草减产 3～6 成，水利设施破坏严重，有民房倒塌，公路、供电、通信线路不同程度受到破坏，雷击、水冲死亡 2 人，直接经济损失达数千万元。

7 月 22 日—8 月 4 日，鄂托克旗累计降水 65.8 mm。受连续性降雨影响，农田、牧草减产 3～8 成。水利设施破坏严重，民房倒塌，小麦生芽。公路、供电、邮电、通信线路均有不同程度破坏。死亡大牲畜 950 头。杭锦旗出现连续降雨，导致洪水和黄河主流改道，黄河水上涨，水推、沙埋灌木 200 亩、乔木 100 亩。

8 月 10 日，杭锦旗巴拉贡镇遭受一场历史上罕见的龙卷风袭击，龙卷风刚过紧接着在全镇范围内又遭暴雨、冰雹、洪水的侵袭，造成了巨大的经济损失。

8 月 29—30 日，杭锦旗的巴拉亥、巴音格尔、伊克乌素、浩绕柴登受降雨影响，死亡牲畜 78 头，损坏灌溉井 74 眼。

1995 年 8 月 30—31 日，乌审旗、鄂托克旗出现暴雨。鄂托克旗的降雨量为 118 mm，暴雨造成直接经济损失 130 多万元，大部地区打下的牧草发霉，大秋作物正处在受粉形成籽粒阶段，是决定产量与产值的关键期，连阴雨延缓了灌浆速度，导致贪青颗粒不饱满。

乌审旗出现水涝灾害，据统计，全旗受灾 8 万多人，农田受灾 20 万亩，以山药、玉米为主，受灾草场 650 多万亩，受灾牲畜 70 多万头，倒塌民房 1860 多间。直接经济损失近亿元。

1996 年 7 月 12—14 日，东胜区出现雷雨大风天气，过程降水量 37.4 mm。东胜区 9 个乡和城郊 1 个乡直接经济损失 1442.19 万元。农作物受灾面积达 2014 hm²，绝收 677 hm²，直接经济损失 908.82 万元；毁坏民房 1034 间，其中倒塌、严重裂缝 98 间，直接经济损失 287.12 万元；破坏市政设施、公共设施损失折款 224 万元，其他损失 22.25 万元。

杭锦旗的阿门其日格乡、胜利乡、四十里梁乡、阿色楞图、巴音补拉格、杭锦淖乡、独贵特拉镇受降雨影响，淹没水井 72 眼，倒塌棚圈 72 处，死亡小畜 95 只。

8 月 8—9 日，乌审旗图克镇呼吉尔特乡连续 2 d 暴雨，直接经济损失 400 多万元，受灾 305 户 1254 人。房屋受损 178 间，倒塌 62 间，农田受灾 4820 亩，其中，山药 1060 亩，玉米 1710 亩，葵花 970 亩，糜谷 1080 亩。

8 月 18—25 日，杭锦旗出现连续降雨天气，杭锦旗累计降雨量为 62.8 mm。14 个苏木受灾，倒塌凉房 370 间，倒塌棚圈 441 处，毁坏水井 66 眼，死亡牲畜 907 头，减产粮食 36.41 万 kg。

1997 年 6 月 6—7 日，东胜区出现持续降水天气，过程总降水量 32.2 mm。泊江海子、漫赖、柴登 3 个乡的部分农田被淹,并不同程度遭受了冰雹袭击。613.33 hm² 农作物被大水挟带泥沙冲毁淹没,86.67 hm² 农作物遭受冰雹袭击,其中泊江海子有 8 hm² 地膜玉米、山药绝收,需返种的有 226.67 hm²,造成直接经济损失 132 万元。

7 月 27—28 日,乌审旗嘎鲁图镇、无定河镇出现暴雨,据统计受灾 585 户 2436 人,受灾农田 78000 亩,减产 260 万 kg,草场 35 万亩,直接经济损失 4000 万元。

7 月 31 日,鄂托克前旗出现降雨天气。城川镇涌入到大场则洪水东西长 2000 m,南北宽 600 m,最深处 2.5 m,淹没了 100 hm² 商品粮基地以及 4 眼深机井配套设备。其中葵花 56.67 hm²、糜子 23.33 hm²、谷子 20 hm²。并且此水带有高浓度盐碱,危害很大,水过之处,三年之内寸草不生。

8 月 5—6 日,乌审旗河南、纳林河乡出现暴雨,引发山洪,造成直接经济损失 300 多万元。

1998 年 6 月 11 日,鄂托克旗降雨量为 38.6 mm,棋盘井镇地区 5—6 月累计降水量 111.8 mm。此次降水过程 500 人受灾,1000 hm² 玉米受灾,导致直接经济损失 356.5 万元。其中,棋盘井镇工厂受灾,上百吨的焦炭和 3000 kg 的粮食化为乌有,30 余户群众受灾。

6 月 16 日,东胜区出现雷雨、冰雹天气,降水量 16.5 mm,最大小时降水量为 13.7 mm。东胜区铜川镇塔拉壕乡等 5 个乡的塑料大棚、蔬菜、农作物不同程度受灾,受灾面积 1333.33 hm²,直接经济损失 600 万元。

7 月 12 日,东胜区出现暴雨,日降水量为 94 mm。08—09 时,2 h 降雨量达 41.3 mm,最大小时降雨量出现在 09 时为 20.7 mm。降雨集中且急,乡村的农田被淹,东胜区农作物受灾面积 525.6 hm²,其中绝收面积 166.67 hm²,减产 4~5 成的有 358.67 hm²,受灾较严重的是柴登、泊江海子、巴音敖包等乡,受灾农作物主要是玉米、山药、葵花、蔬菜等,造成直接经济损失 259 万元。一些年久失修的房屋和牲畜圈舍倒塌,共倒塌房屋 13 户 15 间。250 多间牲畜圈舍倒塌,50 多只羊被水冲走或压死,2 匹骡子压死,造成直接经济损失 25 万元。大水冲毁部分水利工程和乡村道路,全东胜拦洪坝冲毁 60 多处,大小口井 100 多眼,冲毁乡村道路 20 多处,造成直接经济损失 84 万元。以上各项合计造成直接经济损失 368 万元。

2000 年 8 月 9—10 日,达拉特旗境内的 8 个乡(苏木、镇)遭受严重的冰雹袭击。降雹持续 20 min,冰雹最大直径 3 cm,并伴有暴雨大风。达拉特旗气象局观测站 9 日和 10 日累计降水量 42.8 mm,10 日最大小时降水量达 19.6 mm,个别地区降水量达 50 mm。有 28 个村 98 个村庄 6 万余人受灾,受灾农作物 6 万多亩,成灾 4 万多亩,其中玉米 1.7 万亩,有 2500 亩绝收,4000 亩减产 5 成以上。葵花 1.2 万亩,有 3500 亩绝收,4500 亩损失在 5 成以上,蔬菜粮食 1.1 万亩,有 4000 亩绝收,其余损失 5 成左右,直接经济损失 1500 万元。

2001 年 8 月 17 日夜间至 8 月 18 日 20 时,鄂托克前旗城川镇过程降水量 77~96 mm,敖勒召其镇降雨量为 45.5 mm。毛盖图乡房屋泡塌一处,羊淋死 90 只;城川镇房屋、羊棚泡塌 10 处。

8 日 15—17 时,鄂托克前旗昂素镇出现短时强降水、冰雹,冰雹直径 2~3 cm,持续时间累计达 50 min,地面积雹厚度 10 cm 左右,累计降水量为 30 mm。强对流天气造成 30666.67 hm² 草牧场成灾,受灾牲畜 8 万多头,其中打死 600 多头,打伤 1500 头。造成 320 hm² 农作物成灾。减产及损失都在 5 成以上,其中玉米等大秋作物 166.67 hm²,麻黄等经济作物 66.67 hm²,优良牧草 86.67 hm²,冰雹、暴雨及形成的洪水破坏民房 103 间,其中倒塌 27 间,破坏牲畜棚圈 310 间,洪水淤埋机电井 28 眼,配套设施 28 套,埋没人畜饮水井 13 眼。因灾出现重灾民 218

户799人,其中特重灾民31户124人。

9月3—4日,东胜区出现雷雨大风天气,过程降水量17.9 mm。马莲村韩家坡社2栋居民房屋被水冲淹,处于危房状态;营盘壕村万胜西社泥沙冲漫农田约2 hm²;营盘壕村二社洪水流入玉米地,冲漫农田近0.67 hm²、大口井1眼;营盘壕村郝兆奎社淹没0.13 hm²多农田,房屋受淹;与万利镇交界处近1.33 hm²农田被淹,7棵柠材树被淹。共计冲淹漫农田4.13 hm²、民房450 m²。

2002年 6月7—9日,乌审旗出现降水天气,其中8日出现暴雨天气,河南站降水量为109.3 mm,嘎鲁图镇为82.6 mm,乌审召镇为76.2 mm。受暴雨影响,全旗3.4万亩农作物被淹,直接经济损失达420多万元,9600多头牲畜死亡,600多处棚圈被毁,35万亩草场受损严重,140户房屋倒塌,135人借居,428户危房,冲塌机电井80多眼,公路50多千米,累计经济损失1180多万元,转移安置灾民63户。

6月9日,鄂托克前旗降水量为60.9 mm,最大小时雨量为12.3 mm。淹没草场13333.33 hm²、农田101.73 hm²,塌房23处,危房45处,毁坏棚圈32处,死亡牲畜80头,有86户238人受灾,冲毁柏油马路、三级土路路基多处,全旗乡村公路也受到不同程度损坏,造成直接经济损失300多万元。

7月23日凌晨至08时,伊金霍洛旗阿腾席热镇降暴雨,过程降水量为88.4 mm。阿腾席热镇受灾,据统计,镇区多处遭水淹,有9户居民房屋倒塌,11户居民院墙、菜窖倒塌,100多户居民及商业门店被水围困或室内进水,造成危房21处,水淹农田500多亩、草牧场500多亩,冲毁路面、路基3处,造成直接经济损失100多万元。

2004年 7月25日,鄂托克旗降雨量为38.5 mm,大雨天气使农作物500万亩、草场40万亩受灾,粮食减产20万kg,死亡牲畜600头,倒塌房屋25间,损坏房屋123间,造成农牧业经济损失254万元。

8月18日,鄂托克前旗出现强对流天气,布拉格、三段地等5个苏木(乡、镇)遭受了冰雹袭击,冰雹最大直径5 cm,平均堆积厚度15 cm,最厚处达34 cm,三段地镇同时遭受洪水侵害。冰雹和洪水共造成116万亩草牧场成灾、4.14万亩农作物绝收,伤亡牲畜达12.2万头,造成危房93户312间,受灾农牧民1680户6362人,冲毁乡村公路29 km,部分建材企业的砖坯被损毁。共造成直接经济损失9173万元。

2006年 7月15日18时,乌审旗苏力德苏木塔来乌素嘎查遭受强降雨和冰雹袭击,据核查统计,受灾农作物面积2382亩,绝收250亩,受灾草场73880亩,倒塌房屋18间,受灾83户291人,40 km公路被冲毁,造成直接经济损失71.04万元。

7月30日下午,乌审旗嘎鲁图镇呼和卓尔嘎查和呼和陶勒盖嘎查遭受强降雨、冰雹袭击,据统计,受灾农作物1505亩,其中绝收710亩,受灾草牧场228860亩,30多万棵树被折断,涉及农牧民31户124人,造成直接经济损失498万元,其中,农业直接经济损失119.6万元。

8月7日04—05时,鄂托克旗蒙西镇局部地区遭受强降水、雷暴大风和冰雹袭击,致使该镇的伊克布拉格、新民和羊场3个嘎查(村)471户2110人不同程度受灾,死亡牲畜820头。

8月8日19时,乌审旗无定河镇巴图湾村遭受强降雨和冰雹袭击,造成1712亩农作物受灾,其中绝收1482亩,分别为制种玉米700亩、大田玉米622亩、西瓜60亩。暴雨冲毁道路350 m、砖桥1座、坝墙25 m、机电井5眼。受灾农牧民群众54户283人。造成直接经济损失161.6万元,其中农业直接经济损失127.8万元。

2007 年 6 月 15—22 日,鄂托克前旗一直有连阴雨,全旗各地累计降水量超过 50 mm,部分地区降水量达到 114 mm。造成 60 户 218 间农牧民住房倒塌,涉及 196 人,出现危房 89 户 399 间,涉及 307 人。另外还有 56 处 4230 m² 牲畜棚圈倒塌。造成直接经济损失 200 多万元。

2008 年 7 月 30—31 日,东胜区出现大到暴雨,降雨量分别为:泊江海子 131.5 mm、柴登 119.4 mm、罕台 103.1 mm、城区 72.5 mm。受暴雨影响,东胜区泊江海子镇、罕台镇、塔拉壕镇、哈巴格希街道办事处、天骄街道办事处、柯额伦街道办事处、巴音门克街道办事处、交通街道办事处、建设、林荫街道办事处等辖区内的居民房屋、牲畜棚圈和部分道路不同程度受损。共 295 户居民房屋受损,其中损毁较为严重的 26 户,房屋进水 28 户,牲畜棚圈受损 119 处,压死羊 38 只,温室大棚受损 12 栋,道路受损 20 余处。共造成直接经济损失约 350 万元。

8 月 16 日,鄂托克前旗出现暴雨,降水量达到 65.4 mm,最大小时雨量为 41.3 mm。造成 133 户 419 人遭受不同程度内涝,其中有 4 户居民住房墙体垮塌。受冰雹灾害的有 174 户 707 人,农作物受灾面积达 339.07 hm²,其中玉米 280.67 hm²、油葵 17.8 hm²、山药 29.27 hm²、辣椒 5.33 hm²、其他作物 6 hm²。

8 月 25 日下午,乌审旗图克镇、嘎鲁图镇和乌审召镇遭受了冰雹和洪涝灾害袭击。据核查统计,造成 4895 亩农作物受灾,其中雹灾 3911 亩,平均减产 5 成左右,涝灾 984 亩,减产 7 成,受灾草牧场 6.6 万亩,倒塌房屋 38 间,灾害涉及农牧民群众 434 户 1352 人,累计造成直接经济损失 349.4 万元。

9 月 23—25 日,乌审旗图克镇和嘎鲁图镇普降中到大雨,连续降雨致使农作物和房屋不同程度受灾。据核查统计,受灾农作物 27940 亩,其中大田玉米 26700 亩、山药等其他农作物 1240 亩,倒塌房屋 16 间,受灾农牧民群众 2694 户 7227 人,累计造成直接经济损失 1018 万元。

2009 年 7 月 7—8 日,鄂托克旗出现强降水天气,本站累计降水量 35.5 mm。受大雨的影响,各地区出现了不同程度的灾情,其中乌兰乌素嘎查、巴音乌素嘎查、奥伦其日嘎查受灾严重,截至 9 日 15 时,1500 人受灾,紧急转移安置 1000 人,200 hm² 玉米受灾,150 hm² 成灾,绝收 150 hm²,死亡牲畜 494 只,直接经济损失 36 万元。

2010 年 7 月 9 日乌审旗出现降水天气,本次降水导致部分地区出现路基被冲毁,房屋坍塌灾害。造成乌兰陶勒盖镇 4 户 15 间房屋倒塌,10 人受灾,造成直接经济损失 30 万元。

7 月 10 日 15 时 08 分—17 时 48 分,准格尔旗出现暴雨、冰雹天气过程,总降水量达 62.5 mm,最大小时降水量 36.7 mm。同时在 16 时 35 分—17 时 20 分出现冰雹,最大冰雹直径达 2 cm。薛家湾镇城区和苏计沟、帮朗太两个自然村受灾。总计 5410 人受灾,作物受灾面积 16900 亩,成灾面积 11790 亩,绝收面积 1400 亩(全部为油菜),损毁乡村公路 75 km,损失粮食 5000 kg。

8 月 10—11 日,鄂托克前旗出现连续降雨,累计降水量为 43.1 mm。共造成城川镇 49 处村民住房(主房)垮塌,94 处库房垮塌,273 户村民住房构成危房,淹没机电井 92 眼,冲垮乡村道路 150 km,村户道路 500 km,死亡牲畜 142 头(只),垮塌各类棚圈 253 处,有 2933.33 hm² 农作物在洪水中浸泡。其中,玉米 2533.33 hm²、山药 133.33 hm²、辣椒 200 hm²、番茄 66.67 hm²。严重汛情共造成 3000 多农牧民受灾,直接济损失达 7246 万元。

9 月 20 日 19—20 时,准格尔旗出现强降水天气,薛家湾地区 26 min 降水量达到

22.2 mm。导致境内部分作物倒伏、房屋受损或倒塌,冲毁乡村公路以及大小井若干。据暖水乡政府报,该乡1人不幸遇难。

2011年　6月30日—7月2日,鄂托克前旗昂素镇出现连续降雨,日降水量为64.8 mm。造成22户农牧民房屋遭受不同程度的损坏,有6户农牧民的羊棚倒塌,压死18只羊。直接经济损失约79.8万元。

7月2—3日,乌审旗出现降水天气,其中2日河南站出现暴雨,降水量为96.3 mm。据核查统计,全旗因强降雨造成46户居民的143间房屋不同程度坍塌,130人受灾;致使140户居民的482间房屋不同程度损坏,涉及454人;紧急转移安置208人;无定河镇288 hm² 耕地受灾,冲垮桥梁4座,嘎鲁图镇670 hm² 草牧场受灾。累计造成经济损失649万元。

7月11日17时,准格尔旗布尔陶亥苏木、大路镇小滩子村沿黄河一线自西向东遭遇暴雨、冰雹袭击,最大小时降水量达39.8 mm,冰雹直径达3 cm,持续时间15 min。布尔陶亥苏木、大路镇2个乡镇共有9500人受灾,受灾农作物1146 hm²,其中成灾面积1146 hm²,造成直接经济损失280万元,所有损失均为农业损失。

7月25日,乌审旗乌兰陶勒盖镇巴音希里村出现降雨,导致1户农牧民倒塌3间砖木房,经济损失达4.5万元。

7月27日,鄂托克前旗敖勒召其镇出现降雨。造成三道泉则村、伊克乌素嘎查和漫水塘村大面积积水,共46户152人受灾,三道泉则村35.33 hm² 西瓜受灾、20 hm² 玉米受灾,羊圈倒塌3处,自然路损坏2 km,造成直接经济损失达110万元左右。

8月21日,鄂托克前旗敖勒召其镇出现暴雨,降水量为61.4 mm,其中最大小时降水量为37.2 mm,并出现冰雹天气,上海庙布拉格降水量为21.1 mm。造成上海庙草牧场受灾面积4000 hm²、牲畜死亡64只、失踪71只;敖勒召其镇农作物受灾面积539.6 hm²。

2012年　6月28—30日,杭锦旗出现了连续性降雨,其中吉日嘎朗图镇麻迷图村降雨量达到86.9 mm,巴音乌素降雨量为50.3 mm,达到暴雨。全旗受洪涝灾害5个苏木(镇)38个嘎查(村),受灾9243户2.4869万人,受灾农田29万亩,房屋倒塌2间,损毁100多间,造成直接经济损失1.4亿多元。

7月20—21日,杭锦旗出现暴雨,胜利乡降雨量为106.8 mm。暴雨导致胜利乡蔬菜大棚倒塌4座,乌定扑拉有房屋倒塌,吉乡农田积水,死亡大牲畜208头。

乌审旗出现暴雨,其中,21日,乌审召降水量50.2 mm,河南乡降水量51.5 mm。暴雨导致倒塌房屋12户,损坏房屋34户(属于危房),另有26.7 hm² 的温室棚棚顶倒塌,70株油桃树被压断,造成经济损失达75万元。

伊金霍洛旗出现了近50年来日降雨量最大的一次降水过程,7月20日夜间至21日上午降雨量为117.9 mm。据统计,阿勒腾席热镇掌岗图村全村各社道路被大雨冲垮导致车辆不能行走,房屋倒塌50间,4020人受灾,转移124人,农作物受灾面积,770 hm²,直接经济损失4880万元。

7月20日18时—21日11时,准格尔旗自西向东普降60 mm以上降水。其中公沟村、大路峁、油松王、准格尔召庙等8个站点的降水量超过100 mm。最大降水量出现在大路峁,为157.2 mm。造成纳日松镇、准格尔召镇、龙口镇、农田淹没,一部分农田被洪水冲走,民房涉水1 m深,淹没民房大约120间。

7月20—31日,鄂托克旗出现连续降雨天气,局部出现暴雨、大暴雨。8个嘎查(村)受灾

77户306人,受灾农作物绝收面积达717亩,倒塌房屋2户6间,受损房屋26户80间,棚圈倒塌11户。直接经济损失达314.38万元。

7月25日,乌审旗出现暴雨,降水量为89.5 mm。暴雨导致嘎鲁图镇、图克镇、乌兰陶勒盖镇的6个嘎查7户农牧民的8间房屋倒塌、11间房屋不同程度受损,造成经济损失32.5万元,27户农牧民的53 hm² 玉米被淹,造成经济损失16万元,灾情涉及34户72人,累计造成经济损失48.5万元。

7月27日,鄂托克前旗昂素镇出现短时雷雨、大风、冰雹等对流天气,最大小时降水量24.9 mm。造成昂素镇128户379人受灾,一般倒塌房屋35户(其中禁牧区无人居住房屋30户),部分受损房屋30户,倒塌棚圈68处,受灾水浇地46.07 hm²,绝收面积超过85%。受灾优良牧草33.33 hm²,受损树木80多株,死亡羊106只,损毁饮水井16眼,损坏自然乡村道路50多里[①]。初步估计,直接经济损失约320多万元。

杭锦旗巴拉贡镇、呼和木独镇、吉日嘎朗图镇等地,遭受大到暴雨,麻迷图过程降水量131.7 mm。此次暴雨共造成杭锦旗3个苏木(镇)23个嘎查(村)受灾,受灾人口达3947户12642人,受灾农田2220 hm²,成灾农田1410 hm²,其中绝收农田269 hm²,紧急转移安置153户460人,倒塌住房10户13间,严重损坏房屋40户69间,一般损坏房屋196间,死亡牲畜58头(只),损毁大棚20多栋、羊圈48处,冲垮道路2处,损毁道路8处。造成直接经济损失1079万元,其中农业损失807万元。

7月28日,达拉特旗出现强降水过程,日降水量达63.8 mm,最大小时降水量达20.7 mm。加之7月21日的暴雨,土壤水分已饱和,使展旦召苏木、恩格贝镇、中和西镇、昭君镇、树林召镇、白泥井镇、吉格斯太镇、王爱召镇等8个苏木(镇)沿滩地形成了严重内涝,梁外部分地区发生了洪涝灾害,给广大农牧民带来了严重的经济损失,也给他们的生产和生活造成了很大的困难。达拉特旗共造成69个村24376户77943人受灾,受灾农作物为27990 hm²,其中,成灾农作物15250 hm²,绝收农作物7090 hm²,受灾农作物主要有玉米、西瓜、山药、籽瓜、葵花、胡麻等。灾害造成死亡羊22只,不同程度损坏房屋1667间,掩埋机井12眼,冲毁大口井3眼,中和西镇南伙房村一台80 kW变压器被雷击毁,并且损毁生产生活用电高压线280 m,低压线240 m,无人员伤亡。此次洪涝灾害造成的直接经济损失3.398亿元,其中,农牧业直接经济损失3.24亿元。

乌审旗出现暴雨,河南站降水量为54.2 mm,嘎鲁图镇27—28日累计降水量61.8 mm。此次强降雨造成乌审旗70户农牧民的134间房屋坍塌、174户农牧民的407间房屋不同程度损坏、92户农牧民的182间库房和棚圈倒损,186.8 hm² 农作物遭受冰雹袭击,3620.9 hm² 耕地被淹,其中绝收1127.2 hm²,雷击死亡牛3头、羊7只,棚圈倒塌压死羊9只,75根电线杆和1000多株树被洪水冲倒,2000 m 高压线受损,造成经济损失3106.7万元,受灾群众2024户6627人,嘎鲁图镇区因灾溺水死亡1人。全旗境内公路桥梁因强降水造成直接经济损失约3169万元。其中,县级以上公路路基、边坡冲刷严重,造成直接经济损失297.3万元;公路在建工程损失土方严重,桥涵基坑进水、积淤,造成直接经济损失2255.9万元;全旗农村公路不同程度受损,造成直接经济损失615.8万元。累计造成直接经济损失达6275.7万元,其中农牧业损失2589.5万元。

---

① 1里=500 m。

由于入汛以来降水天气频繁，黄河上游水位上涨，达拉特旗境内出现了 2100～2200 m³/s 的洪峰。从 2012 年 8 月 1 日 22 时开始，恩格贝镇、中和西镇、昭君镇、展旦召苏木等苏木（镇）的部分河堤相续决堤，形成了严重的洪涝灾害，中和西镇、展旦召苏木的河头地全部被淹，其他镇的河头地部分被淹。截至 8 月 5 日 09 时，据初步统计，达拉特旗共造成 22 个村 4475 户 13526 人受灾，受灾农作物 8000 hm²，其中，玉米 2971 hm²、葵花 3155 hm²、籽瓜 1741 hm²，西瓜、山药、胡麻、土豆等其他农作物共 133 hm²，并且全部绝收，中和西镇在加固民堤时有 1 台挖掘机、1 台推土机、1 辆四轮车、1 辆摩托车被河水淹没。此次灾害造成直接经济损失 11872 万元，其中农牧业直接经济损失 11672 万元。

8 月 6—7 日，达拉特旗普降大到暴雨，两天的降水总量是 53.6 mm，局地发生暴雨。截至 8 月 7 日 10 时，据初步统计，5 个苏木（镇）共有 14 个村 1209 户 3619 人受灾，受灾农作物 1524 hm²，全面绝收，受灾农作物主要有玉米、山药、籽瓜、葵花、胡麻等。灾害造成死亡牲畜 158 只，灾害使 179 间民房不同程度损坏，冲毁昭君镇油房疙旦小油路 100 m。平原街道四季青院内 11 户商铺进水，瓜果蔬菜、生活用品被淹。恩格贝生物工程有限公司厂区有 531 个大棚被淹灌，其中 110 个生产大棚不同程度损坏；鄂尔多斯市恩格贝沙漠农业有限公司的 169 个大棚不同程度损坏；恩格贝科学馆的基础设施不同程度损坏；恩格贝管委会旅游区的电瓶车 6 辆、越野车 3 辆、冲浪车 1 辆、卡丁摩托车 1 台及基础设施不同程度损坏，冲毁硬化道路 360 m；恩格贝资源苗圃有 57 亩神香草、薰衣草、丁香、紫穗槐、萱草被淹没。此次灾害共造成直接经济损失 6581.89 万元，其中农牧业直接经济损失 3400 万元。

准格尔旗十二连城乡境内普降中到大雨，累积降雨量达 56.1 mm，其中康布尔村和西柴登村遭受冰雹灾害，集中降雨造成辖区部分地区严重积水，形成内涝。此次灾害使全乡 19 个村受灾农作物达 13822 亩，其中玉米 9649 亩、葵花 940 亩、籽瓜 618 亩、西瓜 940 亩、大豆 704 亩、山药 322 亩、糜子 649 亩，造成直接经济损失 1208 万元。2 处棚圈垮塌，5 只羊死亡，共计经济损失 1.3 万元。兴农合作社 10 栋温室出现裂缝，1 栋温室钢架损坏，直接经济损失 10 余万元。远洋新农业开发公司 3 栋温室进水，室内蔬菜瓜果被淹，直接经济损失 4.5 万元。

8 月 31 日—9 月 1 日，鄂托克前旗出现连续性降雨，造成敖勒召其镇 26 户 74 人受灾。2 户塌房涉及 9 人，因受雨水浸泡导致危房 24 户 65 人，造成直接经济损失达 60 万元。

2013 年 6 月 8 日 15—16 时，鄂托克旗阿尔巴斯苏木敖伦其日嘎出现强降雨，导致 111 只羊死亡，造成经济损失 8 万元。

6 月 30 日，14—17 时东胜区出现短时强对流天气，东胜降水开始时间为 14 时 13 分，其中 15—16 时降水强度最大，至 16 时 30 分降雨量达 57 mm，至 7 月 1 日 06 时降水总量达 71.8 mm。东胜国家级气象站冰雹开始时间为 15 时 03 分，降雹持续 7 min，冰雹最大直径 0.6 cm 左右。据调查，全区降雹开始时间不等，持续时间 15 min，冰雹直径 2～3 cm。东胜区为有气象记录以来 6 月同期日降水 56 年来最大值，形成暴雨和冰雹自然灾害。东胜城区部分建筑物墙体倒塌、低洼处平房浸水而造成屋倒塌致 8 人死亡。其中东胜区 3 个镇、12 个街道办事处不同程度受灾，共造成塌方 79 处，374 户 979 人受困。其中，天骄街道办事处受灾 192 户 704 人，紧急转移 43 户 105 人，死亡 1 人，倒塌房屋 1 户，严重损坏房屋 5 户，一般损坏房屋 208 户，地面塌陷 16 处，墙体塌陷 28 处，隐患 49 处，直接经济损失 1300 万元。

6 月 30 日 15 时，杭锦旗出现强对流天气，降雨持续至 7 月 1 日 14 时前后，伊和乌素站累积降雨量为 64.1 mm。据核查统计，杭锦旗呼和木都镇、独贵塔拉镇、塔然高勒管委会等几个地区受灾,受灾 1123 户 3220 人,受灾农田 4002 hm²、林地 113.39 hm²,死亡羊 28 只,冲毁水库 3 座,7 眼带坝水井受损,多户村民房屋玻璃被冰雹击破,直接经济损失达 478 万元。

7 月 1 日,准格尔旗普降中到大雨,部分地区出现暴雨,薛家湾镇累积降雨量达 87.6 mm,最大小时降雨量达 27.2 mm。薛家湾镇塌方房屋 4 户,农作物受灾面积达 200 余亩,冲毁道路 10 余千米,沟口、河道塌方 3 km;纳日松镇道路损毁 6 km,煤矿出现一处塌方;准格尔召镇 5000 亩农作物受损,冲毁村级公路约 40 km,冲毁村动力电杆 50 根,损害塘坝 3 座,存在隐患塘坝 2 座,40 多户居民住房进水,约 2640 m² 彩钢房和土房倒塌,20 多辆集市服务车受损,镇区河道治理工程挡水墙倒塌 100 多米;十二连城乡通村公路损毁 23 处,2 户危房倒塌,农作物受灾 2031 亩、大棚 27 栋;沙圪堵镇房屋损毁 3 户 5 间,村级道路损毁约 54 km;大路镇 2 户 4 间房屋塌陷,1 户 4 间房屋被水淹,2 处库坝坝梁出现冲沟,1 处泄洪沟堵塞,1 处工字砖厂、41 km 通村道路损毁严重,老山沟新村周围路面损毁 100 m,6 亩地(地内有杏树、带黄等)、22 个水窖被淹;布尔陶亥苏木 6 个嘎查(村)通村砂石路不同程度受到冲毁。

7 月 3 日 17 时—7 月 4 日 08 时,乌审旗嘎鲁图镇多处均遭受强暴风雨的袭击,造成 2000 多亩玉米、树苗等受损,5 户农牧民房屋出现严重墙体坍塌、裂缝、漏雨等现象,涉及 40 户 118 人,造成经济损失 30 多万元。

7 月 14 日午后至 15 日,准格尔旗出现大范围的强降水过程,大部地区达大雨量级,北部地区部分站点达到暴雨、大暴雨量级,截至 15 日 08 时,十二连城乡降水量达 103.7 mm、新胜店 94.9 mm、稽亥图 90 mm。7 月 17 日午后,十二连城乡再次出现强降雨天气,最大小时降雨量达 40.3 mm,累积降雨量为 50.1 mm。此次灾害造成十二连城乡大部分村社出现洪涝灾害,受灾人口达到 11031 人,33 栋蔬菜大棚倒塌,有 2330 hm² 大田作物、225 栋蔬菜大棚、10 hm² 的露天蔬菜被水淹没,另有 45 座牲口棚圈倒塌,有 94 只羊死于这场洪涝灾害中;同时遭到水毁的有油路 36 处、沙石路 128 处、涵洞 10 座、防洪堤坝 53 处、养鱼池 1 座;在暴雨中倒塌南房 9 间、加工房 1 间,有 20 根输变电路的电杆因浸泡在水中发生倾斜。

7 月 15 日,乌审旗出现暴雨,乌审召降水量 61.2 mm,图克镇降雨量 92.9 mm,呼吉尔特降雨量 83.1 mm。洪涝灾害冲毁乡村公路 89 km,5 处桥梁被冲垮,全旗 2034 户 8826 名农牧民受灾,倒塌房屋 18 户 57 间,倒损养殖棚 10 间,死亡牲畜 35 头(只),农作物受灾 358 hm²。累计经济损失 260 万元,其中农作物 161 万元。

8 月 5 日,鄂托克前旗出现降雨,造成敖勒召其镇、昂素镇受灾草牧场面积 17060 hm²,受灾农作物面积 1003.67 hm²(绝收面积 387.33 hm²、受灾面积 616.33 hm²),其中玉米 868.8 hm²、优良牧草 78.53 hm²、马铃薯 6.73 hm²、西瓜 20 hm²、蔬菜 6.13 hm²、芦笋 14.67 hm²、油葵 8.8 hm²;损毁变压器 3 台、电线杆 15 个;严重损害房屋 6 处、棚圈 4 处、树木 5355 颗;受灾农牧户 227 户 781 人,死亡牲畜 16 只。造成直接经济损失 706 万元。

8 月 11 日 17—18 时,准格尔旗沙圪堵镇伏路村遭飑线侵袭,沙圪堵镇小时降雨量 20.9 mm,伏路村小时降雨量达 64.5 mm。此次灾害涉及伏路村 7 个社遭受损失,其中 3 个社灾情严重,导致直接经济损失达 140 万。其中 70 亩玉米被雨水冲毁、土沙掩埋,造成绝收,800 亩玉米 3 成以上受灾严重,40 多亩豆类、山药、蔬菜、瓜果等倒伏被水冲;大风致使部分树木折断倒伏甚至连根拔起;致使各类树木受损,其中桉材 10 棵、椽材 30 棵、檩材 20 棵;一间住户南房倒塌,4 户民居受损严重,成危房,1200 m² 的彩钢房被彻底损毁,并导致铁片把农网电杆割断 4 根,电线损坏 260 多米,13 km 村级砂石路被冲毁。

8月21日夜间至23日,鄂托克旗大部地区出现了降水天气,沙井出现了特大暴雨,察汗淖、早稍等7个站出现了大暴雨,降水时段主要集中在21日22时—22日03时,沙井地区最大小时降水量达52.4 mm。强降雨给农牧民生产生活造成严重损失。全旗受灾6420人,倒塌房屋22户,受损房屋1146户;倒塌棚圈26处,受损棚圈1处,受损大棚13座,死亡牲畜218头(只);被冲毁砂石路60 km;受灾农作物面积达3900亩,其中绝收面积3100亩,造成直接经济损失2330万元。

8月21—22日,伊金霍洛旗出现暴雨天气,此次降雨是2013年汛期最大的一次降水过程,阿腾席热镇降雨量97.3 mm。此次暴雨天气造成阿腾席热镇4个社区出现积水,造成经济损失3.5万元,4个村农田、房屋、乡村道路受损,造成经济损失61.8万元;红庆河镇7个村社因房屋、圈舍坍塌等,造成经济损失15.3万元;苏布尔嘎镇阿格图村房屋坍塌,经济损失10万元。共计直接经济损失90.6万元。

9月17日,乌审旗出现暴雨,嘎鲁图镇降水量78.6 mm,最大小时降水量20.7 mm,17—18日,嘎鲁图镇累计降水量99.4 mm。受暴雨影响,乌兰陶勒盖镇受灾442户1148人,17669亩玉米和45000亩草场被水淹没,25 km乡村公路被水冲毁,3户280 m²(12间)砖木结构的住房严重损毁,6户180 m²砖木结构的库房倒塌。造成直接经济损失约150万元。

2014年 6月4日,东胜本站出现雷阵雨天气。罕台镇受灾271户607人,紧急转移4户16人,倒塌3户居民住房、4间凉房、3处圈舍、1个地窖、2处大棚,1户居民住房进水,2处人畜饮水灌溉水库被冲毁,6眼水井被污水淹没,18只羊、44只鸡死亡,10只羊失踪,126.53 hm²农作物遭受冰雹破坏,206.5 hm²农作物被雨水冲刷。直接经济损失达46万元左右。

7月3日18时20分前后,乌审旗局部地区出现雷电、短时强降雨、冰雹等强对流天气,对农作物造成了较大损害,给当地农牧民生产生活造成严重影响,据统计,全旗受灾共158户495人,受灾农作物面积397 hm²,以玉米为主,其中成灾面积300 hm²,197 hm²草场灾情严重,2只羊被雷电击死。累计造成经济损失约102万元,其中农作物经济损失99万元。

7月27日,鄂托克前旗上海庙镇出现降雨,造成17户66人受灾,受损草场2059.8 hm²,受损网围栏6280 m,受损网围栏水泥杆202根,受损风机2台,受损太阳能1台,羊死亡1只,受损乡道20 km,受损农作物48.67 hm²,其中玉米24 hm²、西瓜22 hm²、辣椒2 hm²、土豆0.67 hm²,共造成经济损失90万元。

7月29日,达拉特旗树林召镇、展旦召苏木、吉格斯太镇、昭君镇、王爱召镇等部分村受强对流天气影响,并且伴有雷雨与大风。使玉米、葵花不同程度受灾,蔬菜、西瓜、籽瓜等农作物全部绝收,给广大农牧民带来了严重的经济损失,也给他们的生产和生活造成了很大的困难。据调查统计,达拉特旗共有14个村20个社3309户8524人受灾,受灾面积5588.47 hm²,其中成灾面积为1780 hm²,绝收面积为124.6 hm²。因风雹与洪涝使24只羊(其中,中和西镇南伙房村13只,昭君镇吴四圪堵村11只)、1头猪死亡,王爱召镇11顶彩钢房房顶被损坏。灾害造成直接经济损失3325.02万元,其中,农牧业经济损失3309.42万元。

乌审旗无定河镇、苏力德苏木出现强对流天气,长达30 min的冰雹、短时强降雨、雷暴大风,造成农作物大面积受损。经核查统计,全旗受灾2630户9053人,农作物受损面积8224 hm²,其中西瓜623 hm²,成灾面积8024 hm²,绝收2063 hm²,4只绵羊被雷击,1死3伤。直接经济损失达4648万元,其中农业经济损失4647万元。

2015 年　8 月 11 日,鄂托克前旗敖勒召其镇出现降雨,受灾 75 户 246 人,农作物受灾 253.4 hm²,淹没机井 15 眼、山药窖 6 处、网围栏 48780 m,羊棚圈 9 处不同程度受损,水淹房屋 4 户,房屋进水 16 户,淹死羊 143 只,淹没饲草 18000 kg、饲料(玉米)3500 kg,淹死鸡 200 只,冲毁乡村土路 20 km,柏油路 15 km 不同程度受损。造成经济损失约 1000 万元。

2016 年　6 月 6 日午后,准格尔旗出现强对流天气,导致薛家湾镇 5 个村 8 个社、沙圪堵镇所涉 4 个村 10 个社遭受不同程度短时强降水、冰雹天气袭击,农田、林地、村级道路、部分房屋等均受到不同程度损毁和破坏。

7 月 7 日夜间至 9 日白天,伊金霍洛旗部分地区出现暴雨到大暴雨等强对流天气,其中扎萨克镇过程降水量达 130.7 mm,属大暴雨量级。过程最大降水量出现在西南部红庆河镇,为 169.7 mm,此次降水对农作物造成了较大损害,给当地居民生产生活造成严重影响;导致扎萨克镇 11 户农牧民的 89 只羊因持续降雨死亡,2 只羊受伤,71 户农牧民的住房或凉房不同程度出现坍塌,坍塌面积达 1400 m²,19 户农牧民的棚圈或车库不同程度出现坍塌,坍塌面积达 190 m²,据不完全统计,农作物受灾面积 3650 亩,总计损失约 40.11 万元;红庆河镇 25 户农牧民的 460 只牲畜及家禽伤亡,71 户农牧民的住房或凉房不同程度出现坍塌,坍塌面积达 1500 m²,20 户农牧民的棚圈或车库不同程度出现坍塌,坍塌面积达 1200 m²,据不完全统计,农作物受灾面积 3392 亩,总计损失约 40 万元。

7 月 8 日,乌审旗出现暴雨,乌审召镇降水量为 143.3 mm,最大降雨量出现在乌兰什巴台,为 210.2 mm。据统计,乌审旗乌审召、乌兰陶勒盖、图克 3 个苏木(镇)21 个嘎查(村)的 4126 户 11107 人不同程度受灾,农作物受灾面积 7463.9 hm²,其中,玉米受灾面积 6824.2 hm²,土豆受灾面积 210.2 hm²,蔬菜受灾面积 216.9 hm²,葵花 177 hm²,豆子 1.3 hm²,西瓜 0.5 hm²,打籽瓜 28 hm²,糜子 6 hm²,苜蓿 124 hm²,草玉米 20 hm²;535 只羊死亡,3 头牛死亡,55 只鸡死亡,8 头猪死亡,17 个鱼池冲毁,33 户房屋不同程度受损,99 个棚圈坍塌,74 条道路冲毁,703 户房屋漏雨,4 处垃圾池冲毁,转移 145 户 428 人。造成经济损失 2304 万元,其中农作物经济损失 2220 万元。

7 月 10 日,鄂托克前旗上海庙镇出现短时阵性降雨,造成 56 户居民房屋进水,12 户农牧民住房成危房,38 户屋顶漏水开洞,20 hm² 农作物被淹;2 处公厕被冲毁,3 眼机井被淹。造成直接经济损失 917.6 万元。

7 月 11 日,伊金霍洛旗普降大雨,大雨持续了约 12 h。其中乌兰木伦镇降水总量 66.1 mm,过程最大降水量丁家渠为 88.1 mm。据统计,全旗 68 户农牧民的 287 只牲畜及家禽因持续降雨伤亡,287 户农牧民的住房或房或商铺不同程度出现坍塌,坍塌面积达 6622 m²,115 户农牧民的棚圈或车库或墙体不同程度出现坍塌,坍塌面积达 4040 m²,农作物受灾面积 16581.6 亩,道路损毁约 398 m²,受灾总人口达 3980 人。总计损失约 1169.48 万元。

7 月 24—25 日,伊金霍洛旗普降大雨到暴雨,暴雨持续了约 12 h。其中纳林陶亥镇最大小时降水量达 40.9 mm,过程降水量达 85.2 mm,过程最大降水量出现在温家塔,为 91.7 mm。据统计,7 个镇不同程度受灾,砂石路受损约 65 km,自然路受损约 74.2 km,乡村公路路肩受损 73.07 km,水淹农作物面积 6.2 万亩,水毁农作物面积 8100 亩,水淹冲垮鱼塘 6 方,11 户房屋坍塌,194 户房屋受损,33 户棚圈车库坍塌,牲畜及家禽伤亡 95 只,受灾人口达 3.1 万。造成经济损失 2299.21 万元。

7 月 24 日 07 时—25 日 03 时,准格尔旗受较强对流天气影响,准格尔召镇、纳日松镇、沙圪堵镇、薛家湾镇部分地区出现暴雨,最大累积降水量出现在准格尔召庙(63.8 mm)。导致纳日松镇17个村、沙圪堵、准格尔召镇的彩钢房、农民房屋、通村公路、农作物等出现不同程度的损坏。薛家湾镇农作物受灾面积为2155亩,树木1080棵,电力、通信设施损坏5 km,道路损坏6 km,住房损坏46户,经济损失173.6万元;沙圪堵镇忽昌梁村3500亩玉米、糜子700亩、谷子500亩受灾;纳日松镇17个村农作物受损。

8月14日,鄂托克前旗出现大到暴雨,敖勒召其镇降雨量43 mm,昂素新牧区降水量57 mm。造成敖勒召其镇和昂素新牧区375户1050人不同程度受灾,1所幼儿园受淹,4户平房严重损坏,184户房屋一般损坏,10处公共巷道硬化面坍塌,134户房屋进水,64处污水井严重损坏,22.67 hm² 农作物受灾,9处草料房进水,3处乡村道路被冲毁,造成经济损失约164万元。

8月14—15日,乌审旗连续2 d出现暴雨,其中14日,嘎鲁图镇降水量为63.3 mm,最大小时降水量19 mm,15日,河南站降水量58 mm,最大小时降水量34.9 mm。受连续暴雨影响,乌审旗嘎鲁图、无定河、苏力德苏木、乌兰陶勒盖4个苏木(镇)18个嘎查(村)1个社区的1309户3639人不同程度受灾,农作物受灾面积4411 hm²,农作物成灾面积4370 hm²,其中,玉米受灾面积4367 hm²,有机水稻受灾面积0.3 hm²,土豆受灾面积10 hm²,蔬菜受灾面积9 hm²,向日葵受灾面积23 hm²,打籽瓜受灾面积1 hm²,松树苗0.5 hm²,草场667 hm²;10只羊、4头牛死亡,130户390间房屋漏雨,49户棚圈漏雨。造成经济损失698万元,其中农作物经济损失692万元。

8月17日,达拉特旗出现了持续强降雨过程,日降水量55.5 mm,最大小时降水量达16.2 mm,个别地区累计降雨量已超过300 mm。受暴雨影响,10大孔兑不同程度发生汛情,造成沿滩地区形成内涝,梁外地区发生洪涝灾害,部分淤泥坝漫坝溃坝,道路冲毁,房屋损坏,大部分农田积水,农作物倒伏。据调查统计,达拉特旗共造成8个苏木(镇)107个村362个社17232户51562人受灾,受灾农作物面积为25559 hm²,其中,成灾面积10808 hm²,绝收面积5754 hm²,因灾损坏房屋765间,倒塌房屋50间,灾害造成死亡牲畜513头(只),冲毁鱼塘6个、淤地坝21处、路基1318处、水泥路和油路94.42 km、砂石路329.9 km、大小井326眼,移动通信16处受损,损毁联通光缆干路80 km、10 kV配电线路5条、配电变压器438台。此次洪涝灾害共造成直接经济损失2.46亿元,其中,农牧业经济损失1.51亿元。

杭锦旗出现暴雨,其中神光响沙降雨量117.1 mm,死亡大牲畜22头。

伊金霍洛旗普降暴雨到大暴雨,暴雨持续了约6 h。其中温家塔小时降水量达51.7 mm,降水总量达114.8 mm。据统计,131个嘎查(村)受灾,涉及7384户19865人,农作物4363.3 hm² 受灾,绝收788.8 hm²,牲畜死亡176头(只),冲毁鱼塘85个、淤地坝5个,受损水库3个,受损房屋3470座,倒塌房屋157座,倒塌棚圈328个,冲毁水泥路和油路187.04 km、砂石路1028.63 km等,造成直接经济损失8407.88万元。

8月17日04时—18日10时,准格尔旗普降大到暴雨。从全旗33个雨情站点监测分析,降雨量50 mm以上站点达30个,其中100 mm以上的站点有9个,最大雨量出现在暖水乡,为133.7 mm。导致全旗9个乡镇、4个街道办事处所涉99个村、1个嘎查、2个社区约3600多户10500多人受灾。约2740多hm² 农田严重受损,绝收1200 hm²,菜棚倒塌16栋,护坡塌陷11处,倒塌棚圈257处,死亡猪1头、羊9只,损毁水井22个、机井2眼、大口井9眼,人畜饮水工程自来水管道87 km受损,检查井93处受损,电力、通信设施损坏10 km,电杆15根,

10个全覆盖通村公路约436.5 km,沙石路土路约1532.2 km,受损进水房屋约20间。此次洪涝灾害共造成直接经济损失约10176.8万元,农牧业直接经济损失约1481万元,基础设施经济损失约8465.8万元,家庭经济损失230万元。

8月23日,鄂托克前旗出现中到大雨,上海庙降雨量48.5 mm,昂素阿日勒站降水量22.6 mm。造成上海庙镇和昂素镇85户270人、24.27 hm² 农作物受灾,其中上海庙镇6户183人受灾,昂素镇24户87人受灾。上海庙镇海庙社区有46户居民家中进水,家具及地面堆放物水淹等,3个嘎查共造成8居民房屋屋顶塌陷,3处约100 m院墙倒塌,1处公共卫生间墙体被冲裂,2户农牧民房屋墙体裂缝,2处羊棚倒塌,农作物受灾9.67 hm²;昂素镇共计造成14.6 hm² 农作物受灾,14处羊棚受损,1处院墙倒塌。直接经济损失约为154万元。

2017年 8月12日17—22时,准格尔旗纳日松镇出现短时强降水、雷暴大风、冰雹,小时雨量30 mm以上。造成117户230人左右受灾损严重,其中17户房屋进水,屋内财产全部被水毁,家具、电器损毁严重,同时多处农田被淹,13眼机井被水灌,水淹养鸡场一处,冲走100多只鸡;水淹小车3辆,通村公路受损390 m,通村公路桥洞受损一处,彩钢房被大风卷走7间,彩钢房垮塌59间,房屋受损两处,2台发电机、1台洗车机被洪水淹没,1台变压器被洪水淹,受损农作物玉米487.5亩、蔬菜3.6亩、绿豆2亩、土豆46.6亩、糜子38亩、谷子56亩、荞麦75亩,其中41亩糜子、谷子因暴风雨全部倒伏。经济损失91.4万元左右。

2018年 7月3日16时—17时30分,准格尔旗薛家镇和大路镇地区出现雷雨、大风、冰雹、短时强降水天气,最大小时降雨量达32.6 mm。大路镇、薛家湾镇受到不同程度的损失,大路镇前房子村暴雨冲毁道路200 m,灌溉渠300 m,路边花栏墙地基倒塌150 m,喇大线路上网围栏200 m,造成直接经济损失约3.7万元;前房子村前房子社约200亩玉米倒伏,造成损失约8万元;房子滩村榆树湾社玉米倒伏,受灾面积水地183亩,43户;旱地81亩,25户,造成损失约9万元。16时20分前后,薛家湾镇西黑岱村高家湾社大雨冲毁道路1.5 km,淹没土豆2亩、大豆7亩、葵花20亩;埂洞塔社10亩黄芪被水淹没,五不进沟社2处砂石路造成险情,敖包沟社约4 km道路严重冲毁,无法正常通行,基础设施损失不大,农作物损失5万元。

7月7日15时50分—16时15分,龙口镇突遭大雨、冰雹、大风等恶劣天气袭击,最大小时降雨量达21.7 mm,冰雹最大直径1~1.5 cm,持续约15 min。龙口镇镇内5个村(沙也村、南窑梁村、红树梁村、大圐圙梁村、公盖梁村)、1个社区(龙口社区)的道路、房屋、农作物等不同程度受损。沙也村农作物受损945.22亩,水泥路两处受损,砂石路约12 km受损;南窑梁村农作物受损2000亩,水泥路基1 km,砂石路7 km受损;红树梁村农作物受损667.5亩,砂石路4条受损,约8 km;大圐圙梁村农作物受损4250亩,砂石路12 km受损,水泥路约3 km受损;公盖梁村通社沙石路面道路18 km,通社道路高家圪、任俊家塌道路土路6 km不同程度受损;马栅村农作物受损1000亩;龙口社区农作物受损100亩。

7月15日07时—16日02时,准格尔旗出现降雨,准格尔召镇和大路镇达到暴雨,其中最大小时雨量和最大累计雨量均出现在准格尔召镇,为28 mm和56 mm。16日07时降水天气再次从准格尔旗南部进入,部分地区出现短时强降水,此次过程普降中到大雨,中部地区为暴雨,南部部分地区达到大暴雨,其中油松王站和纳日松镇站累积雨量分别为116.7 mm和100.6 mm。暴雨导致全旗6个乡镇、1个苏木和4个街道办的50个村受灾,受灾涉及4710人,农作物受灾4168亩,成灾767亩,绝收115亩,冲毁乡村砂石路和油路共178条,房屋损毁及倒塌11间,损毁塘坝2座、机电井1眼、灌溉设施6处。造成直接经济损失462.19万元,其中农牧林渔业 157.17 万元,工业、交通运输业 228.25 万元,水利设施 6.8 万元。共计造成粮食减产 49.37 万 kg。

7月19日,受强对流天气的影响,达拉特旗出现暴雨,最大小时降水量达 28.7 mm,日降水达 53.2 mm。各大孔兑不同程度暴发洪水,再加上近期黄河上游汛期泄洪,水位持续上升,造成了大范围的洪涝灾害。9个苏木(镇)遭受了不同程度的洪涝灾害。受灾农作物主要有玉米、葵花、山药等,广大农牧民经济损失严重。据调查统计,达拉特旗共造成91个村16091户45881人受灾,受灾农作物面积约 26937 hm²,成灾面积 18364.1 hm²,绝收面积 9769.6 hm²,洪涝灾害造成 281.6 km 油路及砂石路损坏,13间农房一般受损,损坏24户的牲畜棚圈,损坏堤防2处、护岸25处、冲毁大口井50眼,因灾死亡牲畜71头。此次洪涝灾害共造成直接经济损失 19882.88 万元,其中农牧业直接经济损失 18230.35 万元。

7月18—23日,鄂托克旗出现强降水天气,局部出现暴雨,特别是千里沟矿区一带累计降雨量达到 133.2 mm,查干陶乐盖最大小时降雨量达到 73.7 mm。受强降水天气影响,全旗各地不同程度受灾,棋盘井、蒙西部分地区、矿区发生洪涝灾害。经统计,全旗6个苏木(镇)45个嘎查(村)15个社区775户1937人受灾,受灾农作物面积 437.7 hm²,死亡羊112只,房屋裂缝漏雨775户,棚圈坍塌107个,21条道路、11桥梁不同程度受损,23口水井被淹没。棋盘井镇联峰矿业公司、坤宇矿业公司受灾,部分生产、办公设施受损。共造成直接经济损失 1328.6 万元。

7月19—30日以来,杭锦旗境内持续降雨,造成黄河水位上涨,累积降雨量达113.6 mm。其中,7月19日,麻迷图日降雨量为 67.6 mm。此次灾害涉及5个苏木(镇)32个嘎查(村),受灾3343户9172人,受灾农田 19073 hm²,成灾农田 4666 hm²,绝收农田 3200 hm²,死亡牲畜达236头(只),受损小油路约 10 km,涉水房屋 355户,其中2户坍塌,化肥 9200 kg,损坏羊棚80 m²,变压器1台。共造成直接经济损失约 22888 万元。

8月6日16时30分—17时50分,鄂托克旗棋盘井地区出现短时强降水。镇区形成不同程度的内涝,598人受灾,100户进水,13处 32 km 道路受损,直接经济损失 362.8 万元。

8月9日,鄂托克前旗敖勒召其镇部分地区出现短时强降雨、冰雹等强对流天气,暴雨持续3个多小时,致使敖勒召其镇部分地区发生洪涝灾害,最大累计降雨量和最大小时雨强均出现在敖镇伊克乌素嘎查,分别为 85.1 mm 和 61.9 mm。造成敖勒召其镇受灾88户254人,农作物受灾面积约 497 hm²,其中玉米受灾面积约 446.67 hm²,西瓜 50.67 hm²,洪水淹没机井1眼,网围栏 10000 m,房屋进水1户,淹死羊19只,冲毁草牧场约 200 hm²,乡村土路40 km,6个过水路面的柏油路不同程度受损。造成经济损失约 351 万。

8月10日,准格尔旗突发雷雨大风、短时强降水等强对流天气,个别地区达到暴雨,最大累计降水量出现在沙圪堵镇西营子村,为 107.9 mm,最大小时降水量出现在准格尔召镇公沟村(54.8 mm)。暴雨导致沙圪堵镇、准格尔召镇、暖水乡多个村社农作物、基础设施等不同程度受损。沙圪堵镇玉米、糜子、谷子、土豆、荞面、黑豆等农作物受灾约 320 亩,经济损失超 30万元,通村油路过水路面塌陷2处,乡村水泥路受损5处,经济损失无法估算,房屋倒塌8间,棚圈倒塌12处,损毁大口井3眼,筒井15眼,水毁养鱼池2个,温室大棚倒塌1处;准格尔召镇3条水泥路、4条砂石路受损,经济损失约 66 万元,黄天棉图武当沟社两处温室大棚倒塌,经济损失约 8 万元;暖水乡9个村 1000 余亩果树、103亩玉米、马铃薯等农作物受灾,经济损失约 32 万元,2条柏油马路、36条砂石路不同程度受损,经济损失约 70 万元。

8月12日06—08时,准格尔旗魏加峁镇出现短时强降水,2 h降雨量达50.2 mm。暴雨导致魏加峁镇5个村粮食和基础设施等不同程度受损。其中,四份子村9户村民的粮食和化肥被冲毁,经济损失3.5万元,水泥路排水冲毁40 m左右,共计6处,经济损失3.5万元;魏家峁村砂石路被冲毁15 km左右,其他房屋管道、化粪池受损,损失10万元左右,电石厂挡墙被雨水冲垮,导致电石厂受灾;井子沟村通社道路水毁,经济损失2多万元;柏相公村道路水毁约18 km,经济损失约8万元;双敖包村砂石道路水毁大约35 km,经济损失约18万元。

8月29日—9月1日,鄂托克旗大部地区出现强降水天气,过程降雨量为6.9～125.3 mm。6个苏木(镇)1100人受灾,农作物570.5 hm² 受损,房屋受损81间,死亡羊200只,公路冲毁35处、桥梁2座,直接经济损失7056.05万元。

9月1日,杭锦旗伊和乌素苏木发生强降雨,降雨量为47.8 mm,桃日木嘎查、巴音孟和嘎查、乌日更嘎查受灾比较严重,洪水彻底冲毁小油路4.1 km,损坏小油路66.68 km,冲毁砂石路51 km,倒塌房屋22间,损毁房屋108间,冲毁农作物1867 hm²,损毁机电井198眼,死亡牲畜50只,受灾383户1039人。

乌审旗出现连续性的强对流天气,其中,30日出现了入汛以来首场局地大暴雨天气过程,最大过程降水量出现在乌兰陶勒盖镇,为181 mm,最大小时降水量53.1 mm。嘎鲁图镇木都柴达木村、沙沙滩村、巴音温都尔嘎查、达布察克村、斯布扣、巴音柴达木6个嘎查(村)303户1087人受灾,10221亩玉米被淹(包括青储玉米200亩),47亩荞麦被风吹倒,1头牛被雷电击死,4个大棚不同程度损毁,4.7亩蔬菜受灾。农作物成灾面积10221亩,经济损失达105万元;图克镇陶报、呼吉尔特、沙日嘎毛日、葫芦素、乌兰什巴台、梅林庙6个嘎查(村)108户304人受灾,玉米受灾面积1616.8亩,成灾面积1616.8亩,造成经济损失48.5万元;乌兰陶勒盖镇巴音高勒、巴音敖包、巴音希利、红旗、胜利、跃进、前进、查干塔拉社区7个嘎查(村)1个社区1062户2980人受灾,玉米受灾面积33041亩,草场受灾面积8万亩,道路损毁30处共80 km,4只羊被水淹死,造成经济损失991.6万元;乌审召镇乌审召、查汗庙、布日都3个嘎查(村)112户371人受灾,玉米受灾面积2155亩,造成经济损失69.5万元。

2019年 6月25日14—16时,杭锦旗塔拉沟出现暴雨,2 h降雨量达83.7 mm,导致玉米洪涝灾害2772亩,绝收355亩,水冲走羊21只,水毁自建蓄水池30处,冲走水泵3个,冲毁砂石路112 km,冲走网围栏9400 m。

6月26—27日,鄂托克前旗自西向东出现降水,昂素站降水量为65.3 mm,上海庙哈沙图站降水量为48.5 mm。造成上海庙镇乌提嘎查、哈沙图嘎查、拜图嘎查、公乌素嘎查43户89人受灾,共140只羊因剪毛后过度淋雨致死。

7月3日16—18时,上海庙镇八一村和沙章图村遭受强对流天气,强风暴雨持续2 h,直径约0.5 cm的冰雹持续大约20 min。造成上海庙镇共93户304人受灾,受灾农作物和经济作物面积约756.27 hm²,其中,玉米受灾面积约374.73 hm²,成灾面积约349.2 hm²,西瓜受灾面积约29.2 hm²,绝收面积约1.13 hm²,辣椒受灾面积约2 hm²。共造成经济损失约59.18万元。

8月2日16时—17时20分,杭锦旗呼和木独镇发生特大暴雨,2 h降水量达73.5 mm,8月2日降水量为111.4 mm。因灾损失羊85只。

2020年 6月10日22时10分至11日04时,鄂托克前旗上海庙拜图嘎查、特布德嘎查、哈沙图嘎查、芒哈图嘎查、陶利嘎查出现间断性降雨天气。上海庙镇共有45户143人受灾,因灾死亡羊557只。造成直接经济损失54.96万元。

7月24日20—23时,杭锦旗巴拉贡镇发生强降雨,最大小时雨量38 mm。7月24日20时—25日20时累计降雨量为79.2 mm。巴拉贡镇嘎查(村、社区)不同程度受灾,尤其向阳社区、山湾村、朝开村、巴音恩格尔嘎查等4个嘎查(村、社区)灾情较为严重。暴雨致使巴拉贡镇农田被毁,农作物倒伏,道路受损严重。受灾284户723人,农作物受灾7500亩,死亡家畜7只,损毁公共厕所3座,公园广场栏杆冲毁10 m,大渠冲毁1400 m,农田路、镇区土路冲毁多处(2000余米),镇区油路路面冲毁10余处,镇区自来水管道大部分塌陷,受灾15人全部安全转移安置到宾馆,造成直接经济损失约500万元。

8月11日19时—8月12日8时,杭锦旗吉日嘎朗图镇出现大风、暴雨天气过程,累计降雨68.1 mm。据统计,全镇3835人受灾,农作物(葵花)受灾面积40000亩。经济损失约920万元左右。

第三章 大风灾害

第一节 概述

大风是一种破坏力很强的灾害性天气,是因风暴、台风或飓风过境而造成的。大风发生时常常从地面卷挟起大量的沙尘,使空气混浊,能见度明显下降,形成浮尘、扬沙和沙尘暴等天气。鄂尔多斯地区处于中纬度地带,常年盛行偏西风,风能资源丰富,同时也是遭受风沙危害较严重的地区之一。鄂尔多斯市最常见的风灾有风暴、沙尘暴等,部分地区也有龙卷风的发生。鄂尔多斯市大风主要出现在春、夏季,尤其以春季为甚,夏季对流性大风多发。由于鄂尔多斯市多沙地,年降水量分布不均,年蒸发量大,干燥少雨,植被稀疏、地表裸露,这就使得一旦有大风极易形成风灾,从而造成巨大损失(顾润源,2012)。

一、大风的定义

大风,泛指很强劲的风。风速一般以"m/s"为度量单位。根据风速大小和大气运动的剧烈程度,风力从低到高可以分为0~17级。

二、大风的标准

中国气象观测业务规定,瞬时风速达到或超过17.2 m/s(超过8级)的风为大风。在中国天气预报业务中则规定,蒲福风级6级(平均风速为10.8~13.8 m/s)或以上的风为大风。一天中有大风出现称为大风日。

三、大风的成因及影响分析

(一)鄂尔多斯市大风成因分析

风是由于空气流动而形成的。而大风则是空气爆发性流动的结果,是由一定的天气形势并配合下垫面条件而最终形成的。

产生大风的天气系统有很多,如冷锋、雷暴、飑线和气旋等,较强冷空气过境形成明显的温度梯度、气压梯度和变压梯度,三者造成的地转风、梯度风及偏差风是形成大风的主要原因(朱乾根 等,2000)。影响鄂尔多斯市大风天气的类型主要有冷涡型、西北气流型、低槽东移型、冷锋后偏北大风等几种。鄂尔多斯地形复杂,西部河西走廊的狭管效应、北部阴山冷空气过境时的焚风效应等都非常有利于大风的形成。此外,夏季发展旺盛的对流云系所引起的地面直线大风或龙卷风也是鄂尔多斯地区大风形成的原因之一,这种类型的大风持续时间短,但风力大、破坏性强。

(二)大风影响分析

大风灾害是鄂尔多斯市主要的气象灾害之一,不仅会破坏生态环境,对交通、建筑物、农作物、畜牧业、林业、工业、电力及人们的健康等也会带来影响,严重时还会给国民经济和人民生活造成损失。

1. 对公路、铁路、航空等交通的影响

大风天气对公路交通安全影响巨大,强风可能造成车辆失控,从而使交通事故增多。列车易受强风(强侧风)的影响而发生行车事故,甚至引起脱轨和侧翻等事故,危及列车行车安全,有时甚至因为大风天气停运,严重影响铁路正常运营,造成巨大经济损失或者严重社会影响。

当风速超过标准规定时会对飞机飞行安全造成很大威胁。此外,大风引起风沙天气,能见度和跑道的视程下降会影响飞行员对飞机的操控,并且大风扬起的沙粒对飞机的无线电和其他部件也会造成干扰或损害。

2. 对建筑物的影响

大风引起建筑物的振动响应作用超过建筑物结构的承受能力时,建筑物结构会发生破坏,甚至使房屋大面积倒塌、高大建筑物受损等,大风经常会吹倒不牢固的建筑物、高空作业的吊车、广告牌等,造成财产损失,也可能造成人员直接或间接伤亡事件的发生。

3. 对农业生产的影响

大风对农业生产会产生一定的危害。春季大风常伴随降温、风雪、沙尘等天气现象,使土壤墒情降低,旱情加剧,持续时间长的大风还会使土壤风蚀、沙化等;夏季大风以对流性大风为主,常常造成农作物倒伏、断枝而影响产量;而秋季大风则可能会使作物谷粒磨损,进而影响作物产量;冬季大风常与寒潮、降温和大风雪一起出现,对设施农业等影响较大。直接危害是造成土壤风蚀沙化,并对农作物造成机械性损伤或生理损害,同时影响农事活动和破坏农业生产设施,间接导致传播农业病虫害以及使污染物质扩散等。

4. 对畜牧业的影响

大风会使牧草遭受机械损伤,大量枯草被刮走使得大量沙尘附着在叶面上,牧草光合作用减弱,生长发育受到影响,从而降低牧草的产量和品质,可能会出现草荒现象,使土壤墒情大减,加重牧区土壤干旱,还会在部分地区造成严重的风蚀现象,使得家畜放牧采食时间缩短,或者会吹散牲畜群,造成经济损失。

5. 对林业的影响

强风能加速林木的蒸腾作用,使树木及叶片耗水过多造成气孔关闭,进而使得叶片光合作用降低,林木枯顶甚至枯萎,特别是树林边缘附近和林分强度稀疏的地段更加严重;大风也会造成部分林业生产设施损毁,树木被拦腰折断、倒伏,经济林果、苗木生产受损等。

6. 对水利的影响

强劲的大风会对水库、大坝等水利工程设施造成直接损害,同时,大风扬起的沙尘或者推动沙丘移动等会影响河道、沟渠、湖盆及水库等的水体甚至会使部分被填埋。

7. 对电力的影响

大风沙尘会使通信、电力设备受损,强风可能将电线杆吹倒、折断、损坏,户外变压器等设备受到强风拉扯变形,易造成大面积停电事故,带来直接经济损失及人员伤亡。

8. 对工业的影响

风力发电是使用范围较广的清洁能源之一,利用风能发电,有效地为工业生产节约成本,但是当风力过大时会把厂房等建筑物毁坏,因此带来严重的经济损失。

9. 对旅游业的影响

大风天气发生时,一般空气质量比较差,在鄂尔多斯地区春、秋季还会伴随有沙尘天气出现,同时人体体感温度降低,不适合户外出行,对旅游业有明显的不利影响,尤其是以沙漠或沙地为旅游特色的景区,比如响沙湾、夜鸣沙景区等。

10. 对空气质量的影响

鄂尔多斯地区春、秋季出现大风天气时,往往会伴有沙尘天气,使能见度较低,空气质量变差。

11. 对人体健康的影响

在大风发生时经常会吹倒不牢固的建筑物、高空作业的吊车、广告牌、通信电力设备、电线杆以及树木等,会造成人员直接或间接伤亡。大风沙尘还会加速传播花粉等过敏源,加重或引发呼吸道疾病和皮肤病,持续的猛烈大风能引起人精神兴奋,并阻碍人的正常呼吸。

12. 对森林火灾和城市火灾的影响

鄂尔多斯除夏季外,其余季节降水较少且大风天气较多,空气干燥,大风为森林火灾和城市火灾的发生发展产生间接不利影响。

四、大风的时空分布特征

根据鄂尔多斯市11个国家级气象监测站的监测数据统计,分析大风时空分布特征(鄂托克前旗的监测数据从1967年开始,乌审旗的监测数据从1980年开始,其中乌审旗乌审召站的监测数据从1986年开始,河南站的监测数据从2011年开始;其余监测站全市大风日数平均值为1960—2020年11个监测站的平均值)。

(一)年代际变化特征

20世纪60年代全市大风年平均日数达31 d,20世纪70年代全市平均大风年平均日数约25 d,20世纪80年代全市大风年平均日数减少至19 d,20世纪90年代和21世纪第1个10年全市大风年平均日数继续减少,分别为15 d和14 d,21世纪第2个10年全市大风年平均日数略增多,为16 d。整体来看,全市大风年平均日数整体呈下降趋势(图3.1),20世纪60年代至70年代为大风多发期,20世纪80年代开始大风日数明显减少,20世纪90年代至21世纪第2个10年呈平稳态势,变化较小。

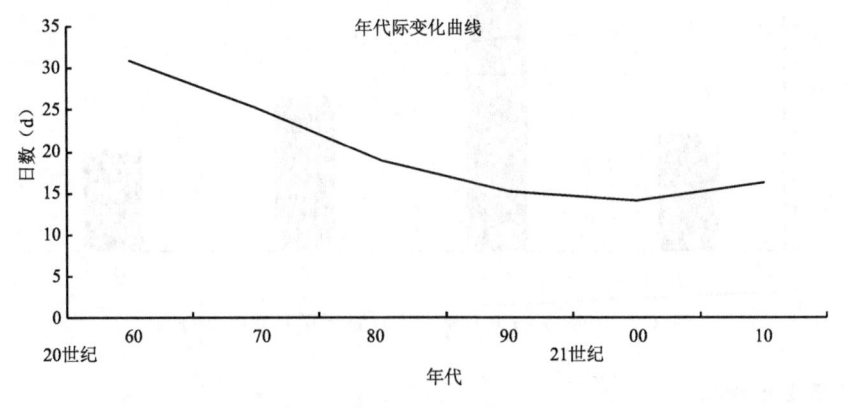

图3.1 1961—2020年鄂尔多斯市大风日数年代际变化趋势

(二)年际变化特征

20世纪60年代至70年代为大风的多发期,1966年是大风出现日数的最高峰,全市各监测站平均达56 d,1965年和1963年全市大风出现平均日数分别为48 d和44 d,1976年全市大风出现日数的平均值为35 d,全市大风出现平均日数最多的年份主要集中在20世纪60年代。大风出现年平均日数总体呈下降趋势(图3.2),从21世纪第1个10年开始趋于平稳。从1989年开始,除1995年、1996年以及2020年外,全市大风年平均日数一直维持在20 d以内,其中2003年仅有7 d,为大风出现年平均日数最少的一年,2011年比2003年略多,为9 d。

图3.2　1960—2020年鄂尔多斯市大风日数年际变化

(三)季节变化特征

鄂尔多斯市每个季节均出现过大风天气,其中夏季以雷暴大风为主。从变化趋势(图3.3)可以看出,春季出现大风的次数最多,频率最高,平均多于9 d,约占全年大风天气发生次数的48%;秋季最少,平均接近3 d,仅占全年大风天气发生次数的14%;其次夏季平均略多于4 d,冬季平均略多于3 d,分别占全年大风天气发生次数的22%和16%。

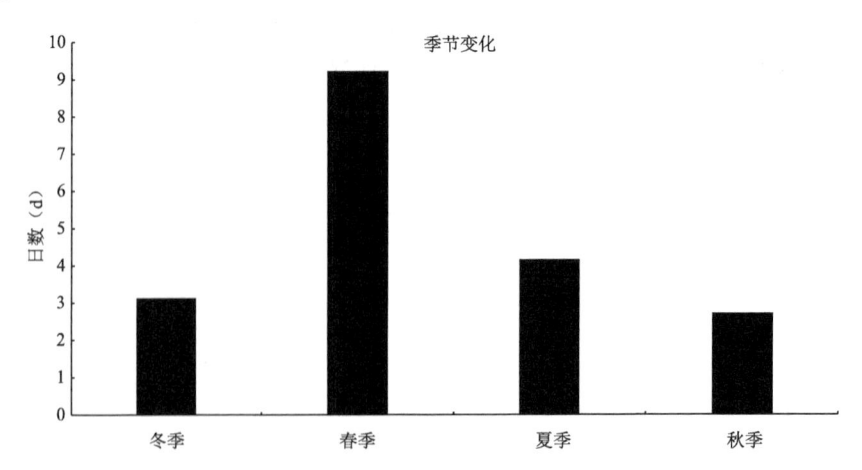

图3.3　1961—2020年鄂尔多斯市大风日数季节分布

(四)月际变化特征

鄂尔多斯市每月均出现过大风天气,从月平均大风日数分布(图3.4)看,出现日数较多的月份集中在春季,其中 4 月出现次数最多,频率最高,接近 3.5 d,约占全年大风发生日数的 19%;5 月次之,月平均大风日数为 3.2 d,约占全年大风日数的 17%;9 月出现次数最少,约 0.6 d,仅占全年大风发生次数的 3%;10 月次之,约 0.7 d,占全年大风发生次数的 4%。

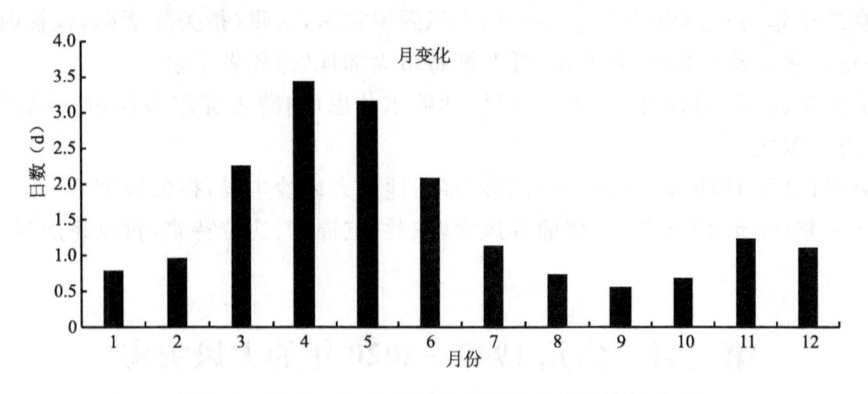

图 3.4　1961—2020 年鄂尔多斯市大风日数月分布

(五)致灾因子空间分布

从年平均大风日数的空间分布((彩)图 3.5)分析,杭锦旗、伊金霍洛旗、鄂托克旗大部出现大风日数较多,年平均在 25 d 以上,其中鄂托克旗大风日数最多,达 32 d;鄂前旗、乌审旗中部南部以及准格尔旗相对较少,年平均在 10 d 左右,其中乌审旗大风日数最少,仅有 5 d,乌审旗南部稍多,为 8 d。

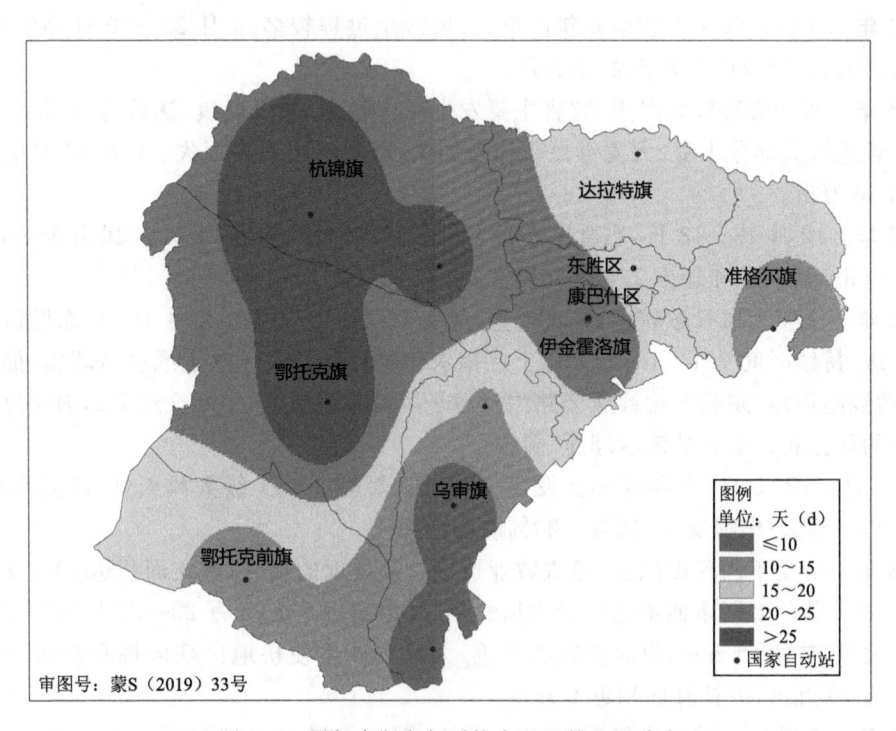

图 3.5　鄂尔多斯市年平均大风日数空间分布

第二节　公元 600—1948 年的大风灾害

隋开皇二十年（公元 600 年）　十一月，大风毁屋拔木，秦陇（指关陇诸郡，包括内蒙古鄂尔多斯市、巴彦淖尔市及乌海市、包头市、呼和浩特市大部地区）死者千余。

元至元六年（公元 1340 年）　三月丁巳，达斡尔朵思（内蒙古鄂尔多斯市）风雪为灾，马多死，以钞八万锭赈之。

民国九年（公元 1920 年）　夏，六月鄂尔多斯地区大风沙尘暴，损失惨重。

民国十一年（公元 1922 年）　伊盟春风大，东胜、杭锦旗、达拉特旗，黄风将房屋掩埋，损失惨重。

第三节　公元 1949—2020 年的大风灾害

1953 年　达拉特旗由于 4、5 月大风、沙尘暴天气，致使小麦等早春作物受损，达 4612.5 亩，农作物减产 4~5 成。

1960 年　内蒙古中西部地区春夏干旱少雨且多风沙天气，对农业危害较大。杭锦旗春季风沙较大，5 月大风日数达到 13d，其中风灾面积达 28.5 万亩，达拉特旗遭受旱灾及风灾影响受灾面积 70.5 万亩，成灾面积 51 万亩，占播种面积的 24％，因风灾受灾面积达 49.5 万亩，约 10 万亩农田绝收。

1962 年　全区风沙灾害较前几年严重，大风沙尘过程较多，5 月 29—30 日鄂尔多斯市农田遭受大风灾害，导致约 7 万亩农田受灾。

1963 年　风沙灾害较为严重，灾害主要发生在杭锦旗、鄂托克旗、达拉特旗、伊金霍洛旗。风沙使上述地区大部分小麦、大麦等夏季作物倒伏，遭受不同程度损失。5 月 31 日的大风，受害作物达 36 万亩。

1965 年　12 月 13—18 日，东胜区连日大风，过程最大风速达 14 m/s（风力 8~10 级），持续时间 61 min，畜牧业和地方工业受到损害。

1966 年　全年大风日数较多，受灾严重，风灾面积达 72 万亩。4 月 14 日，东胜区大风，风力 8~10 级，持续时间 781 min，50％以上已播农作物籽种被大风吹走或被沙埋压，部分供电、电话、广播线路损坏，东胜至杭锦旗公路泊江海子段被流沙阻隔，中断交通 7 d，泊江海子公社、漫赖公社的部分农户房屋被流沙埋压、毁损。

5 月 1 日、4 日、5 日，东胜区再次发生 7~8 级、短时 9~11 级大风天气，风灾面积达 7.5 万亩，其中三分之一作物发黄，15％~20％缺苗断垄。

1968 年　遭受不同程度风灾，给农牧业造成一定程度的损失，风灾面积达 79.5 万亩。

1971 年　鄂尔多斯市西部地区受大风影响，风力超过 8 级，5 月 23—26 日，伊金霍洛旗出现沙尘暴大风，持续 61 min，农区受灾较严重，大风和沙尘使耕地出现风揭和沙压，农业总损失面积约为 10 万亩，需补种面积近 8 万亩。

1972 年　东胜区春季风灾严重，受灾面积 15 万亩，部分地块作物复种达 4 次。

1974 年　入春后大风频繁，风灾面积达 118.5 万亩，杭锦旗计划播种面积约 7 万亩，已播种近 5 万亩，其中保住苗的只有近 2 万亩，鄂托克旗计划播种 66 万亩，已播种的 40 万亩中就有近 30 万亩农田受灾。

3 月 8 日 13—14 时,杭锦旗锡尼镇出现冷空气大风,偏西风持续 61 min,最大风速达 28.7 m/s,加速土壤失墒,农区作物被掩埋。

4 月 27—29 日,大部地区出现沙尘暴,平均风力 8 级,最大风速达 32 m/s,最小能见度 100 m,其中鄂托克旗最大风速达 24 m/s,部分地区地表土层被刮走 7~10 cm,农田种子被刮出地面。

1975 年 春季,鄂尔多斯市遭受风灾,损失严重,5 月 27—29 日、6 月 14 日连刮两场大风,风力达 8 级左右,其中杭锦旗、鄂托克旗、乌审旗、伊金霍洛旗、东胜区等均遭受风灾,梁坡地上的农作物基本被打死,谷子、糜子、高粱被连根拔掉,林业育苗基地也受到不同程度的损害,部分地区牧草被风打死或沙埋、旱死,牲畜不能饱食,膘情下降,部分致死。全市农作物死苗面积近 8 万亩。

1976 年 入春后气温低、风沙大,大风日数比往年多 7 次左右,从 3 月—6 月,据统计,5 级以上大风共计有 50 多次,其中乌审旗大风刮了 41 次,沙尘暴 21 次,由于低温、大风、干旱等影响,重灾区青草未生,沙蒿枯萎,新种的树、草成活率不足 40%,刚出土的幼苗被沙埋、霜冻,严重危害农牧业生产。

1977 年 杭锦旗春季多大风,6~9 级大风日数约 30 d,受大风袭击,有的地方沙丘移动约 30 m,有些沙地基本上是解冻一层刮走一层,局部最深刮走浮土 30 cm,巨大的暴风灾害不但使牧场植被遭严重破坏,而且有不少民房被沙掩埋,据 3 月 30 日统计,杭锦旗 9 个牧区公社沙压房屋 200 多间,沙压棚圈 800 多处,水井、水库 40%~50% 受到不同程度破坏。

1979 年 春季全市遭受风灾,平均风力 6~8 级,伊金霍洛旗局地因受风灾 5 次复种,到秋季颗粒无收,损失惨重。10 月 1 日,鄂托克旗受持续 781 min 的大风影响,返青牧草被风打死,牲畜无处采食处于饥饿状态。

1980 年 全市大部地区遭受暴风雪袭击,风力 10 级以上,局地达 11 级,同时气温下降 8~10 ℃,农牧业损失惨重,同时沙尘暴灾害较重,能见度普遍小于 300 m。

1981 年 全市大部地区遭受不同程度风灾,5 月 1—2 日,风力达 7~8 级,降温 10 ℃ 左右,农区播种停止,有的幼苗被沙埋。

1982 年 5 月 1—8 日,全市大部地区持续大风,平均风力 7~8 级,最大达 11 级,伊金霍洛旗先后遭受 8 级以上大风袭击,刮断树枝,青苗被连根拔起,沙压农田,全旗约有 10 万亩粮豆作物因风灾毁种,交通中断,干旱情况加重,损失加大;准格尔旗近 2 万亩麦苗被沙埋;鄂托克旗农区三分之一地块需要重新播种;乌审旗和杭锦旗大片操场被沙掩埋。

1983 年 春季多大风,4 月 27—28 日,全市平均风力 8~9 级,最大风力达 11 级,多个测站发生强沙尘暴过程,气温骤降,风寒加沙害造成严重损失,其中乌审旗嘎鲁图镇出现冷空气大风,持续 1140 min,最大风速达 17.0 m/s;杭锦旗锡尼镇胜利村连续 2 d 出现强风沙尘天气,掩埋水井 258 眼,刮毁棚圈 463 处,刮散牲畜 2 万只,死亡 4279 头,306 名牧民走失,1 人死亡。其中 27 日大风出现在 19—20 时,持续 61 min,最大风速达 18 m/s;28 日大风出现在 01 时—08 时,持续 421 min;东胜区最大风速达 17.3 m/s,持续时间 421 min,死亡牲畜 1200 头(只),大面积农田草地被沙埋压,造成人员失踪或死亡。据统计,此次灾害共计因冻死和大风窒息死亡 26 人,损失牲畜 4.7 万头(只)。沙埋水井 5000 余眼,表土被风刮走和沙埋的小麦田约 2 万亩,最大沙埋厚度 15~30 cm,对草场破坏严重,有的牧草被连根拔起,有的已发芽牧草被风掩埋,牲畜跑青时间推迟 15~20 d,导致饲料不足。此外,还使农田、公路、铁路、输电线路等被破坏,造成巨大损失。

1984 年 春季出现多次大风沙尘天气,平均风力 7~8 级,短时 9 级以上,其中鄂托克前旗瞬时风速达 31 m/s,多个测站出现沙尘暴。4 月 25 日,鄂托克旗大风持续 61 min,牲畜损失近 2000 头(只),有 8963 亩牧场受灾,城川到查汗陶勒盖交通中断,查布公社一带有整群羊丢失,瞬间最大风速达 31 m/s,能见度较差,伴有沙尘暴。此次风灾造成了农田沙埋,青苗冻死,牲畜死亡,房屋、棚圈、树木损坏等严重损失。

1985 年 春季大风严重,全市受灾农田 13 万亩,其中 4 月 25 日 13—20 时,乌审旗嘎鲁图镇出现大风及沙尘暴,持续 420 min,有近 3500 亩小麦被风沙埋压。

1987 年 3 月 29 日 13—20 时乌审旗乌审召镇发生沙尘暴大风天气,持续 421 min。此次过程中,最大风速达 19.0 m/s,为西北风。

5 月 15—20 日,鄂托克前旗敖勒召其镇出现大风天气,过程最大风速 15.3 m/s,持续时间 421 min,造成麦苗枯干,牲畜死亡,农作物受损,大秋作物无法下种,缺粮人口渐增,农田受损面积达 9 万亩,小麦受损面积达 1.5 万亩,受灾人口 4500 人。

5 月 23—24 日,敖勒召其镇再次出现大风天气,过程最大风速 18.0 m/s,持续 61 min,农田受损面积达 1401 亩。

1988 年 鄂尔多斯市南部大风日数比常年偏多,影响范围较广。1 月 21 日 01 时—02 时,乌审旗乌审召出现冷空气大风,最大风速达 16.3 m/s,持续 61 min,此次过程中,50%草牧场被沙埋,导致 400 万亩草牧场、30 万头牲畜、3 万多牧民受灾。

3 月 4 日 13—14 时,乌审旗乌审召又出现冷空气大风,最大风速达 11.3 m/s,持续 61 min,此次过程中,乌审召镇、图克镇遭遇风灾影响,导致 300 头牲畜、1500 户牧民受灾、近 7000 人受灾。

1989 年 春季干旱多风,全市果树因此导致减产 40%,直接经济损失达 320 万元。

1990 年 6 月 3—4 日,杭锦旗伊克乌素镇出现雷暴大风天气,最大风速达 14 m/s,瞬时风速达 25 m/s,农作物幼苗受灾,交通受到一定影响。

1991 年 4 月 23 日 13—14 时,乌审旗嘎鲁图镇出现沙尘暴大风,持续 61 min,平均风力 5~6 级。此次过程中乌审旗遭遇风冻灾,8.2 万亩草场、68150 头牲畜、2830 户 17583 人受灾。

1992 年 7 月 21 日 18—19 时,杭锦旗锡尼镇胜利村出现雷暴大风,持续 15 min,狂风突起,加之冰雹袭击,农作物受损倒伏在地。

1993 年 鄂尔多斯市西部大风沙尘天气频发并造成严重损失。其中,4 月 20—23 日,鄂托克前旗敖勒召其镇出现大风天气,过程最大风速 18.3 m/s,持续 61 min,能见度较差,伴有扬沙,农田受损面积达 2 万亩。

7 月 3 日 17—18 时,鄂托克前旗城川镇、昂素镇遭受了大风、暴雨、冰雹等强对流天气,农田受损面积达 5 万亩,1755 人受灾,刮倒高压电杆 2 根,低压电杆 200 多根,倒塌民房 5 间,造成危房 22 间。同一时间,鄂托克旗查干陶勒盖、玛拉迪、珠和、吉拉、二道川、敖勒召其 6 个苏木(乡、镇)的 12 个嘎查遭受了大风、暴雨、冰雹等强对流天气,过程最大风速 14.0 m/s,也造成了一定经济损失。

1994 年 5 月 1—3 日,东胜区出现大风、降雪、强寒潮、霜冻天气,48 h 内降温 23 ℃。5 月 17 日凌晨,再次出现霜冻造成大量秧苗冻死。

8月10日14时28分,杭锦旗巴拉亥镇上空约1 km处生成龙卷,后快速移动至巴彦淖尔市南部,历时10 min,造成树木、各类建筑、通信线路、电力设施等严重损失。

1995年 鄂尔多斯市西部地区大风日数比历年同期偏多,农田失墒严重,加重干旱,不但影响农事活动,而且牲畜也受损,3月16日07—14时,乌审旗乌审召出现冷空气大风,持续420 min,最大风速达15.0 m/s,为西北偏西风。此次过程中,乌审召镇、乌兰什巴台遭遇大风,800亩良田、2500亩草场、12 km公路受灾。

5月12日13—20时,乌审旗乌审召出现沙尘暴大风,持续420 min。乌审召镇、乌兰什巴台苏木遭遇大风天气,2400亩地膜、24眼大井、80眼饮水用井、800亩良田受灾,经济损失达38万元。此次过程中,最大风速达14.0 m/s,为西北偏西风。锡尼镇大部地区大风日数偏多,降水偏少,干旱严重,对牧草返青和春播极为不利。

1996年 3月13—14日,全市出现6级左右偏西大风,瞬时风力达7级左右,出现了扬沙和沙尘暴天气;4月15—16日,出现大风沙尘天气,平均风力7~8级,并出现强沙尘暴。

1997年 4月27日,多地出现沙尘暴,鄂托克旗5月大风偏多,返青牧草枯死。5月29—30日,鄂托克前旗出现大风天气,最大风速11.0 m/s,持续61 min,农田受损面积达7.5万亩,39864人受灾,直接经济损失达542.5万元。

1998年 全市多地出现沙尘暴,给杭锦旗、鄂托克旗、鄂托克前旗造成沙压草场、人工草场毁坏、牲畜死亡等严重损失。其中,杭锦旗锡尼镇及伊和乌素镇4月出现了2次罕见的强风、沙尘暴天气过程。

4月12日13—14时,出现大风沙尘天气,持续61 min,导致杭锦旗、鄂托克旗、鄂托克前旗沙压草场2700万亩,毁坏人工草场20万亩,死亡牲畜约18600头(只),直接经济损失达870万元。

3月18日13—14时,乌审旗嘎鲁图镇出现冷空气大风,持续61 min。4月15日19—20时,乌审旗嘎鲁图镇出现沙尘暴大风,持续61 min。此次过程中最大风速达13.0 m/s。

2000年 3月26—27日,乌审旗河南气象站出现大风沙尘暴,水平能见度低至700 m。5月13—14日,鄂尔多斯市南部出现大风沙尘天气,南部多地出现沙尘暴,最大瞬时风速17~23 m/s,能见度为400~800 m。5月26—27日多地再次出现大风、沙尘暴。

2001年 4月8—9日,鄂托克前旗出现大风天气,最大风速12.7 m/s,并伴有沙尘暴,持续超过61 h,13550人受灾,直接经济损失达2386万元。

2002年 3月19日,东胜区出现大风、沙尘暴天气。

3月21—22日鄂托克前旗出现大风天气,最大风速11.3 m/s,并伴有沙尘暴,持续超过1 h。

2004年 4月25日,鄂托克旗出现大风天气,持续61 min,农田及牲畜遭受损失,受灾牲畜达57.6万头(只)。

2006年 6月9日鄂托克前旗敖镇、城川镇出现大风扬沙天气,极大风速18.5 m/s。7月15日,鄂托克旗受雷暴大风、短时强降水等强对流影响,导致死亡牲畜8000头(只),受灾草牧场300万亩,冲毁乡村公路30多处。

7月26日17时—27日09时,乌审旗、东胜区、达拉特旗、准格尔旗先后遭受了暴风雨和冰雹灾害的侵袭,共造成4个旗(区)17个苏木(乡、镇)11.28万人受灾,直接经济损失39165万元,其中农业直接经济损失36328万元。

2007 年 3月30—31日,杭锦旗出现大风、杨沙、沙尘暴天气。风力5~8级,杭锦旗境内出现沙尘暴,瞬时最大风速24 m/s。农作物青苗遭低温冻害和飞沙击打夭折,一些耕地表层土被风沙严重剥蚀,籽种裸露出地面,导致农作物生长期延长、收获时籽粒饱满度不足、产量下降。其中30日为沙尘暴大风,出现在11—19时,持续481 min,最大风速达13 m/s,为西北偏西风,过程极大风速达20.6 m/s。

2008 年 杭锦旗遭受干旱,风暴灾。5月28日16时49分—17时34分出现大风天气,持续46 min,最大风速达10.7 m/s,为偏北风,过程极大风速达17.8 m/s。

5月31日12时30分康巴什区出现冷空气大风,持续61 min,过程极大风速为21.9 m/s。此次过程中,哈巴格希街道办事处所辖的5个村60个社区不同程度遭受了冻灾和大风天气。

2009 年 受蒙古气旋影响,4月23日全市出现了大范围沙尘天气,鄂托克旗、乌审旗、杭锦旗、达拉特旗境内出现沙尘暴,其余地区出现大风扬沙,此次沙尘天气是2009年影响鄂尔多斯市最强的一次大范围天气过程。其中10—19时,杭锦旗锡尼镇出现沙尘大风天气,持续541 min,最大风速达14 m/s,过程极大风速达22.7 m/s,均为西北偏西风。12月24日全市出现了大范围的大风、寒潮天气,其中达拉特旗、伊金霍洛旗境内出现沙尘暴,其余地区出现大风扬沙。03—16时杭锦旗伊克乌素站出现沙尘大风天气,持续781 min,最大风速达18.5 m/s,过程极大风速达24.2 m/s,均为偏西风。

2010 年 3月19日16—19时,乌审旗嘎鲁图镇出现沙尘暴大风,持续180 min,造成部分超市、工厂房屋受损,沿街多处广告牌、装饰物等被毁损。同一天,东胜区出现大风、沙尘暴天气,过程最大风速11.7 m/s,持续61 min,当日最低能见度700 m,24 h降温幅度达16 ℃,瞬间最大风速达18 m/s,造成城区停电。

2011 年 5月17—18日,鄂托克前旗大部地区出现短时8级大风及扬沙天气。城川镇大部地区出现大风灾害,西瓜苗被风沙掩埋严重,部分玉米苗被掩埋或者吹出根部或者叶子被风沙吹烂。

2012 年 5月10—14日,受强冷空气影响,鄂托克前旗大部分地区遭受5~6级西北风及扬沙天气,风灾持续约4 d。5月28—29日,受高空槽东移影响,鄂托克前旗出现一次大范围降水天气过程,并伴有短时雷电、大风、沙尘。07—15时杭锦旗伊克乌素站出现大风天气,持续481 min,最大风速达11.6 m/s,为南风,过程极大风速17.8 m/s。

6月22—25日全市发生大范围风雹灾害,风雹来势凶猛,暴风风力约在8级以上,风雹持续长达38 min,带来严重经济损失。

6月23日13—15时伊克乌素站出现雷暴大风,持续121 min,最大风速14.7 m/s,过程极大风速19.7 m/s,均为偏西风。

2013 年 8月5日15—16时,乌审旗乌审召出现冷空气大风,持续61 min,最大风速13.5 m/s,极大风速21.3 m/s,风向均为北。此次风灾造成846亩玉米被吹倒,绝产绝收;268株杨树、127株柳树、56株榆树被连根拔起;损毁50 kW变压器一台,电线3.7 km;400 m² 彩钢房、1600 m² 砖瓦房严重损毁。估算造成148万元左右的经济损失。

8月11日准格尔旗准格尔召镇、纳日松镇及暖水均出现大风天气,以偏西风为主。其中准格尔召镇过程极大风速20.2 m/s;纳日松镇最大风速13.2 m/s,过程极大风速22.6 m/s;暖水乡最大风速13.9 m/s,过程极大风速20.5 m/s。

8月11日17—18时,准格尔旗沙圪堵镇伏路村遭飑线侵袭,造成严重风灾和水灾,过程最大风速 11.9 m/s,过程极大风速 20.9 m/s,均为西北风。伏路村 7 个社遭受不同程度的损害,3 个社灾情严重,共计造成直接经济损失达 140 万。其中洪灾及风灾造成 870 亩玉米、80 亩糜子、40 多亩经济作物不同程度受损,70 亩玉米被雨水冲毁、土沙掩埋,造成绝收,3 成以上玉米受灾严重,40 多亩豆类、山药、蔬菜、瓜果等倒伏并被水冲走。大风致使部分树木折断、倒伏甚至连根拔起,其中柁材 10 棵、椽材 30 棵、檩材 20 棵。1200 m² 的彩钢房被彻底损毁,并导致铁片把农网电杆房断 4 根,电线损毁约 260 m。风雨导致 1 间住户南房倒塌,4 户民房受损严重成危房,13 km 村级砂石路被冲毁。

2014 年 7 月 14 日 17—18 时,受高空槽和低空切变影响,准格尔旗出现分布不均的雷阵雨天气。最大风速 14.2 m/s,过程极大风速 20.6 m/s,为西南风。沙圪堵镇庙壕村的周家湾社、东壕社均遭到飑线不同程度的侵袭。

2015 年 6 月 9 日 16 时—10 日 17 时,乌审旗无定河镇出现大风,持续 1500 min。此次过程中,最大风速 12.6 m/s,极大风速 18.1 m/s。6 月 10 日,鄂托克旗大风持续 617 min,影响区域为查汗淖、苏米图、召稍、乌兰乌素、新召、大额尔和图、希尼其日嘎、查干陶勒盖、沙日布日都、包乐浩晓、三北羊场、阿尔巴斯苏木、赛乌素等地,直接经济损失达 2282.2 万元。6 月 11 日,鄂托克前旗昂素镇上半年持续大风少雨天气,全镇 16 个嘎查均不同程度地受到风灾、旱灾的影响。据鄂托克前旗民政局统计,2015 年 6 月 12 日全旗 5 个苏木(镇)、46 个嘎查(村)的农作物受大风沙尘影响,致使玉米幼苗被大风沙尘打断茎秆和叶片,部分幼苗被掩埋,抑制幼苗生长。7 月 16—17 日,杭锦旗部分地区发生了雷阵雨天气,伴有雷暴大风,雷暴大风出现在 13—14 时,持续 61 min,最大风速 14.4 m/s,过程极大风速 21.7 m/s,为西北风。其中锡尼镇的扎日格、布哈岱、古城梁村、阿斯尔嘎查和塔然高勒管委会的乌定布拉格村等 5 个嘎查(村)遭受了严重风雹灾害侵袭。此次灾害造成 781 户 1638 人受灾,农作物受灾面积约 26151 亩,受灾草牧场约 14.2 万亩,西瓜地 200 亩,果树 51 株,造成直接经济损失达 1876 万元。

2016 年 5 月 11 日,鄂托克旗乌兰乌素、阿尔巴斯苏木、赛乌素、苏米图苏木出现大风天气,其中苏米图苏木玉米幼苗被大风吹起的沙土打断茎秆和叶片,部分幼苗被掩埋,抑制幼苗生长,新播种的玉米种子被大风刮至裸露地面,需重新补种。

5 月 11 日,鄂托克前旗敖镇、上海庙镇出现大风扬沙天气,出现了 8 级以上大风,极大风速 17.2 m/s。

5 月 14 日,鄂托克前旗上海庙镇、城川镇出现大风天气,最大风速 16.5 m/s,极大风速 17.2 m/s。

6 月 9 日,准格尔旗大路镇、布尔陶亥苏木、暖水乡、公沟村出现大风天气。最大风速 15.3 m/s,过程极大风速 19.7 m/s。其中,布尔陶亥乡最大风速 10.9 m/s,过程极大风速 17.8 m/s;暖水乡最大风速 11.2 m/s,过程极大风速 20.3 m/s;公沟村过程极大风速 18.3 m/s,均为偏南风。14 时 30 分前后,大路镇常树梁村遭受罕见龙卷风袭击,致 14 户人家的树木被连根拔起,有的被拦腰折断;2 户羊圈彩钢顶被风掀起飞走;1 户小轿车被飞起的三轮车砸烂玻璃;1 户彩钢车库被风刮烂;1 户的鸡舍被风刮走;1 户 4 间新房屋顶的瓦被掀起,内室的吊顶、玻璃被刮碎,3 间彩钢房顶被风刮走;脱粒机、四轮车都有不同程度的损坏;玉米 135 亩损失严重,1091 亩影响生长;10 亩蔬菜损害严重,45 亩影响生长。

6 月 13 日,杭锦旗境内发生强对流灾害性天气,吉日格郎图镇、伊和乌素苏木、独贵塔拉镇、锡尼镇部分嘎查(村)遭遇短时大风、强降水,部分地区出现冰雹天气。其中锡尼镇大风出现在 13 时—17 时 10 分，持续 251 min，最大风速 14.7 m/s，过程极大风速 22.7 m/s；伊克乌素站出现在 12 时 37 分—16 时 10 分，持续 214 min，最大风速 12.9 m/s，过程极大风速 28.5 m/s，均为西北风；吉日格郎图、独贵塔拉镇大风出现在 13 时 37 分—17 时 10 分，持续 214 min。

6 月 13 日 17 时 10—20 分，准格尔旗龙口镇受强对流天气影响，龙口镇柏相公村所 2 个社遭遇强风袭击，导致村民养殖场及彩钢房受损严重。最大风速 11.3 m/s，过程极大风速 21.7 m/s，风向为西南。

7 月 24 日，受强对流天气影响，准格尔旗那日松镇、薛家湾镇、沙圪堵镇、大路镇出现大风天气。13—18 时，纳日松镇乌兰哈达村强降雨导致 72 亩玉米受损严重，1 处房屋坍塌，1.6 km 街巷硬化道路因未做排水导致路基冲毁严重。农作物损失 190 亩，其中泥土覆盖导致 60 亩农作物受损，大风导致 130 亩农作物受损，房屋倒塌 5 处 530 m²，路基冲毁 1.6 km，情况较为严重，过程最大风速 11.4 m/s，过程极大风速 15.3 m/s，为西北风；13 时 30 分前后，薛家湾镇海子塔村、柳树湾村、宁格尔塔村的农作物、村路、房屋、电缆、树木等遭短时强降水、强风侵袭，造成 229 户 632 人受灾。其中农作物受灾面积为 2155 亩，树木 1080 棵，电力、通信设施损坏 5 km，道路损坏 6 km，住房损坏 46 户，经济损失预估 173.6 万元；12—13 时，沙圪堵镇石窑沟村、忽昌梁村遭受狂风暴雨袭击，强风导致石窑沟村两颗大树被折断，压在了村民的房子上，所幸没有造成人员伤亡。强风同时致忽昌梁村 3500 亩玉米、糜子 700 亩、谷子 500 亩受灾，过程最大风速 12.9 m/s，过程极大风速 25.0 m/s，为西北偏北风。大路镇最大风速 13.8 m/s，过程极大风速 22.2 m/s，为北风。

8 月 17 日，达拉特旗恩格贝镇、王爱召镇受风灾、洪灾影响，伴有雷暴大风，王爱召镇最大风速 11.4 m/s。

2017 年 1 月 26 日 10 时 41 分—11 时 20 分，康巴什区受大风影响，位于神华康城 B 区北边的草坪起火，火借风势，过火面积约 15 m²，直接经济损失 300 元。

4 月 20 日，鄂托克前旗大部地区出现平均 5~6 级，短时 7 级，瞬间极大 8 级的大风，部分地区伴有扬沙天气。其中昂素镇造成部分地区蔬菜大棚和种植物受灾，经初步调查统计，大风天气掀翻、刮倒蔬菜大棚 18 处，受灾 9 户 32 人，农作物受灾面积 9 亩，造成经济损失约 18 万元。

6 月 22 日 16 时，杭锦旗境内发生强对流灾害性天气，其中锡尼镇的道劳嘎查、赛音台格嘎查、锡尼布拉格嘎查、阿斯尔嘎查、扎日格嘎查及塔然高勒管委会的巴音庆格利嘎查、塔然高勒村、乌定补拉村遭遇短时大风、强降水和冰雹的侵袭，最大风速 11.9 m/s，过程极大风速 17.7 m/s，均为西南风。

7 月 5 日 14 时，杭锦旗境内发生强降雨天气，对全旗部分地区造成灾害，其中吉日嘎朗图镇的黄芥壕嘎查、麻迷图村、巴音村、三苗树村、五苗树村、光茂村、光永村、乃玛岱村、苏卜盖村、碱柜村、格更召嘎查；独贵塔拉镇的乌兰淖尔村、独贵村、道图嘎查、沙圪堵村、永先村、沙日昭嘎查、解放村、隆茂营村等遭遇短时大风、冰雹、强降雨的侵袭，使得各地葵花、玉米等作物出现一定面积的倒伏、受损。其中吉日格郎图站出现在 13—15 时，持续 121 min，最大风速 13 m/s，过程极大风速 18.1 m/s，均为偏南风。

7 月 25 日 21 时 22—37 分，乌审旗嘎鲁图镇出现冷空气大风，持续 15 min，极大风速 22.4 m/s，为西风。据统计：2017 年 7 月 25 日晚，嘎鲁图镇出现短时强降水，并伴有大风、冰雹、雷电等强对流天气,此次灾害性天气造成镇区多处彩钢房、围墙坍塌,车辆受损,其中35户116人受灾,农作物成灾面积40.5亩,经济损失达3万元,4.5亩经济作物受灾,经济损失达2万元;31只羊死亡,8个大棚坍塌,经济损失3万元。

8月12日17—19时,纳日松镇8村19社先后受暴风雨侵袭,过程最大风速16.7 m/s,过程极大风速27.9 m/s,风向均为东南,部分村社遭短时强降水同时,还伴有大风、冰雹。暴雨造成117户264人受灾严重,其中17户房屋进水,屋内财产全部被水毁,家具、电器损毁严重;同时多处农田被淹、13眼机井被水灌,水淹养鸡场1处,冲走100多只鸡;水淹小车3辆;通村公路受损390 m;通村公路桥洞受损一处;彩钢房被大风卷走7间;彩钢房垮塌59间;房屋受损2处;2台发电机、1台洗车机被洪水淹没;1台变压器被洪水淹没;受损农作物:玉米487.5亩、蔬菜3.6亩、绿豆2亩、土豆46.6亩、糜子38亩、谷子56亩、荞麦75亩,其中0.3亩地被水冲走,41亩糜子、谷子因暴风雨全部倒伏;经济损失91.4万元左右。

2018年 2月28日12时52分—14时04分,乌审旗嘎鲁图镇出现冷空气大风,持续72 min,极大风速17.4 m/s。此次过程造成经济损失1344万元。

5月12日14时40—55分,乌审旗无定河镇出现冷空气大风,持续15 min,造成经济损失1391万。此次过程中,最大风速10.9 m/s,为西北偏西风,极大风速17.5 m/s。

6月4日14时08—23分,乌审旗嘎鲁图镇出现冷空气大风,持续15 min,极大风速19.8 m/s。此次过程造成经济损失2766.96万。

6月11日15时46分—16时01分,乌审旗乌审召出现大风,持续15 min,最大风速达12.5 m/s,为西南风,极大风速23.0 m/s。

6月21日18时05—20分,乌审旗无定河镇出现冷空气大风,持续15 min,最大风速14.2 m/s,为西北风,极大风速24.3 m/s,造成经济损失2046.24万元。

7月3日,准格尔大路镇、西黑岱出现雷暴大风天气。其中大路镇最大风速15.1 m/s,为东北偏北风,过程极大风速23.0 m/s;西黑岱最大风速13.4 m/s,过程极大风速24.4 m/s,均为偏东风。前房子村前房子社约200亩玉米倒伏,造成损失约8万元;房子滩村榆树湾社玉米倒伏,受灾面积水地183亩,涉及43户;旱地81亩,涉及25户,造成损失约9万元。

7月7日15时—16时15分,准格尔旗龙口镇出现持续76 min的大风天气,过程极大风速22.9 m/s,为东南风。此次受局地短时强降水、大风、冰雹等较强对流天气影响,龙口镇6村1社均出现不同程度的灾害,受灾农作物玉米、土豆、大豆、糜子、谷子、西瓜等总面积共计8963亩,经济损失约281.1万元;道路损毁72.1 km,共计经济损失32.5万元;房屋倒塌、排水设施损毁、房屋商铺进水的损失等共计130.08万元。此次灾害造成经济损失共计443.68万元。

7月13日,准格尔旗薛家湾镇、大路镇、布尔陶亥苏木、纳日松镇、沙圪堵镇、准格尔召镇等地出现雷暴大风天气,薛家湾镇3537.5亩农田受损,造成减产。大风、短时强降水导致大路镇2200多亩玉米受灾,有村民屋顶被刮坏。布尔陶亥苏木500亩玉米被风刮倒。此次过程中,最大风速出现在大路镇和布尔陶亥苏木,分别为18.3 m/s和18.1 m/s,主要为偏北风;过程极大风速主要出现在西黑岱,达31.9 m/s。

8月8日17—18时,鄂托克前旗上海庙镇八一村、水泉子村遭受风灾。

2019年 5月11—12日,达拉特旗受大风影响,伴有雷暴大风等对流性天气,极大风速17.4 m/s,造成农作物覆膜等农业设施被破坏,给村民的生产和生活造成了严重的经济损失。

共造成36个村4724户11911人受灾,受灾农田总面积16万亩,其中,玉米受灾面积14.8万亩,西瓜受灾面积8955亩,其他农作物3810亩。此次低温冷冻灾害共造成农牧业直接经济损失1856.64万元。

5月16日晚上,达拉特旗白泥井镇突遇5~6级强风的袭击,造成柴登村柴南社和柴中社的两家的彩钢房顶被大风整体掀起,这场大风造成直接经济损失1.5万元。

6月3—4日,达拉特旗出现大风天气,响沙湾极大风速17.2 m/s;吉格斯太最大风速12.3 m/s,极大风速18.1 m/s;宿亥图最大风速12.4 m/s,极大风速20.6 m/s;布日嘎斯太沟最大风速14.4 m/s,极大风速20.8 m/s;西柳沟最大风速11.4 m/s,极大风速17.6 m/s;壕庆河最大风速11.3 m/s,极大风速17.2 m/s;王爱召镇极大风速19.1 m/s;达拉特旗校准站最大风速13.3 m/s,极大风速23.4 m/s。大风造成农作物覆膜被揭,玉米不同程度被大风刮断给村民的生产和生活造成了严重的经济损失。据统计,全旗共有1个村13户80人受灾,受灾总面积近900亩。其中玉米受灾面积810亩。造成经济损失22.3万元。

2020年 6月1日,鄂托克旗出现8~9级大风天气,阵风超过10级,查汗淖、苏米图、召稍、乌兰乌素、新召、大额尔和图、希尼其日嘎、查干陶勒盖、沙日布日都、包乐浩晓、三北羊场、阿尔巴斯苏木、赛乌素等地农作物被风吹倒甚至连根拔起,造成农作物大面积受灾。6月7日晚,受对流天气影响,出现雷雨大风天气,灾害造成农作物成灾面积35.4万亩,农作物绝收面积近6万亩。因灾死亡羊426只。

第四章 沙尘灾害

第一节 概述

鄂尔多斯市位于北半球中纬度地区,属温带大陆性气候,四季分明,早晚温差大,降水主要集中在夏季,全年盛行西风或西北风。当蒙新高地形成移动性气旋东移南下时,经过鄂尔多斯上空,位于杭锦旗、达拉特旗、乌审旗境内的库布其沙漠和毛乌素沙地上的沙粒就会被迫卷入空中,给全市带来漫天黄沙的大风沙尘天气。

沙尘暴是一种天气现象,属于气象灾害之一,它也是风蚀荒漠化中的一种现象,它的形成受自然因素和人类活动因素的共同影响。沙尘暴天气主要发生在冬春季,这是由于鄂尔多斯市冬春季降水少,地表裸露且极其干燥松散,抗风蚀能力很弱,当有大风刮过时,就会有大量沙尘被卷入空中,形成沙尘暴天气。沙尘暴是干旱地区特有的一种灾害性天气(高庆先 等,2000)。沙尘暴可造成房屋倒塌、交通受阻或中断、火灾、人畜伤亡等,污染自然环境,破坏作物生长,给国民经济建设和人民生命财产安全造成严重的损失和极大的危害。

沙尘暴吹起的沙尘造成水平能见度低,严重影响交通安全。强风携带细沙粉尘的强风摧毁建筑物及公用设施,造成人畜伤亡。沙尘暴以风沙流的方式造成农田、渠道、村舍、铁路、草场等被大量流沙掩埋,尤其是对交通运输造成严重威胁。沙尘源区和影响区都会受到不同程度的风蚀危害,风蚀深度可达 1~10 cm。据估计,我国每年由沙尘暴造成的土壤细粒物质流失高达 $10^6 \sim 10^7$ t,对源区农田和草场的土地生产力造成严重破坏。在沙尘暴源地和影响区,大气中的可吸入颗粒物增加,大气污染加剧,威胁人类的健康。鄂尔多斯高原是沙尘的多发区(王式功 等,2003)。

沙尘天气包括以下几种类型:(1)浮尘,尘土、细沙均匀地浮游在空中,使水平能见度小于 10 km 的天气现象;(2)扬沙,风将地面尘沙吹起,使空气相当混浊,水平能见度在 1~10 km 的天气现象;(3)沙尘暴,风将地面大量尘沙吹起,使空气很浑浊,水平能见度小于 1 km 的天气现象;(4)强沙尘暴,大风将地面尘沙吹起,使空气非常浑浊,水平能见度小于 500 m 的天气现象;(5)特强沙尘暴,狂风将地面大量尘沙吹起,使空气特别浑浊,水平能见度小 50 m 的天气现象。

大众视野中的沙尘天气是广义的沙尘天气,可以是以上概念中的任意一种,但是真正能造成严重气象灾害的就属水平能见度小于 1 km 的天气现象,即沙尘暴。

下面利用 1978—2020 年沙尘天气的致灾因子数据来具体分析发生在鄂尔多斯市境内的沙尘天气的时空分布特征。

一、时空分布特征

(一)空间分布特征

根据鄂尔多斯市各站 1978—2020 年沙尘天气出现次数资料(图 4.1),鄂托克前旗、伊和乌素、乌审旗、乌审召、河南站沙尘出现次数最多,年平均在30次以上,为沙尘暴多发区;达拉特旗、杭锦旗、伊金霍洛旗出现日数次之,为20次或以上,东胜区、准格尔旗、鄂托克旗出现日数最少,年平均出现次数分别为13次、15次和18次,均在20次以下。从地域分布总体特征来看,杭锦旗、乌审旗和鄂托克前旗发生的次数明显多于其他旗(区)。

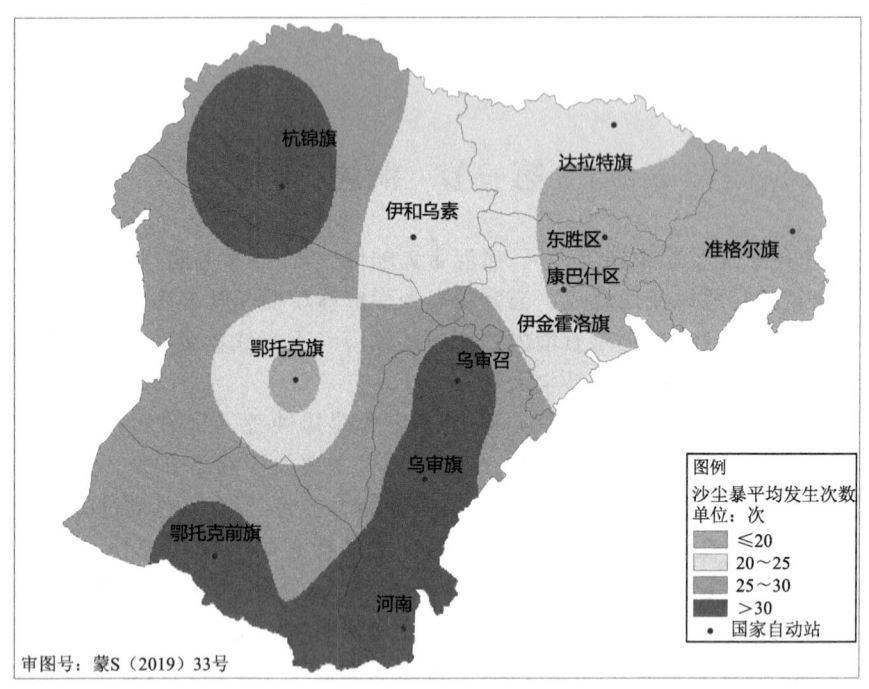

图 4.1　1978—2020年鄂尔多斯市沙尘天气出现次数空间分布

(二)年际变化特征

20世纪70年代后期和80年代是沙尘天气的多发期,之后总体呈下降趋势(图4.2)。1979年是沙尘天气发生的最高峰值,全市各监测站平均达43次,之后的1980—1987年沙尘天气发生次数在31~38次,1988—2001年沙尘天气发生次数为20~30次,其中2001年达到20世纪90年代的一个小高峰,全年各站平均沙尘次数达27次,之后从2002年开始,虽然沙尘天气出现次数也会出现小的波动,但除了2006年多达18次外,其余年份基本均在15次以下,出现沙尘天气最少的是2017年,全年各站平均沙尘次数仅为5次。

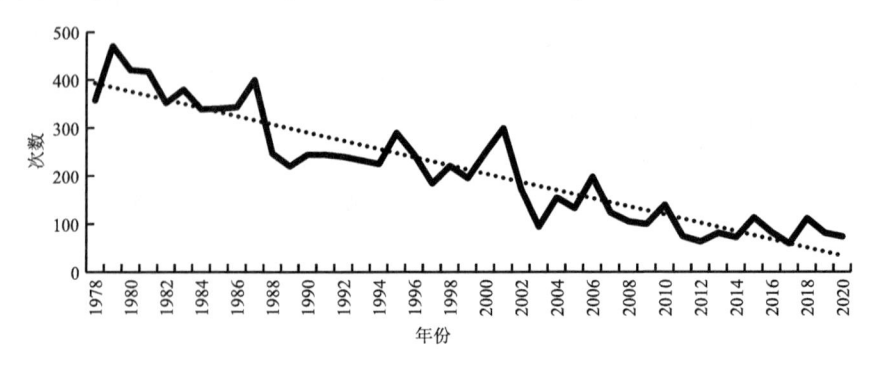

图 4.2　1978—2020年鄂尔多斯市沙尘天气发生次数变化(实线)及线性趋势(虚线)

(三)不同类型沙尘天气占比

1978—2020年,鄂尔多斯市各站沙尘天气中,扬沙占比为80.3%,是沙尘天气中最常出现的状态,其次是浮尘,能见度小于1 km的极端天气占比极低,所以由沙尘天气产生的灾害也很少。

(四)季节变化特征

鄂尔多斯市每个季节都出现过沙尘天气,不管是浮尘、扬沙、沙尘暴或是强沙尘暴,均是在春季出现次数最多,频率最高,从1978年至2020年多达5521次,约占全年沙尘暴发生次数的53%;冬季次之,为2156次,约占21%;夏季为1501次,约占14%;秋季最少,约占12%(图4.3)。

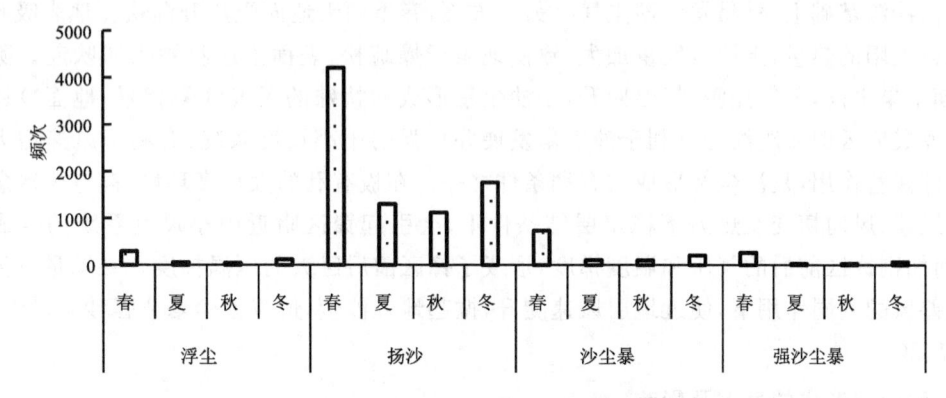

图 4.3 1978—2020年鄂尔多斯市不同季节不同类型沙尘天气的发生频次

二、沙尘天气成因分析

经过以上一系列的分析,我们对沙尘天气有了更加深入的了解,接下来就来分析其产生的原因。作为一种常见的气象灾害,要想形成沙尘天气,需满足以下三个条件,且缺一不可。

(一)大风

强风是沙尘暴产生的动力。鄂尔多斯市春季冷空气活动频繁,大风天气较多。鄂尔多斯市年平均沙尘暴日数与年平均大风日数统计结果表明,20世纪60年代全市年平均大风日数为27 d,沙尘暴平均日数达17 d;20世纪70年代全市年平均大风日数为23 d,沙尘暴年平均日数仍为17 d;20世纪80年代全市年平均大风日数21 d,沙尘暴年平均日数减少至10 d;20世纪90年代全市年平均大风日数19 d,沙尘暴年平均日数进一步减少,为6 d;进入21世纪的第一个10年,全市年平均大风日数减少至15 d,沙尘暴年平均日数减少到3 d;21世纪的第二个10年,全市年平均大风日数减少到14 d,沙尘暴年平均日数不足1 d,年平均沙尘暴日数与年平均大风日数的年际振荡和多年变化趋势基本一致,处于同位相,即在大风日数较多的年份,沙尘暴出现的频次相对增多,二者呈极显著正相关,可见,大风对沙尘暴的形成具有显著的影响。

(二)沙尘源

沙尘天气系统所经区域要有沙尘源,它是沙尘暴发生的物质基础。鄂尔多斯市位于内蒙古自治区西南部,地处西北地区和华北地区的过渡带,其北部和南部分别分布着库布其沙漠和毛乌素沙地,两大沙区占全市总面积的40%左右,气候干燥。鄂尔多斯市西邻阿拉善盟,处于天气系统的下游地区。阿拉善盟地处内陆高原,境内沙漠分布集中,东、南集中分布着乌兰布和沙漠、腾格里沙漠和巴丹吉林沙漠,地表沙物质丰富面广,其大部分是裸露的松散流动沙丘及固定、半固定和广阔的戈壁,干涸湖泊和干盐湖的沉积物,为沙尘暴的发生提供了丰富沙源(顾润源,2012)。

(三)层结不稳定

层结不稳定是影响沙尘暴发生发展的主要热力因素。鄂尔多斯市春季冷暖空气活动异常活跃,气旋活动频繁,升温和降温幅度大,易引起大气温度层结的不稳定。一方面,当气旋控制时,近地面气温上升快,对流层中低层有大量热量聚集。在有利的大尺度环流背景下,中纬度地区形成较强的水平气压梯度,冷平流也有明显加强,动量下传,使得地面风速迅速增大,在叠加了丰富沙源基础上,极易发生沙尘暴。另一方面,春季白天地面受热升温快。地表吸收储存大量来自太阳的热量,土壤蒸发量加大,致使地表干燥疏松,表面土层易被大风吹起。除此之外,前期干旱少雨,天气变暖,气温回升,是沙尘暴形成的特殊的天气气候背景;地面冷锋前对流单体发展成云团或飑线是有利于沙尘暴发展并加强的中小尺度系统;有利于风速增大的地形条件即狭管作用,是沙尘暴形成的有利条件之一。在极有利的大尺度环境、高空干冷急流和强垂直风速、风向切变及热力不稳定层结条件下,会引起锋区附近中小尺度系统的生成和发展,从而加剧锋区前后的气压和温度梯度,形成了锋区前后巨大的压温梯度。在动量下传和梯度风偏差风的共同作用下,使近地层风速陡升,掀起地表沙尘,形成沙尘暴或强沙尘暴天气(朱乾根 等,2007)。

三、沙尘暴造成的危害及影响

1. 对公路交通的影响

沙尘暴出现时能见度降低,造成视程障碍现象,对交通安全构成威胁。大风裹挟的沙粒可掩埋路基,甚至堆积在路面上阻断交通。行驶中的车辆由于受到沙粒的冲击,会导致表面漆膜出现划痕、麻点、褪色甚至脱落等。此外,沙尘暴对汽车的部件,如供油系统、传动系统、行驶系统等都会产生不利影响。

2. 对铁路交通的影响

风沙灾害可造成列车表面漆膜脱落,车窗玻璃损坏,干扰线路正常运输、轨道积沙、钢轨磨损增大、道床板结、行车设备寿命缩短,甚至造成列车倾覆、停运,限速天数增多等现象,严重影响铁路正常运营,造成巨大经济损失和严重社会影响。

3. 对航空的影响

发生沙尘暴时往往会对停放在地面的飞机和航空设备造成一定的破坏,伴随沙尘暴产生的低能见度严重影响飞行安全,造成航班返航、备降、延误、取消,影响航班的正常秩序。沙尘暴携带的沙粒对飞机表面造成磨损,沙粒间、沙粒与机身的摩擦产生的静电可形成无线电干扰,造成通信失效及罗盘不准确。如果沙尘进入发动机进气道,将造成发动机空气、燃气通道中转子叶片的严重磨损、油路堵塞、导电不良等一系列机械或电器故障,而发动机内部的压力机经严重磨损后可能导致引擎爆炸、机身断裂等后果,引发航空事故。

4. 对建筑物的影响

沙尘暴对建筑物可造成直接破坏,在高层建筑中尤为突出。风沙天气可使建筑物周围产生风的绕流,从而对建筑环境造成间接影响。当道路两边的建筑物高度悬殊较大时,风还会产生涡漩,由于涡漩中的气流方向和道路方向垂直,使人流和车辆受到较大的侧风,往往造成交通事故。

5. 对农作物的影响

风沙天气可造成农田表层沃土被刮走,使农作物根系外露,淹没农田、渠道等,还会使地表层土壤风蚀、沙漠化加剧。春季风沙埋压幼苗,严重的可吹死幼苗、吹走种子,造成毁种改种。覆盖在植物叶面上厚厚的沙尘,影响正常的光合作用,造成作物减产。同时风沙灾害可导致温室大棚和农田地膜等撕裂、损毁、埋压甚至坍塌,对设施农业产生危害。

6. 对畜牧业的影响

风沙天气破坏牧草的形态结构,使牧草遭受机械损伤,品种矮小的牧草甚至被沙石掩埋,无法正常生长发育,从而影响牧草的品质和产量,严重时可导致局部草荒,土壤肥力下降,加快草原沙漠化进程,破坏草原生态系统。如果在牧草返青前出现连续沙尘天气,将大大增加草原的蒸发量,导致土壤墒情锐减,使得牧草不能正常返青。同时,风沙灾害还会对牧事活动构成危害,使牲畜不能出牧,甚至造成畜群惊散、丢失和死亡。

7. 对林业的影响

风沙灾害能毁坏树木的幼芽,折断树枝、树干,刮落花果,风沙强劲时会使树木连根拔起,造成风倒。风沙还使空气中二氧化碳的含量降低,造成树木的气孔关闭,光合作用强度降低等,此外风沙还会对开花期的果树授粉造成不利影响。

8. 对水利的影响

风沙灾害不仅对水库大坝等水利工程设施造成直接损害,大风推动沙丘移动还会填埋河道、沟渠、湖盆、水库。地方政府应采取修建防洪堤,营造防风阻沙林、护岸护滩林等工程措施以及生态移民、分区保护等措施加大水域水土保持治理力度,以减轻风沙灾害影响。

9. 对电力的影响

沙尘暴天气对输电线路的影响是多方面的,沙尘暴因其强大的风力、浓厚的沙尘以及伴随沙尘暴过境时降水等复杂天气,常常会导致高压打火、线路短路、输电网络跳闸等现象,严重影响电网安全运行。

10. 对旅游的影响

风沙灾害不但对景区景观等旅游资源及基础设施带来破坏,还可阻断交通,降低景区的可进入数和观赏性,严重时还会威胁旅游者的人身、心理安全,损害旅游目的地形象,从而导致旅游景区出现季节性萧条,旅游业经济严重下滑。

11. 对空气质量的影响

沙尘天气出现时,空气中可吸入颗粒物浓度升高,空气质量等级降低,污染空气,空气质量下降。

12. 对人体健康的影响

沙尘暴引起的健康损害是多方面的,皮肤、眼、鼻和肺是最先接触沙尘的部位,受害最重,同时也会是哮喘发作的元凶。据统计,由于风沙作用,整个地球每年散发到空中的尘土达 $2 \sim 200 \ t/km^2$。这些尘埃中含有大量的花粉、细菌、病毒以及其他一些对人体有害的物质。沙尘暴可直接引起眼睛疼痛、流泪及细菌性或病毒性眼病,还会引起呼吸系统疾病,使得一些呼吸道本来就不健康的人群出现干咳、咳痰、咳血症状,同时还可能伴有高烧。此外,沙尘暴可导致过敏反应症状,如过敏性鼻炎、过敏性皮肤瘙痒症等。沙尘暴对人的心理健康也有很大的负面影响,风沙的摩擦噪音会使人产生不适、头痛、恶心、烦躁,神经紧张和疲劳,沙尘暴袭击时,能见度较低,光线昏暗,使得视野受限,容易让人产生压抑和恐惧。

13. 引起天气和气候变化

大量沙尘通过高空输送到下游,在高空形成悬浮颗粒,足以影响天气和气候。悬浮颗粒能够反射太阳辐射从而降低大气温度,而且随着悬浮颗粒大幅度削弱太阳辐射,地球水循环的速度会变慢,降水量将减少;悬浮颗粒还可抑制云的形成,使云的降水率降低(叶笃正 等,2000)。

四、沙尘暴灾害分类

纵使沙尘天气在鄂尔多斯市发生频繁,但是造成的灾害却并不多,并不是所有的沙尘天气都能造成灾害。按照突发沙尘暴灾害的严重性和危害程度,沙尘暴灾害分为以下四个等级:

(1)一般沙尘暴灾害(Ⅳ级):对人畜、农作物、经济林木影响不大,经济损失在500万元以下。

(2)较大沙尘暴灾害(Ⅲ级):造成人员死亡5人以下,或经济损失500万~1000万元,或者造成机场、国家高速公路线路封闭。

(3)重大沙尘暴灾害(Ⅱ级):影响重要城市或较大区域,造成人员死亡5~10人,或经济损失1000万~5000万元,或造成机场、国家高速公路线路连续封闭12 h以上。

(4)特大沙尘暴灾害(Ⅰ级):影响重要城市或较大区域,造成人员死亡10人以上,或经济损失5000万元以上。

从上述分级标准可以看出,发生在鄂尔多斯市境内的沙尘暴灾害均为一般沙尘暴灾害(Ⅳ级),损失较为轻微(高庆先 等,2000)。

五、沙尘暴天气外观划分

在沙尘暴来临时,天色变暗,能见度迅速降低,漫天飞沙,给人恐怖之象。如果把沙尘暴作为一个庞大的整体,其外观可做如下划分:

(1)风沙墙耸立:沙尘暴来临时,我们可以看到风刮来的方向上有黑色的风沙墙快速地移动且越来越近,远看风沙墙高耸如山,像一道城墙,是沙尘暴到来的前锋。

(2)漫天昏黑:强沙尘暴发生时能将石头和沙土卷起,随着飘浮到空中的沙尘颗粒越来越多,浓密的沙尘铺天盖地,遮住阳光,使人在一段时间内看不见任何东西,就像在夜晚一样。

(3)翻滚冲腾:沙尘暴来临时,若靠近地面的空气很不稳定,受热的空气向上升,周围的空气过来补充,从而使空气携带大量沙尘上下翻滚,形成无数大小不一的沙尘团在空中交汇冲腾。

(4)流光溢彩:风沙墙的上层常显黄至红色,中层呈灰黑色,下层为黑色。上层发黄发红是由于上层的沙尘稀薄,颗粒细,阳光几乎都能穿过沙尘射下来之故,而下层沙尘浓度大,颗粒粗,阳光几乎全被沙尘吸收或散射,所以发黑(邱新法 等,2001)。

六、沙尘天气的益处

任何事物都有其两面性,沙尘暴的危害有目共睹,但是它也有它的益处所在,它会给我们净化空气、缓解酸雨、促进海洋生物生长繁殖和减缓全球变暖等环保功能,对于整个地球的大气环境和生态平衡来说,具有很重要的积极意义:

(1)造就了黄土高原的特殊地形。

(2)碱性的沙尘进入大气中可以与空气中的酸性物质中和,起到抑制酸雨的效果。

(3)沙尘天气从沙漠地带把营养成分带到海洋,为鱼类提供充足的养料。沙尘粒子还富含海水中缺乏的钙、铁、磷等海洋生物生存所必需的生命元素,能够补充海洋生物对营养盐的消耗,促进海洋生物的生命代谢活动,增强藻类光合作用,有利于海洋生物的生长繁殖。

(4)净化空气。黄沙弥漫的沙尘天气过后,沙尘里的气溶胶和碱性粒子含量较高,沙尘在降落过程中可以黏附、吸收工业烟尘和汽车尾气中的氮氧化物、二氧化硫等污染物,具有一定程度的酸碱中和作用,可以有效地过滤空气,改善空气质量(叶笃正 等,2000)。

第二节　公元 600—1948 年的沙尘灾害

隋开皇二十年(公元 600 年)　十一月,大风毁屋拔木,秦陇(指关陇诸郡,包括鄂尔多斯市在内)死者千余。

民国九年(公元 1920 年)　六月鄂尔多斯地区沙尘暴,损失惨重。

民国十一年(公元 1922 年)　伊盟春风大,东胜区、杭锦旗、达拉特旗,春天大黄风把房子都埋了(温克刚 等,2008)。

第三节　公元 1949—2020 年的沙尘灾害

1953 年　达拉特旗由于 4、5 月大风、沙尘暴天气,致使小麦等早春作物受损,有 307.5 hm² 农作物仅收获 5~6 成。

1960 年　杭锦旗春季风沙大,5 月大风日数达 13 d,又发生干旱、虫灾,入秋又遭风、霜、雹等灾害,给农业造成损失,其中风灾面积 19000 hm²。

1962 年　全市风沙灾害较前几年重,5 月 29—30 日农田遭风害,4670 hm² 农田受灾。

1963 年　风沙灾害较重,灾害主要发生在杭锦旗、鄂托克旗、达拉特旗、伊金霍洛旗,风沙使上述地区大部分小麦、大麦等夏田作物倒伏,造成不同程度损失。5 月 30 日一场大风受害作物达 24000 hm²。

1968 年　风沙天气给农牧业造成一定程度的损失,全市受灾面积 53000 hm²。

1971 年　5 月 23 日至 26 日出现大风天气,农区受灾较重,大风和风沙使耕地出现风揭和沙压,仅伊金霍洛旗受灾农田就达 6670 hm²,需补种的 5330 hm²。

1974 年　4 月 27 日至 29 日出现沙尘暴,平均风力 8 级,最大风速 32 m/s,最小能见度 100 m,其中鄂托克旗最大风速 24 m/s,部分地区地表土层被刮走 7~10 cm,农田种子被刮出地面。

1975 年　春季全市遭受风灾,损失严重。5 月 27 日至 29 日、6 月 14 日连刮两场大风,风力达 8 级,杭锦旗、鄂托克旗、乌审旗、伊金霍洛旗、东胜区等均遭风灾,梁坡地上的农作物基本上被打死,谷子、糜子、高粱被连根拔起,林业育苗基地也受到不同程度的损失,部分地区牧草被风打死或沙埋、旱死,牲畜不能饱食,膘情下降,部分致死。据不完全统计,全市农作物死苗达 5333 hm²。

1976 年　入春后气温低,风沙大,大风日数比往年多 7 次左右,其中乌审旗大风刮了 41 次,沙尘暴 21 次。由于低温、大风、干旱等影响,重灾区青草未生,沙蒿枯萎,新种的树、草成活率不足 40%,刚出土的幼苗被沙埋、霜冻,严重危害农牧业生产。4 月 21 日至 23 日出现大风沙尘暴和暴风雪,杭锦旗一夜中就死亡小畜 1 万多头(只)。

1977 年　杭锦旗春季多大风,6～9 级大风日数 30 多天,受大风袭击,有的地方沙丘移动 30 多米,有些沙地基本上是解冻一层刮走一层,局部最深刮走浮土 30 厘米,巨大的暴风灾害,不但使牧场植被遭严重破坏,而且有不少民房被沙掩埋,据 3 月 30 日统计,杭锦旗 9 个牧区公社沙压房屋 200 多间,沙压棚圈 800 多处,水井、水库 40%～50%受到不同程度破坏。

1981 年　春,东胜区遭沙尘暴,大田作物多半返种,西部地区返种 4～5 遍。其中 5 月 1 日至 2 日全市风力 7～8 级,降温 10 ℃以上,农区播种停止,有的幼苗被沙埋。

1982 年　5 月 1—8 日,全市持续大风,平均风力 7～8 级,最大达 11 级,伊金霍洛旗先后多次遭受 8 级以上大风袭击,刮断树枝,青苗被连根拔掉,沙压农田,全旗约有 6670 hm² 粮豆作物因风灾毁种,交通中断,风灾使干旱加重,损失增大;准格尔旗近 1330 hm² 麦苗被沙埋;鄂托克旗农区三分之一地块需重播;乌审旗和杭锦旗大片草场被沙埋。

1983 年　4 月 27—28 日,鄂尔多斯市出现强沙尘暴,平均风力 8～9 级,最大风力 11 级,同时气温降到－5 ℃以下,被冻死和大风窒息死亡 26 人,损失牲畜 4.7 万头(只),沙埋水井 5000 余眼,表土被风刮走和沙埋的小麦田 1330 hm²,最大沙埋厚度 15～30 cm,这场风暴对草场的破坏也很严重,有的牧草连根带土被风刮走,有的已发芽牧草又被沙埋掉,牲畜跑青时间因此推迟 15～20 d,加重了饲草料不足的困难,此外,还有农田被沙埋,公路、铁路被沙埋及输电线路被破坏所造成的损失。其中,东胜区遭受大风、沙尘暴灾害,最大风力 11 级,使牧工、牲畜迷途,死亡牲畜 1200 头(只),大面积农田、草场被沙埋,甚至造成人员失踪或死亡。

1987 年　东胜区今年入春以来遭受了近年来从未有过的特大旱灾,致使大部分农田送上的粪,一直堆放在地里不能耕种。牧草枯萎,加之 5 月 17—19 日连续刮了 3 d 大风,种上的很少农田又有大部分青苗被风沙刮死,给人民生产、生活带来巨大损失。5 月 23—25 日,鄂托克前旗连续 3 d 沙尘暴,农业受灾 93 hm²,死亡大牲畜 8000 头。

1989 年　春季干旱多风,特别是 5 月中、下旬的 3 次沙尘暴,风大降温强,果树因此减产 40%,直接经济损失 320 万元。

1995 年　春,全市大部地区大风日数偏多,降水偏少,干旱严重,对牧草返青和春播较为不利,受风沙的危害,农田、牧场沙化、毁种、毁草的程度是近 10 年少有的。春季干旱有 10 万 hm² 旱田不能适时播种,400 万 hm² 牧场的牧草返不了青,西部 3 个旗有 300 多万头(只)牲畜处在缺草少料、饥渴倒乏的状态,部分乡苏木因缺水缺草牲畜大量死亡,6 月末统计死亡牲畜近 10 万头(只)。3 月至 8 月,鄂托克旗农田受损面积 5667 hm²,79896 人受灾,其中农业人口 30949 人,牧业人口 48947 人,受灾牲畜 81034 头(只),除阿尔巴斯、公其日嘎、新召北部、木肯淖尔及其他苏木的下湿地相比之下灾情好一点外,均属特重灾区。

1998 年　4 月 15 日全市出现强沙尘暴,西部 4 旗沙压草场 1.8 万 km²,毁坏人工草场 13333 hm²,死亡牲畜约 18600 头(只),直接经济损失达 870 万元。

2000 年　全市经历了历史上 50 年不遇的干旱少雨的春季,加之大风、沙尘天气频频发生,造成全市 593 万 hm² 草场全部受灾,420 万 hm² 草场不能返青。全市 7 级以上大风天气 2～20 d,扬沙 8～20 d,浮尘 1～4 d,沙尘暴 1～20 d。春季全市发生大范围的大风、沙尘暴天气共 12 次,每次袭来都是风到沙至,物不可辨,其中最大风速 23 m/s,能见度低、破坏力大,17.7 hm² 塑料大棚遭破坏。

2001 年　乌审旗春季受严重干旱和强烈沙尘暴、扬沙、暴风雪等多种自然灾害的侵袭,给农牧业生产、生活造成极大困难。全旗农田受灾 4480 hm²,52 万 hm² 草场植被受到严重破坏,因灾死亡牲畜1.5万头(只),受灾牲畜88万头(只),大风损坏牲畜圈棚120多座,120多眼人畜饮水井被风沙淤填。2000年冬和2001年春设置的沙障75%被大风吹毁,苗木枯死严重,933 hm² 果树不能挂果。全旗受灾18200户73300人,造成直接经济损失3200多万元。4月8—9日,鄂托克前旗出现最大风速12.7 m/s的大风天气,伴有沙尘暴,持续时间超过3 h,13550人受灾,死亡大牲畜13200头,直接经济损失2386万元。

2002年 3月21—22日,鄂托克前旗出现最大风速11.3 m/s的大风天气,伴有沙尘暴,持续时间超过1 h。20000人受灾,农作物受灾面积1000 hm²,死亡大牲畜3000头。

2006年 1—8月,鄂托克前旗敖勒召其镇降水稀少、多次出现沙尘暴、冰雹灾害,加之2005年的干旱,给全镇农牧民生活及生产带来严重损失,造成11013人受灾,农作物受灾面积4707 hm²,绝收面积1633 hm²,死亡牲畜1218头(只),直接经济损失1000万元。其中6月9日的沙尘天气给敖勒召其镇农牧民的生产造成严重损失,经初步调查,农作物受灾4000 hm²,损坏贮草棚30个,造成直接经济损失300万元;给城川镇农牧民的生产造成严重损失,经初步调查,农作物受灾4333 hm²,给当地1500户5250人的生产生活带来极大危害,造成直接经济损失376万元。

2007年 3月30—31日,杭锦旗出现大风、沙尘天气,瞬时最大风速可达24 m/s。农作物青苗遭飞沙击打夭折,一些耕地表层土被风沙严重剥蚀,籽种裸露出地面,导致农作物生长期延长、收获时籽粒饱满度不足、产量下降。3月30日11—19时出现沙尘暴大风,持续481 min,过程极大风速达20.6 m/s,最大风速13 m/s,为西北偏西风。

2009年 4月23日,全市出现大范围沙尘天气,鄂托克旗、乌审旗、杭锦旗、达拉特旗境内出现沙尘暴,其余地区出现大风扬沙,此次沙尘天气是2009年影响鄂尔多斯市最强的一次大范围天气过程。10—19时,杭锦旗锡尼镇出现沙尘大风天气,持续541 min,过程极大风速达22.7 m/s,最大风速14 m/s,均为西北偏西风。12月24日,达拉特旗和伊金霍洛旗境内出现沙尘暴,其余地区出现大风扬沙;03—16时杭锦旗伊克乌素站出现沙尘天气,持续781 min,过程极大风速达24.2 m/s,最大风速18.5 m/s,均为偏西风。

2010年 3月19日16—19时,乌审旗嘎鲁图镇出现沙尘暴大风,持续180 min,造成沿街多处广告牌、装饰物等被毁损,部分超市、工厂房屋受损。此次过程中,最大风速达10.0 m/s,为西风。同一天,东胜区出现大风沙尘暴天气,过程最大风速为11.7 m/s,持续时间61 min,当日最小能见度降至700 m,瞬间最大风速达18 m/s,造成城区停电。

2011年 5月17—18日,鄂托克前旗大部地区出现短时8级大风及扬沙天气。城川镇大部地区出现大风灾害,西瓜苗被风沙掩埋严重,玉米苗部分被掩埋或者吹出根部或者叶子被风沙吹烂。

2015年 6月12日,鄂托克前旗5个苏木(镇)46个嘎查(村)的农作物受大风沙尘影响,致使玉米幼苗被大风、沙尘打断茎秆和叶片,部分幼苗被掩埋,抑制幼苗生长。

2016年 5月11日,鄂托克旗苏米图苏木玉米幼苗被大风吹起的沙土打断茎秆和叶片,部分幼苗被掩埋,抑制幼苗生长。

第五章 冰雹灾害

第一节 概述

冰雹,俗称雹子、冰蛋子,是鄂尔多斯地区主要气象灾害之一。冰雹虽然出现的范围较小、影响时间较短,但来势猛、强度大,并常伴随着狂风暴雨、急剧降温等阵发性灾害性天气过程。它对农牧业,尤其对农业生产具有很大危害,对国防、交通运输、房屋建筑、工业、通信、电力及人畜安全等方面等也有很大影响。每年从春末夏初至秋收时节,常有冰雹灾害发生。严重的冰雹灾害甚至夹有鸡蛋大的雹块,重量约800 g左右,地面积雹可达30 cm厚,有的长达1周才能融化完,常造成幼苗被打伤、折枝断穗,颗粒无收,甚至打伤打死人畜等严重损失。

一、冰雹的定义

冰雹是指坚硬的球状、锥形或不规则的固体降水物,雹核以霰、冻滴为主,一般不透明,雹核的外围是由透明和不透明的冰层相间组成。冰雹是降水物中最大的粒子,国内记录有直径大于80 mm的,国外记录有直径大于130 mm的雹块(邓北胜,2011)。冰雹在云中的上升气流要比一般雷雨云强,小冰雹是在对流云内由雹胚上下数次和过冷水滴碰并而增长起来的,当云中的上升气流支托不住时就下降到地面。因冰雹云宏观结构、热力、动力和电场等不同条件,使形成的冰雹的形状多种多样。冰雹的形状一般接近圆球形、圆锥形和椭球形,但也有个别强冰雹云所降的冰雹形状非常特殊,呈明显的不规则状。

虽然冰雹多数以霰、冻滴为核心,但是冰雹与霰、米雪是不同的。霰是白色不透明的圆锥形或球形的颗粒固态降水,直径2~5 mm,着硬地常反跳,松脆易碎,又称雪丸或软雹。米雪是白色不透明的比较扁、长的小颗粒固态降水,直径常小于1 mm,着硬地不反跳。米雪是在高空中的水蒸气遇到冷空气凝结后降落的白色不透明小冰粒,常呈球状或圆锥形,多在下雪前或下雪时出现。米雪比霰小得多,最大直径不超过1 mm,和霰不同的是它落到地上一般不会反弹,也不像霰一样碎裂,米雪来自高度较低的层云,有时候比较浓厚的雾中也能形成米雪降落到地面。霰的形状和小冰雹有点像,所以大家容易把霰误认为是冰雹,但霰和冰雹最本质的区别是霰是软的,而冰雹是硬的。

二、冰雹形成的条件

冰雹是一种中小尺度天气过程固态降水现象,诞生在发展强盛的积雨云(称为冰雹云)。形成冰雹需具备以下条件:深厚的大气不稳定层结;上干、下湿润的水汽分布;强盛的上升气流,水汽含量一般为3~8 g/m³;在最大上升速度的上方有一个液态过冷却水的累积带;包括0 ℃层和−20 ℃层的高度要适当;云中存在能使个别大水滴冻结的温度(一般认为温度达−16~−12 ℃);有强的风切变;云的垂直厚度不能小于6~8 km;云内应有倾斜的、强烈而不均匀的上升气流,一般在 10~20 m/s 以上。

鄂尔多斯地区有利于形成冰雹天气的大尺度形势背景主要有蒙古冷涡、高空冷低槽、高空西北气流和局地热对流等。其中蒙古冷涡形势下的冰雹天气持续时间长,影响范围大,且灾害比较重。

三、冰雹的特征和分类

(一)冰雹的特征

冰雹具有局地性强、历时短、受地形影响显著、年际变化大、发生区域广等特征。局地性强是指冰雹的影响范围一般宽约几十米到数千米,长约数百米到十几千米。历时短是指降雹时间一般只有 2~10 min,少数在 30 min 以上。地形越复杂,冰雹越易发生。年际变化大是指在同一地区,有的年份连续发生多次,有的年份发生次数很少,甚至不发生。发生区域广是指从亚热带到温带的广大气候区内均可发生,但以温带地区发生次数居多。

(二)冰雹的分类

按照冰雹最大直径,将冰雹分为小冰雹、中冰雹、大冰雹和特大冰雹四类(全国气象防灾减灾标准化技术委员会,2012)。冰雹最大直径是指根据地面气象观测规范测得的冰雹的最大直径,以毫米(mm)为单位,取整数,用 D 表示冰雹直径,详见下表 5.1。

表 5.1 冰雹等级

冰雹等级	冰雹直径 D(mm)
小冰雹	$D<5$
中冰雹	$5 \leqslant D<20$
大冰雹	$20 \leqslant D<50$
特大冰雹	$D \geqslant 50$

冰雹大小有时用"大如鸡蛋""如黄豆大"等定性描述,将冰雹大小的定性描述转换成冰雹最大直径定量数据参见表 5.2。

表 5.2 冰雹直径定性描述对应的冰雹直径估算

信息描述	估算直径(mm)
拳头	60~70
鸡蛋	50
乒乓球	40
核桃	40
鹌鹑蛋	20
葡萄	20
枣	20
卫生球	20
蚕豆	15
杏核	15
花生米	10

续表

信息描述	估算直径(mm)
玉米粒	8
豌豆粒	8
黄豆粒	8
绿豆	5
米粒	5

按照冰雹最大直径、降雹累计时间和积雹厚度，将冰雹分为轻雹、中雹和重雹。轻雹是指冰雹最大直径小于或等于 5 mm，累计降雹时间不超过 10 min，地面积雹厚度不超过 2 cm。中雹是指冰雹最大直径 5～20 mm，累计降雹时间 10～30 min，地面积雹厚度 2～5 cm。重雹是指冰雹最大直径大于 20 mm，累计降雹时间 30 min 以上，地面积雹厚度大于 5 cm。

四、冰雹的发源地和路径

冰雹天气与高空冷涡、低槽、冷平流以及中小尺度天气系统息息相关，冰雹的发生受这些天气系统的影响，随季节和地形而变化。鄂尔多斯地区的冰雹云源地大多位于山区和地形复杂的地区，如山脉的迎风坡、向阳坡，山脉与平原接壤的地带，山区通向平川的谷口区，两支山脉汇集的喇叭口地区，陆地与湖泊、河流接壤的上风区以及地表复杂、地势起伏高度差大的山地和丘陵地等。鄂尔多斯地区的冰雹大多发源于 109°E 以西地区，特别是气候干燥、气温剧烈变化的鄂托克旗桌子山和杭锦旗库布其沙漠，在向东或东南移动的过程中逐渐加强，到准格尔旗一带发展到最强盛。其次，还有巴彦淖尔市乌拉特前旗、临河区、陕西省定边县等地区，也是形成冰雹的源地。

冰雹云的移动路径主要取决于所处的天气系统的位置、气流方向以及当地的地形状况。鄂尔多斯地区降雹天气系统多来自西北方，少部分来自西方或北方，且多由西北向东南或由西向东移动。冰雹的移动路径多沿川沟、丘陵呈窄长的带状分布，如同农谚所说的"雹打一条线，雨下一大片"。在同一条冰雹路径上，冰雹造成灾害损失因地形不同也不一样，往往呈跳跃式分布，一般是迎着冰雹云来向的山坡轻，山坡背面较重；冰雹云的发源地灾轻，冰雹云的发展区灾重。

冰雹的移动路径是非常复杂的，分布在鄂尔多斯地区的雹线有很多条，其中主要的雹线有：一是巴彦淖尔市乌拉特前旗入境，经杭锦旗独贵特拉、杭锦淖进入达拉特旗中和西、昭君坟、解放滩、大树湾、树林召、白泥井、吉格斯太，再进入准格尔旗蒩亥树湾，从十二连城出境；二是发源于乌拉特前旗，由杭锦淖转向塔拉沟，进入达拉特旗蒩亥图、高头窑、青达门、耳字壕、敖包梁，至准格尔旗东孔兑、窑沟，出境入呼和浩特市清水河县；三是从杭锦旗四十里梁开始，经胜利乡和伊金霍洛旗纳林希里、公尼召、伊金霍洛镇、布尔台、新庙到准格尔旗羊市塔进入陕西；四是发源于鄂托克旗桌子山，经阿尔巴斯、新召、察汗淖、苏米图进入乌审旗嘎鲁图、乌兰陶勒盖、黄陶勒盖，再进入陕西省横山县；五是发源于鄂托克旗淖子册，经阿尔巴斯、三北羊场、布龙庙至马拉迪消失；六是发源于鄂托克旗大庙的沙格善，经鄂托克前旗毛盖图、察汗陶勒盖再向东南进入乌审旗河南村，然后出境；七是由巴彦淖尔市临河区移入境内，西起杭锦旗吉日格郎图，东至独贵特拉，最后和乌拉特前旗进入境内的雹线合并加强，进入达拉特旗；八是形成于杭锦旗四十里梁，东移至阿门其日格、东胜区泊江海子、漫赖、柴登、罕台、羊场壕、塔拉沟进入准格尔旗暖水、沙圪堵、马栅，出境入山西省河曲县；九是由陕西省定边县入境，经乌审旗河南、沙尔利格、巴图湾、纳林河至巴彦柴达木消失；十是由杭锦旗胜利经乌审旗的浩勒报吉、图克、呼吉尔特出境；十一是发源于西桌子山山地，经鄂托克旗新召、早稍、白彦淖、木肯淖尔进入乌审旗乌审召一带；十二是发源于东胜区以西泊江海子、罕台庙、羊场壕，向东进入准格尔旗暖水、德胜西、哈岱高勒、海子塔一线。

五、冰雹的时空分布

鄂尔多斯地区年平均雹日为 15.0 d，空间分布特点为山区多、平川少，东部多、中部次之、西部较少。年平均雹日最多的是乌审旗，为 4.1 d，最少的是鄂托克旗，为 2.0 d，详见图 5.1。地形的动力抬升与山区不均匀的热力对流作用，是形成鄂尔多斯地区多雹区分布的重要因素。东胜区、康巴什区、伊金霍洛旗、准格尔旗多降地形雹。由于所处地势高，气温日差较大，下垫面植被覆盖度小，从而有利于暖湿气流上升而降雹。其他旗（区）多降温热成雹，主要是由于夏季午后地面受到强烈太阳光的照射而产生大量热空气的猛烈上升而形成。

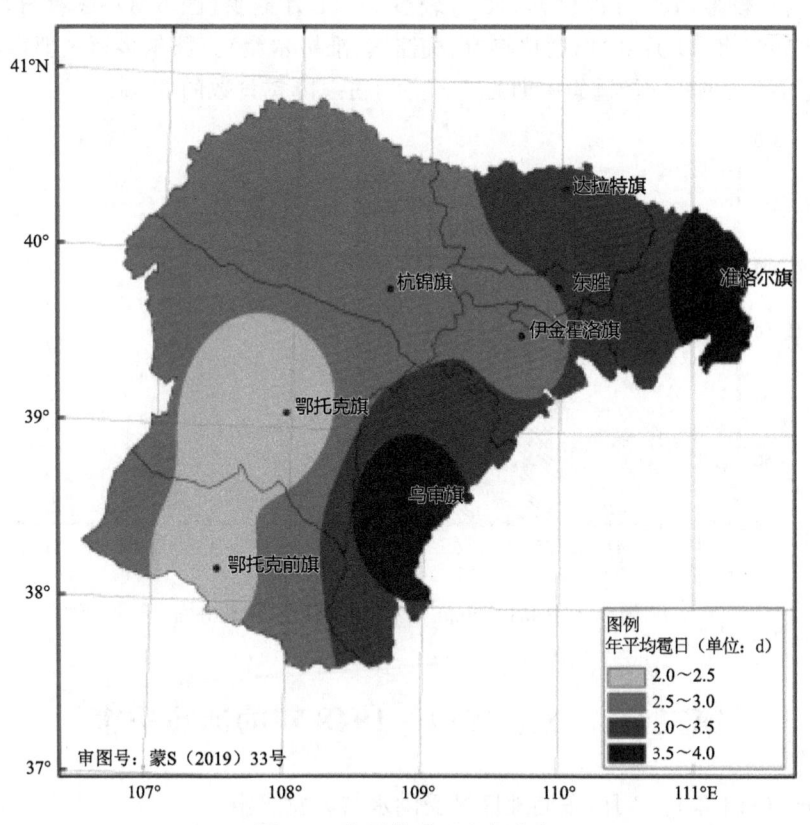

图 5.1 年平均雹日空间分布

鄂尔多斯地区雹日年代际变化大（图 5.2），于 20 世纪 60 年代、80 年代和 21 世纪第二个 10 年出现了年代平均雹日的极大值，20 世纪 70 年代、21 世纪第一个 10 年出现了年代平均雹日的极小值，但年代平均雹日总体上呈增多趋势。不同旗（区）年代平均雹日变化也不一致，具有很强的局地性。

鄂尔多斯地区初雹日始见于 3 月（最早出现于 1960 年 3 月 7 日、东胜区），降雹日数最多

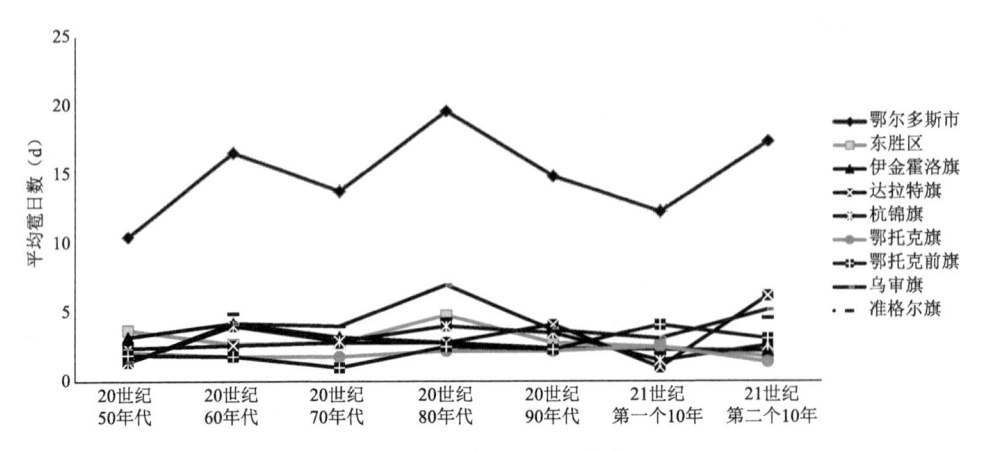

图 5.2　年代平均雹日分布

的是 7 月,6、8 月较多,5、9 月次之,4、10 月较少,3、11 月最少(图 5.3),终雹日出现在 11 月(最晚出现于 1965 年 11 月 8 日,达拉特旗、杭锦旗、准格尔旗)。鄂尔多斯主要降雹期为 5—9 月,占总降雹日数的 92%;降雹集中期为 7—9 月,占总降雹日数的 69%。

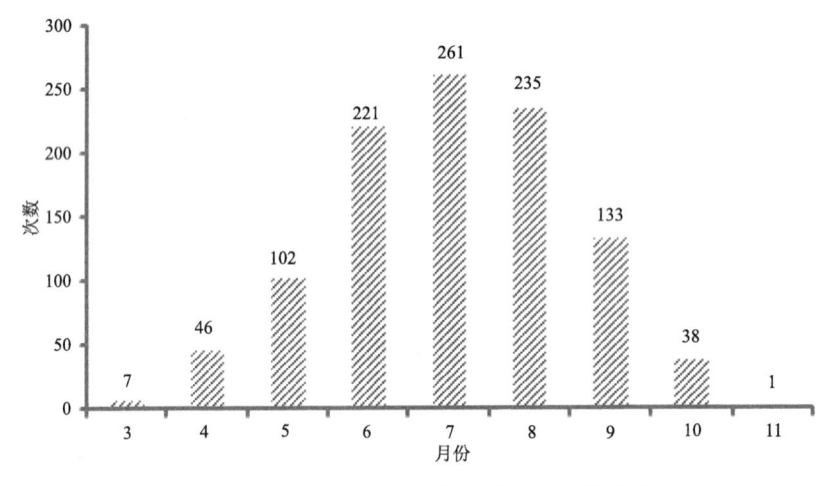

图 5.3　1951—2020 年不同月份雹日频数分布

第二节　公元 1914—1948 年的冰雹灾害

民国三年(1914 年)　8 月,东胜地区遭受洪水与冰雹袭击。

民国二十一年(1932 年)　6 月下旬,杭锦旗锡尼镇色赖淖尔遭受冰雹袭击,冰雹大如鹅卵,击死牛羊甚多,积水深三四尺,冲毁毡房,老弱有溺死者。

7 月 22 日,东胜区城南虎石沟一带遭受冰雹袭击,冰雹大如拳头,羊群大遭损失,田禾全被击毁。

民国二十三年(1934 年)　9 月 1 日 10—14 时,东胜区第一区第三乡板素壕、乌德呼舒、土盖沟等地遭受冰雹灾害,造成 8600 亩农田受灾,田禾损失八成以上,受灾居民 46 户 315 人。

9 月 3 日 12—14 时,东胜区第二区第一乡各岁沟、北流图沟、补洞沟,第三乡查查沟,第五乡古力半什劳等地遭受冰雹灾害,积雹厚度17 cm左右,受灾农田1.6万亩,农作物全部被击毁,颗粒无收,受灾居民109户573人。

民国三十七年(1948年) 8月13日下午,东胜区打卡沟、布日都梁、撖家塔、阿布亥等地(南北长7.5 km、东西宽5 km)遭冰雹袭击,降雹持续2个多小时,同时伴有暴雨,造成全部农作物被毁,大量鸟雀被打死,坍塌房屋60余间。

第三节 公元1949—2020年的冰雹灾害

1950年 准格尔旗三区、六区、八区、九区遭受冰雹灾害,造成三区3828亩农田被打毁、48502人受灾,六区长20 km农田受灾、受灾34户,九区全部农田受灾,减产5成。

5月2日,达拉特旗六区遭受冰雹袭击,降雹持续2 h,冰雹大如鸡蛋,积雹成堆,打毁青苗70%以上,伤牛5头、马25匹、羊118只、猪6口。

5月3日,鄂尔多斯市大部遭受冰雹灾害,受灾农田6万多亩,达拉特旗冰雹大如鸡蛋,砸伤牲畜149头(只)。

6月16日下午,达拉特旗新民堡、敖包梁一带遭受冰雹灾害,降雹持续2 h,冰雹大如鸡蛋,造成夏田4300亩、秋田3600亩受灾,打死牛5头、马25匹、羊118只、猪6头。

1951年 通格朗区(今伊金霍洛旗纳林希里一带)受冰雹灾害,2个自然村遭受2次冰雹袭击,积雹厚度8 cm,1000人受灾。

1952年 7月上旬,鄂尔多斯发生冰雹灾害。

9月4日,鄂尔多斯市降雹,造成18万亩农田受灾。

1953年 5月29日、6月15日、7月20日、7月24日,东胜区、达拉特旗、郡王旗(今伊金霍洛旗阿腾席热镇)、准格尔旗、鄂托克旗、伊金霍洛旗先后遭受冰雹灾害,受灾面积大,绝大部分重灾区改种晚田或秋菜。其中达拉特旗受灾农田达22.5万亩,砸死牛羊1000多头(只)。

6月15日午间,达拉特旗海子湾、关碾房、瓦窑以及盐店乡、马场壕乡的阿楼满沟、喇嘛庙至准格尔旗交界一带,遭受冰雹袭击,冰雹直径20~50 mm,降雹持续1 h,积雹厚度约15 cm,造成14个行政村农作物大部分被打死,部分地区树叶被打光,树皮被剥落。

9月15日,杭锦旗十区三行政村(今杭锦旗四十里梁一带)降雹,降雹范围长10 km、宽4.5 km,庄稼全部绝收。

1954年 5月20日,伊金霍洛旗台格苏木毛盖图嵇等地遭受冰雹灾害,冰雹大如鸡卵,造成9.3万亩农田受灾,87头(只)牲畜死亡。

6月1日,准格尔旗、杭锦旗遭冰雹灾害,造成8000多亩农田受灾,其中1950亩绝收。

6月21日,杭锦旗麻尼图、黄芥壕、乌兰稽亥一带降雹,东西长10 km,宽北至黄河畔,南至沙畔,降雹持续20多分钟,积雹厚度达5 cm,打死羊85只、牛1头,受灾农田703亩。

6月27日,全市多地遭受冰雹灾害。准格尔旗8个区13个乡受灾面积达8590多亩,其中绝收1300多亩,受灾损失4成以上的7200多亩。杭锦旗麻米图200多亩庄稼被打毁,灾情达7成。

7月6日,扎萨克旗(今伊金霍洛旗新街镇)三区遭受冰雹灾害,受灾面积500多亩,减产5成以上。

7月7日,东胜区、伊金霍洛旗遭冰雹灾害,农作物减产5~7成。其中,东胜区200多亩庄稼受灾,灾情达7成。郡王旗长5 km、宽2.5 km区域降雹,夏田减产达7成。

7月9日中午,伊金霍洛旗蟒盖兔遭受冰雹灾害,冰雹大如鸡卵,造成9.3万亩农作物受灾,打死牲畜87头(只)。

7月16日,东胜区一区万胜西、城塔等地出现冰雹,长40 km、宽2.5 km的范围遭受冰雹灾害,重者颗粒无收,轻者减产2成以上。

7月下旬,达拉特旗、乌审旗、鄂托克旗遭受冰雹灾害。

1955年 伊金霍洛旗遭受冰雹灾害,据不完全统计,受灾农作物面积达9800亩。

8月9日晨,达拉特旗吉格斯太乡张义成窑子遭受冰雹袭击,造成2000余亩禾苗受灾,且全部绝收。

8月10日,全市遭受冰雹灾害,造成2.6万亩农田受灾,打死羊270只。

1956年 6月16日中午,伊金霍洛旗达尔扈特区富强、互利等社出现冰雹,积雹厚度达16 cm,造成1055亩农作物受灾。

6月26日,伊金霍洛旗部分苏木乡出现冰雹、暴雨天气过程,冰雹大如桃,降雹持续1 h,积雹厚度达20 cm,造成5985亩农作物受灾,冲毁大片土地,打伤人畜。

7月24日,伊金霍洛旗第一区松道沟乡、达尔扈特区哈拉母河乡遭受冰雹袭击,冰雹大如桃子,造成4750亩农作物受灾,人畜被打伤。同时出现暴雨,持续1 h,造成河水上涨,大片土地被冲毁,冰雹和暴雨造成9800多亩农作物受灾。

7月24—25日,东胜区大范围遭受冰雹灾害,造成18万亩农田受灾。

8月21—22日,杭锦旗、伊金霍洛旗遭受冰雹灾害,造成近3万亩农田受灾。

1957年 8月,准格尔旗遭受冰雹灾害,造成13万亩农田受灾。

9月14日,达拉特旗遭受冰雹灾害,造成2.8万亩农田受灾,减产7~8成。

1959年 达拉特旗遭受洪涝和冰雹灾害,造成18225亩农田受灾,其中减产3~9成的有3300多亩。

6月至8月,准格尔旗遭受了洪涝和冰雹灾害,冲毁水库20座、水坝172座,倒塌房屋、土窑500多间,棚圈坍塌1600多间,损失大小林木760多亩,死伤大小牲畜590多头(只),损失粮食近400万 kg,冲毁桥梁1座,淹没煤井1口,损失花果近8万 kg。

8月,达拉特旗遭受冰雹灾害,造成12.15万亩农作物受灾,其中成灾3.3万亩。

1960年 8月27日、8月29日和8月30日,准格尔旗、东胜区遭冰雹袭击。准格尔旗冰雹大如鸡蛋,造成13.29万亩农田受灾,其中绝收10950亩,死伤大小畜120头(只),伤2人。

1963年 5月31日—6月6日,伊金霍洛旗、准格尔旗遭受了严重冰雹灾害,冰雹大如拳头,积雹厚度达20 cm,造成23个公社的243200多亩农田受灾,其中93200多亩农作物需改种,11900多人受灾,打伤46人,死伤大小牲畜1550多头(只)。

6月15—17日,伊金霍洛旗7个乡遭受冰雹灾害,造成5万亩农田受灾,其中绝收4万亩,需补种或返种。

6月17日,鄂托克旗遭冰雹袭击,造成11600亩农田受灾,减产5~8成。

6月30日中午,伊金霍洛旗8个生产大队遭受冰雹灾害,降雹持续20多分钟,积雹厚度30 cm以上,5天后仍有积雹,其中灾情最严重的是札萨克、伊金霍洛和布连公社。此次降雹共造成111万亩农田受灾、占总面积的9.9%,受灾户2326户、占总户数的13.9%,重伤18人,打死驴和牛各1头,打伤大畜18头、打死羊108只、伤460只。

7月12日和7月22日下午,东胜区罕台庙公社、羊场壕公社、神山公社先后遭受冰雹袭击,两次降雹持续时间均在2～3 h,积雹厚度9～12 cm,最大冰雹有碗口大,造成11.48万亩农田受灾,其中1.93万亩农田绝收,打伤1人,打死羊36只,打伤羊112只,打死鸡80多只,打伤大畜49头,打死野兽、飞鸟无数,树枝被打折,造成19个生产大队104个生产小队8320人受灾。

7月22日下午,准格尔旗、达拉特旗、东胜区、伊金霍洛旗的23个公社遭受冰雹灾害,造成36万多亩农作物受灾,减产2～9成,部分绝收,打伤6人,打死伤牲畜300多头(只)。

1964年 8月中旬,达拉特旗敖包梁遭受冰雹灾害,造成达42万亩农作物受灾,其中7万多亩绝收,受灾886户4120人。

8月21—23日,全市遭受冰雹灾害。其中,东胜区巴音敖包、泊江海子、柴登、罕台庙、羊场壕等乡(镇)105个自然村出现冰雹天气,造成13.08万亩农田受灾,减产6～7成的达5万亩,减产8成以上的达7590亩。

8月26日,全市遭受冰雹灾害。降雹从鄂托克旗阿尔巴斯经新召、巴音淖尔、木凯淖尔开始,而后进入乌审旗,路径长达150余千米,宽2～2.5 km,冰雹小者如豆粒,大者如鸡蛋,降雹持续30余分钟,所有庄稼、牧草全被打光,牧草直到第二年还未能按时返青。

1965年 7月5日,伊金霍洛旗纳林希里乡出现冰雹天气,降雹持续2 h,积雹厚度达18 cm,造成2.2万亩农田受灾。

1966年 夏,达拉特旗柴登一带遭受冰雹袭击,冰雹大如鸡蛋,造成5000余亩青苗被毁,50多只羊被打死。

6月11—12日,伊金霍洛旗、鄂托克旗、乌审旗等12个公社遭受冰雹灾害。伊金霍洛旗公尼召公社受灾最重,降雹持续30 min,积雹厚度20多厘米,打毁农田3万多亩、占总播种面积的50%,打伤牲畜150多头,打死30头。鄂托克旗、乌审旗北部10万多亩农作物受灾,100多只羊受伤、26只羊被打死。

7月23日,鄂托克旗南部降雹,降雹持续20多分钟,冰雹大如鸡卵,积雹厚度20～33 cm,降雹范围南北长达20 km、东西近4 km,造成6个公社约120万亩农田受灾,打伤牲畜2589头,其中打死大畜52头、小畜2204头,打伤68人,其中重伤21人,毁房64间,毁树2440株。

1968年 全市遭受冰雹灾害,造成约45万亩农田受灾。

1970年 3月30日,伊金霍洛旗新街遭受冰雹灾害,最大冰雹重15.7 g。

1972年 9月14日,杭锦旗塔拉沟公社18个生产队遭受冰雹灾害,造成9200多亩农田受灾,大部分毁种需复种,损失粮食超10万 kg。

1973年 全市46个公社遭受冰雹灾害,造成23人死亡,300多间房屋倒塌,16.5万亩农田受灾,粮食损失1500万 kg。

7月17日,东胜区、杭锦旗、鄂托克旗、准格尔旗、伊金霍洛旗遭受冰雹灾害,造成46个苏木(乡、镇)的1575万亩农田受灾,死23人,倒塌房屋300多间,棚圈200多个。同时准格尔旗布尔陶亥、布尔敦高勒、准格尔召、大路峁、沙圪堵等6个乡镇遭洪灾,其中纳林川洪水流量850 m³/s,造成布尔陶亥乡驻地再次遭洪水淤漫洗刷,冲毁塘坝3座、房屋59间,淹没农作物6000亩,大路峁塘坝2座和沙圪堵塘坝1座都被冲毁,受灾农田达1万亩。

7月18日晚,达拉特旗敖包梁遭受冰雹袭击,造成5万余亩农田受灾,打伤牧民5人。

1974年 6月30日,乌审旗遭冰雹袭击,造成9900多亩农田受灾。

1975年 7月14日、7月16日,准格尔旗、达拉特旗遭受冰雹灾害。准格尔旗受灾面积达9000多亩,达拉特旗2个公社受灾面积11000多亩。

1976年 6月4—5日、27—28日,准格尔旗、东胜区、伊金霍洛旗、鄂托克旗、达拉特旗、乌审旗遭受不同程度的冰雹灾害,其中准格尔旗、伊金堆洛旗较重,受灾面积达4.5万亩。

7月,准格尔旗羊市塔遭受冰雹灾害。

8月14日,准格尔旗羊市塔遭受冰雹袭击,冰雹大如小碗、鸡卵,造成马栅公社15个大队49500多亩农作物受灾,其中24000多亩绝收,高粱、玉米全被打毁,6300多人断炊。

1977年 6月28—29日,伊金霍洛旗遭受冰雹灾害。

6月29日14时,伊金霍洛旗遭受冰雹灾害,降雹持续40 min,造成7个公社101个生产队13635人受灾,34300亩农田受灾,其中13000多亩需毁种。

8月4—5日,准格尔旗、伊金霍洛旗遭受冰雹灾害,造成约19.5万亩农田受灾,其中准格尔旗灾情较重。

9月17日,东胜区罕台庙等5个乡的146个自然村遭受冰雹灾害,造成5万亩农作物受灾,粮食减产39万kg。

1978年 6月14日,准格尔旗沙圪堵镇出现降雹天气,冰雹重达3.1 g,农作物茎秆折断、叶子被打烂。

8月1日,东胜区出现暴雨夹冰雹天气,受灾农田60万亩,其中冰雹灾害造成1.4万亩农田受灾,倒塌房屋135间。

8月11—12日,达拉特旗、准格尔旗遭受冰雹灾害。造成达拉特旗损失粮食345万kg、甜菜61万kg、油料53万kg。

8月12日,准格尔旗十二连城公社遭受冰雹灾害,积雹厚度约80 cm,造成6个大队庄稼全被打毁。

1979年 6月28—29日,准格尔旗、伊金霍洛旗、达拉特旗遭受冰雹灾害,造成7.4万亩农田受灾。

6月28日下午至30日下午,准格尔旗、达拉特旗、伊金霍洛旗19个公社遭受冰雹灾害,造成71000多亩农田被打,死伤羊607只、猪8口,伤羊倌4人,失踪1人。

6月29日,伊金霍洛旗、达拉特旗、准格尔旗遭受冰雹灾害,冰雹大如鸡蛋。伊金霍洛旗公尼召、红庆河先后2次出现降雹,造成23个生产队受灾,18500亩农田成灾,6500亩重灾,损毁房屋30座、羊圈200间,死羊10只、伤羊200多只。下午,达拉特旗耳字壕东北经新民堡南部、白泥井东南部、吉格斯太西部一带,16个生产队遭受严重冰雹灾害,造成12672亩农田受灾,其中7972亩绝收。晚上,准格尔旗沙圪堵公社6个大队遭受冰雹灾害,造成2个大队9个小队的4000亩农田受灾。

7月18日,准格尔旗沙圪堵、羊市塔公社出现冰雹,冰雹大风使作物叶破。伊金霍洛旗公尼召、红庆河先后2次遭受冰雹灾害,受灾生产队23个,造成18500亩农田受灾,重灾6500亩,毁房30户,毁圈200间,死羊10只,伤羊200多只。

1980年 7月18日、7月19日、7月21日,伊金霍洛旗、东胜区遭受冰雹灾害,受灾面积近40050亩。

7月19日,东胜区塔拉壕公社东南部10个生产队和潮脑梁公社西南部5个生产队遭受冰雹袭击,冰雹大如鸡蛋,最大的如拳头,积雹厚度达6 cm,覆压时间长达18 h,造成3065亩农田受灾,1567 亩农田绝收。

1981 年 6 月 19 日,东胜区、准格尔旗遭受冰雹灾害,造成 49.5 万亩农田受灾。

6 月 29 日,东胜区、准格尔旗遭受冰雹灾害。

6 月 30 日,准格尔旗沙圪堵公社降雹,最大冰雹直径 22 mm,冰雹最大重量为 9 g,造成农作物受害,打坏叶子,并倒伏。

6 月 25 日、6 月 30 日,达拉特旗乌兰淖等 4 个公社遭受冰雹灾害,造成 8400 多亩农作物受灾,打死羊 370 多只。伊金霍洛旗伊金霍洛、台格庙等 6 个公社 27 个大队 49000 多亩农作物受灾,其中 21000 多亩绝收,打死大小牲畜 113 头(只)、鸡 300 只,倒塌房屋 3 间。

6 月 30 日—7 月 1 日,准格尔旗布尔陶亥、暖水等 4 个公社 30 个生产队遭受冰雹灾害,造成 5400 多亩农作物受灾,其中重灾 2800 多亩。东胜区塔拉壕、羊场壕等 4 个公社 28 个大队遭受冰雹袭击,积雹一天未融化,受灾面积达 7 万多亩,其中绝收 2.4 万多亩。

7 月 1 日,达拉特旗吉格斯太猛太村遭受冰雹袭击,降雹持续约 20 min,毁坏农作物 1 万余亩,打死羊 270 多只,打伤牧工 1 人。

8 月 12 日,杭锦旗胜利乡遭受冰雹灾害,积雹厚度 20 cm。

1982 年 6 月上旬,乌审旗东部的呼吉尔图、图克、乌审召公社 10 个大队遭受冰雹袭击,受灾农作物面积 4500 多亩,绝收 2000 亩。伊金霍洛旗 3 个公社 8 个大队受灾,造成 1 万亩农田受灾且需复种,打死羊 300 只,死牧工 1 人。准格尔旗长滩等 14 个大队遭受冰雹灾害,打毁青苗 1500 亩。

8 月 8—12 日,东胜区柴登、漫赖、泊尔江海子、巴音放包、潮脑梁、添尔漫梁乡的 46 个乡先后出现冰雹,其中柴登的台什、宗兑等 9 个村在 11 日的冰雹袭击中受灾较重,冰雹大如鸡卵,有的重量达 550 克,冰雹积存 3 天后方融化,造成 4065 亩农田受灾,部分小畜、家禽被打死、打伤,树枝被打断。

8 月 17 日下午,准格尔旗马栅、窑沟、东孔兑、长滩公社地区遭受冰雹灾害,降雹持续 30~40 min,冰雹如拳头大,个别冰雹重达 800 克,积雹厚度 10~30 cm,一周后才全部融化,造成 22 个大队 116 个生产队受灾,其中马家公社最为严重,农作物受灾面积达 62491 亩,造成农田减产约 21.5 万 kg,打死 1 人,打伤 2 人,打死驴 1 头、猪 3 头、淤炉 18 盘,倒塌砂房 25 间,冲毁土坝、公路、石桥数处,打烂成品瓷 2 万套,瓷胚 5000 套。

1983 年 达拉特旗敖包梁 1800 亩农作物遭受冰雹灾害,颗粒无收。

6 月 27—29 日,鄂尔多斯先后有 52 个生产大队遭受冰雹袭击,受灾 6 成以上的农田 11.6 万亩,打伤 72 人,死伤牲畜 3800 余头(只),破坏人工草场 19.5 万亩。

6 月 27 日、6 月 28 日、6 月 29 日,准格尔旗海子塔遭受冰雹灾害,共有 225 个生产队受灾,受灾农田面积达 148772 亩。

7 月 20 日,鄂托克前旗 5 个苏木(乡)受到冰雹袭击,降雹持续 30 min,冰雹大如鸡蛋,造成 28 万亩农田受灾,草场被毁、树枝被打断,大秋作物被打光,打伤 2 人,打死牲畜 500 多头(只)。

7 月 23 日,乌审旗 4 个乡遭受冰雹灾害,最大冰雹有罐头瓶大,1 万多亩庄稼被毁,1000 多头(只)牲畜被打死,粮食减产 175 万 kg。

8 月底至 9 月初,准格尔旗、乌审旗、杭锦旗、伊金霍洛旗遭受了严重冰雹灾害,受灾 6 成以上的农作物面积 11 万亩,打伤 72 人,死伤牲畜 3800 多头(只),损坏人工草场 20 多万亩。

1984 年 5 月 10 日,准格尔旗遭受冰雹灾害,造成 41850 亩农作物受灾。

7 月 2 日,准格尔旗、杭锦旗遭受冰雹灾害,造成准格尔旗 25380 亩和杭锦旗 6529.5 亩农作物受灾。

7 月 7 日,准格尔旗海子塔、马栅遭受冰雹灾害,造成 19575 亩农作物受灾。

7 月 20 日 17 时前后,鄂托克前旗敖勒召其镇、城川、珠和、吉拉、毛盖图苏木、三段地、二道川乡遭受冰雹灾害,降雹持续 30 min 左右,最大冰雹直径达 33 mm(出现在城川新寨子嘎查),平均积雹厚度 15 cm 左右,最厚达 30 cm,珠和、吉拉出现有长条形、酒瓶型冰雹。此次降雹造成敖勒召其镇三段地村 560 只牲畜死亡、农作物平均减产达 7 成,城川、珠和、吉拉、毛盖图苏木、三段地、二道川乡的 18 个嘎查(村)151.35 万亩农田和草牧场受灾,占总面积 8%,其中受灾农田 1.4 万亩、占耕地面积的 13.8%,平均减产 7 成,其中 8638 亩农作物颗粒无收,9 万多头(只)牲畜伤亡,其中小畜 26600 只,死亡 560 头(只),4030 亩树木损害,250 间房屋倒塌,打伤 2 人,电话线路中断 3 d,冲毁公路 8 km。

7 月 21 日,杭锦旗锡尼镇遭受暴雨和冰雹灾害,造成 7042.5 亩农作物受灾。

7 月 22 日,乌审旗遭受暴雨和冰雹灾害,造成 21670 亩农作物受灾。

7 月 20—23 日,杭锦旗、乌审旗、鄂托克前旗先后降雹,冰雹大的如鸡蛋,小的如杏,农作物受灾面积 45 万亩,死伤 26 人,打死牲畜 2.3 万头(只)。

7 月 23 日,伊金霍洛旗新街遭受暴雨和冰雹灾害,造成 4000 亩羊柴采种地受灾,种子颗粒无收。

7 月 26 日,准格尔旗马栅、大路降雹,使树木、瓜菜、牲畜、圈棚、民宅、厂房等均遭到不同程度损坏。

8 月 24 日,准格尔旗出现降雹,造成农作物受灾,部分农作物茎秆被折断。

8 月 26 日,鄂托克旗乌兰镇蔬菜队被冰雹袭击,最大冰雹直径 40 mm,造成 38 户 160 人、160 亩蔬菜受灾。

9 月初,东胜区 10 个乡降冰雹,其中重灾乡 1 个,轻灾乡 5 个,死牲畜 190 头(只)。

1985 年 7 月 12 日,鄂托克旗木肯淖尔、早稍、苏米图等地遭受暴雨和冰雹灾害,最大冰雹直径 20 mm,造成 12.85 万亩草场被打,150 头牲畜死亡,5446 亩农作物被打光,减产 8～9 成。

7 月 19 日,杭锦旗塔然高勒乡 4 个村降暴雨、冰雹灾害,引发洪水,造成 4200 亩农田受灾,99 只羊被洪水冲走,22 处拦洪坝被冲毁。

7 月 30 日,准格尔旗出现降雹,造成 1 万亩农作物受灾。

8 月 1 日,达拉特旗遭受冰雹灾害,降雹持续 15～60 min,最大冰雹直径 70 mm,受灾农田 1 万 hm²,绝产 2000 hm²,死亡 1 人。

8 月 26 日,鄂托克旗出现冰雹,冰雹最大直径 40 mm,造成 165 亩农作物受灾,直接经济损失 2.55 万元。

8 月 30 日,鄂托克旗出现冰雹,造成 1.15 万亩农作物受灾,损失粮食 11.3 万 kg,打死羊 200 只。

9 月 19 日 14 时,东胜区漫赖和罕台庙的 8 个村 34 个社遭受冰雹灾害,造成 710 户 3659 人、2.9 万亩农田受灾,部分牲畜被打死。

1986 年 6 月 11 日,东胜区罕台庙乡 5 个村 47 个社遭受冰雹灾害,造成 1225 户 5504 人受灾,3304多亩农田成灾,打死羊15只,塌毁圈棚27处。

7月2日,东胜区柴登3个社遭受严重冰雹灾害,基本上无收成,人均口粮连同薯折粮不到100 kg。

7月18日,准格尔旗、达拉特旗降雹,受灾农田22.5万亩,伤39人,打死牲畜580多头(只),并摧毁房屋2000多间。

8月31日,东胜区泊江海子镇5个村15个合作社遭受了罕见的冰雹灾害,造成1128户1930人受灾,破坏粮田11580亩,导致6432头大小牲畜缺少饲料。

1987年 6月15日,准格尔旗遭冰雹袭击,造成11万亩农田受灾,死1人。

8月11日,鄂托克前旗城川遭受冰雹灾害,造成2000亩农作物受灾。

8月15—16日,准格尔旗中部以北遭受严重冰雹灾害,受灾面积11万余亩,毁坏牧草66000亩,打死小畜2324只、大畜4头,打死放牛小孩1人。

8月18日,伊金霍洛旗、乌审旗遭受冰雹灾害,受灾农田76950亩,伤25人。伊金霍洛旗降雹从苏布尔嘎进入,经东南部移出,降雹持续40 min,降水量15.9 mm,冰雹最大如碗口,有的直径约300 mm,积雹厚度16 cm以上,最大积雹厚度达25 cm,造成苏布尔嘎等9个乡(苏木)38个村(嘎查)156个农牧生产合作社的60970亩农田和15871亩草牧场受灾,其中18个村、67个社的29180亩农田绝收,受灾牲畜128150头(只),其中打死大小畜248头(只),打伤3500头(只),打伤5人。

1988年 5月25日,乌审旗遭受冰雹灾害,降雹持续15 min,最大冰雹直径60 mm,受灾面积675亩,打死牲畜52只。

6月22日,乌审旗、东胜区遭冰雹袭击,降雹持续8 min,最大冰雹直径100 mm,受灾农田2.1万亩。

6月26日,乌审旗出现暴雨伴有冰雹,降雹持续40 min,打死牲畜300头(只)、伤9万头(只)、打伤30多人。

6月27日,东胜区8个乡31个村153个生产合作社遭受暴雨和冰雹灾害,造成4453户21589人受灾,占全区总农户和总农业人口的29.3%和34.8%。农作物成灾面积84357亩、占农作物总播种面积的26.7%,粮食减产376万kg,蔬菜受灾面积600亩,经济损失达42.2万元。暴雨引发的洪水淹没水地约2000亩、大口水井2眼、小口水井18眼,冲毁道路、堤坝32道。冰雹砸死和洪水淹死羊266只,洪水冲走檩子22根、椽子320多条,冲毁民房8间、凉房12间,冲坏民房2间、大小畜棚40间。

6月30日,乌审旗无定河镇河南村遭受冰雹灾害,造成6500亩农作物受灾。

7月14日,乌审旗无定河镇河南社区居委会遭受冰雹灾害,造成2万亩农作物、13万亩草场受灾。

8月10日,鄂尔多斯市61个苏木(乡、镇)遭受暴雨和冰雹灾害,造成1446.7万亩农田受灾,其中43.95万亩减产5成,受灾草场400万亩,牲畜死5965头(只),受伤15.3万头(只),毁水利工程364处、各类机电和水井516眼,毁坏公路200 km,倒塌民房1279间、牲畜棚圈2982间,有5人丧生。

1990年 4月17日,乌审旗乌审召出现冰雹,降雹持续13 min,最大冰雹直径16 mm,受灾草场45万亩、树10万株。

6月19日,准格尔旗沙圪堵镇3个自然村和气象站周围出现冰雹,降雹持续28 min,最大冰雹直径15 mm,春、夏玉米,大豆的植株被打折,受灾严重,大部蔬菜损毁。

7月初,达拉特旗敖包梁、耳字壕两乡4个村遭冰雹灾害,造成1500余亩农作物减产8成以上。

7月3日,鄂托克前旗上海庙镇芒哈图遭受冰雹灾害,造成300亩农作物受灾,3间房屋倒塌,11头大牲畜死亡。

7月5日,鄂托克前旗敖勒召其镇三段地村遭受冰雹灾害,造成5600亩农作物受灾,倒塌房屋9间,冲毁输水渠1250 m。

7月9日,鄂托克前旗城川镇遭受冰雹灾害,造成6120亩农作物受灾。

7月10日,鄂托克前旗敖勒召其镇查干巴拉素嘎查遭受冰雹灾害,造成1100亩农作物受灾,损坏房屋15间,死亡大牲畜25头,直接经济损失25.5万元。

7月22日,东胜区漫赖、罕台庙、布日都梁、塔拉壕等7个乡的88个村民小组先后遭受冰雹袭击,重灾19个社,糜黍、荞麦等作物受损严重。

8月10日,准格尔旗降雹持续7 min,最大冰雹直径20 mm,农作物叶破、倒伏。

8月20日,乌审旗呼吉尔特、图克两苏木遭受冰雹灾害,造成3784人受灾,受灾牧草11万亩、农作物1360亩,11000多头(只)牲畜伤亡,其中打死6只。

8月29日,乌审旗呼吉尔特4个牧业村遭受冰雹袭击,造成粮食减产4成左右。

8月31日,乌审旗浩勒报吉遭受冰雹袭击,降雹持续1 h,受灾面积112亩。鄂托克旗出现冰雹,降雹持续13 min,最大冰雹直径20 mm,农田受灾1500亩,作物减产151万kg,受灾9469人、牲畜111625头,农造成经济损失258.83万元。

9月4日,杭锦旗阿门其日格部分村遭受冰雹灾害,造成465户1978人、6825亩农作物受灾,经济损失86.22万元。

9月22日,乌审旗遭受冰雹袭击,造成1350亩农田、11万亩草场、1.1万头(只)牲畜受灾。

1991年 杭锦旗1万多亩农田遭受冰雹灾害,直接经济损失达百万元。

6月上旬,达拉特旗、鄂托克旗、鄂托克前旗、乌审旗、伊金霍洛旗、准格尔旗各出现1次降雹过程,东胜区出现2次降雹过程。其中鄂托克前旗10万亩草牧场受灾,达拉特旗中和西、乌兰、召君坟乡20只羊被打死或打伤,农田受灾面积5万多亩,直接经济损失467万元。

6月6日,东胜区遭受冰雹袭击,打死打伤羊10余只,造成3万亩农田受灾,直接经济损失80万元。

6月7日,东胜区、鄂托克旗降雹,打死打伤羊10余只,造成2万亩农田受灾,直接经济损失80万元。其中鄂托克旗受灾面积8600亩,平均减产5成左右。

6月9—10日,鄂托克前旗城川、二道川、吉拉、布拉格、敖勒召其镇出现冰雹天气,造成6500人受灾,40人受伤,损坏房屋60间,死亡大牲畜77头,15105亩农作物受灾,300亩农作物绝收,直接经济损失140多万元。

7月19日,乌审旗乌审召、呼吉尔图出现冰雹,降雹持续12 min,最大冰雹直径30 mm,造成1000亩农田受灾。

7月27日,杭锦旗阿门其日格乡出现大雨并伴有冰雹,降雹持续15 min,冰雹大如乒乓球,造成三分之一村、社受灾,受灾粮豆4500亩,粮食损失约7.25万kg,造成直接经济损失43500元,另外破坏围栏3万m,有4万亩林业基地和草牧场受灾。

9月17日下午,东胜遭受冰雹灾害,降雹持续11 min,最大冰雹直径7 mm,糜子、谷子、荞麦等作物被打落,损失粮食6万kg。

1992年 5月14日,乌审旗图克镇遭受冰雹灾害,造成13142亩农作物受灾,直接经济损失达194万元。

7月15日,准格尔旗大路乡出现冰雹并暴发山洪,造成6个村27个社的2569人受灾,毁坏塘坝护田。

7月16日,鄂托克前旗敖勒召其镇遭受冰雹灾害,造成5002亩农作物受灾,死亡大牲畜26头,直接经济损失5万元。

7月21日,鄂托克旗、杭锦旗锡尼镇胜利村遭受冰雹灾害。鄂托克旗冰雹大如杏,毁农作物255亩。杭锦旗受灾农户299户1095人,成灾面积3900亩。

7月26—8月1日,准格尔旗十二连成连降冰雹,受灾8个村,毁坏农田4400亩,其中小麦900亩。

8月4日,鄂托克前旗昂素镇玛拉迪嘎查遭受冰雹灾害,造成1000亩农作物受灾。

8月7—8日,达拉特旗、伊金霍洛旗、鄂托克旗遭受暴雨和冰雹灾害。鄂托克旗4个苏木14个嘎查、32个农牧业社的农作物、草牧场受灾,牲畜死亡,直接经济损失178.916万元。达拉特旗3户6人受灾,毁坏房屋、护岸工程和农田。伊金霍洛旗红庆河2400户900多人受灾,淹没农田、草牧场等。

8月26日,伊金霍洛旗哈巴格希乡(现康巴什区哈巴格希街道)降雹,农作物受灾面积7200亩,直接经济损失11万元。

1993年 5月6日,东胜区遭受冰雹灾害,最大冰雹直径40 mm,降雹持续5~10 min。

6月9日,达拉特旗蓿亥图、呼斯梁和高头窑3乡交界处的喇嘛沟、卜莲沟、吴家湾、元宝湾60 km² 地带遭受历史罕见的暴雨、冰雹袭击,降雹持续2 h,冰雹最大直径达30 mm,背风处积雹厚度达30 cm,造成6597亩农作物绝收,1769只羊被打死,直接经济损失42万元。

7月3日,鄂托克旗出现冰雹,冰雹最大直径70 mm,造成3950亩农作物受灾,减产粮食1878.2 t,134人被打伤,5人重伤,受灾牲畜67300头,损坏房屋33间,直接经济损失107.3万元。鄂托克前旗城川镇二道川村、马鞍桥村5015亩农作物受灾,死亡大牲畜467头、损坏房屋22间。

7月5日,杭锦旗独贵塔拉镇杭锦淖尔村降雹,造成205户1113人受灾,1400亩农作物成灾,其中70亩绝收,直接经济损失13万元。

7月13日,杭锦旗锡尼镇阿门其日格村遭受冰雹灾害,受灾农牧户515户1296人,造成4078.5亩农作物受灾,其中1058亩绝收,直接经济损失49万元。

7月24日,鄂托克前旗城川镇希里嘎查、新寨子村、羊场壕村和乌审旗嘎鲁图苏木、沙尔努图嘎差、陶利苏木、陶尔庙、塔来乌素嘎查、纳林乡毛补浪村一带遭受严重冰雹袭击,降雹持续30 min,积雹厚度12 cm左右,大部分冰雹大如鸡蛋、核桃,最大的冰雹如小碗口大。此次冰雹袭击范围南北长50 km,东北宽约7 km,受灾面积52万亩,重灾区涉及4个村(嘎查)13个牧业社402户牧民1813人,受灾草牧场48万亩、农田3000多亩、林地1万多亩、牲畜43356头只,打死羊25只,损坏房屋5.6万 m²。鄂托克前旗16870亩农作物受灾,死亡大牲畜110头,直接经济损失320万元。

7月25日,杭锦旗吉日嘎朗图镇遭受冰雹灾害,造成493户1561人、14370亩农作物受灾,其中4500亩绝收,直接经济损失32.0万元。

7月31日,伊金霍洛旗、东胜区降雹,降雹持续5～10 min,造成农作物倒伏,籽粒脱落,树枝折断。

7月25—31日,杭锦旗阿门其日格乡降冰雹,袭击了4个村14个社,造成2800多万亩农作物和12600多亩草牧场受灾,其中农作物减产4～6成。

8月20日下午,伊金霍洛旗(现康巴什区)出现大风雨夹杂着冰雹,降雹持续20 min,造成2村208户840人受灾,受灾面积超过30 km^2,受灾农田2550亩,其中荞麦、糜子基本上颗粒无收,玉米、葵花等作物减产7成。

9月9日,达拉特旗中和西、乌兰、四村、解放滩和树林召5个乡18个村125个合作社不同程度遭受冰雹灾害,成灾面积8万亩,直接经济损失约300万元。

1994年 6月8日,鄂托克前旗出现冰雹天气,造成18640人受灾,10人受伤,11万亩农作物受灾,倒塌房屋220间,死亡牲畜4500头(只),直接经济损失1100万元。

6月10日,杭锦旗独贵塔拉镇沙日召嘎查(村)遭受冰雹灾害,造成150亩小麦受灾,减产7成;50亩玉米受灾,减产四成;100亩籽瓜受灾,减产八成;25亩糖菜受灾,减产4成;25亩豆子受灾,减产八成;50亩葵花受灾,减产八成;100亩瓜果蔬菜受灾,减产九成;牲畜死亡78只,其中绵羊72只、山羊6只。

6月22日,达拉特旗东部沿河5个乡23个村179个合作社遭受特大冰雹、暴风雨袭击,最大冰雹直径80 mm,降雹持续15 min左右,最大瞬时风速达28 m/s,受灾4645户15532人,造成61645亩农作物绝收,打死羊184只,直接经济损失1664万元。

7月12日,达拉特旗树林召乡南部3个村遭冰雹灾害,损失惨重。

7月15日,杭锦旗独贵塔拉镇道图嘎查(村)遭受冰雹灾害,造成380人、910亩农作物受灾,受灾人口和农作物分别占总人口和总播种面积的90%和95%,直接经济损失达25万元。

7月下旬至8月上旬,鄂尔多斯市遭受冰雹、暴雨、洪涝灾害,其中达拉特旗、伊金霍洛旗、准格尔旗、东胜区、鄂托克旗受灾严重,共造成8个旗(区)55个乡(苏木、镇)20.55万人受灾,农田、牧草减产3～8成,水利设施破坏严重,民房倒塌,小麦生芽,公路、供电、邮电、通信线路均有不同程度破坏,雷击、触电、水冲死亡8人,直接经济损失达11085.75万元。

8月3日,杭锦旗浩绕柴达木嘎查、阿斯尔嘎村、胜利村、巴音乌素嘎查(村)、巴音补拉格村遭受冰雹、洪涝、龙卷风灾害,造成370个合作社11043户47176人受灾,冰雹毁坏农作物6.32万亩,其中水浇地1.04万亩,2.8万亩农作物绝收,2.46万亩农作物减产5～10成。

1995年 6月21日15时,达拉特旗树林召、王爱召、新民堡一带遭冰雹袭击,造成32220亩农作物受灾,直接经济损失达780万元。

6月30日12—16时,达拉特旗白泥井、吉格斯太、马场壕、盐店乡遭冰雹袭击,造成29430亩农作物、30万亩草场受灾,毁坏沙柳10万亩、果树2060亩,打伤3.4万头(只)牲畜,直接经济损失达1803万元。

1996年 6月,达拉特旗14个乡苏木、6个村的317个合作社遭受冰雹灾害,造成13286户54026人受灾,174560亩农作物成灾,直接经济损失达8059.8万元。

6月24日,杭锦旗锡尼镇阿门其日格村遭受冰雹灾害,造成150户650人受灾,受灾农田2600亩,其中玉米500亩、葵花300亩、山药1000亩、糜子800亩,直接经济损失81.9万元。

7月4日、7月12日、7月13日、7月14日、7月17日,东胜区、达拉特旗、杭锦旗、鄂托克

旗、鄂托克前旗、乌审旗、伊金霍洛旗、准格尔旗先后遭受冰雹袭击,降雹持续20～40 min,最大冰雹直径40 min,积雹厚度7～8 cm。冰雹和洪涝灾害造成8个旗(区)50个乡(苏木、镇)159个村(嘎查)的54190口人受灾,受灾面积达51.7704万亩,成灾面积达37.0196万亩,其中农作物绝收面积11.7万亩,洪水冲走(死)1人,冰雹打伤47人,打死羊2038只,造成危房1088间,直接经济损失12670.83万元。

7月12—14日,杭锦旗阿门其日格村、胜利村、巴音补拉格村、察哈尔乌素村、阿斯尔嘎村遭受暴雨和冰雹侵袭,造成2579户10109人受灾,受灾农作物42119亩,其中38659亩农作物绝收,淹没水井32眼,倒塌棚圈72处,死亡小畜95头(只),直接经济损失2733.3万元。

7月12日,东胜区遭受冰雹灾害,造成大农作物、草牧场严重受灾。

7月23日,杭锦旗锡尼镇阿门其日格村、阿斯尔嘎村、巴音补拉格村遭受冰雹灾害,造成642户2560人受灾,3565亩农田绝收,打伤3人,其中重伤1人,死亡小畜13只,受伤小畜140多头(只),直接经济损失396万元。

8月28日,杭锦旗锡尼镇遭受冰雹灾害,降雹持续5 min,造成119户496人的白菜地全部受灾、508亩农作物受灾,各种秋菜作物遭到不同程度的打击,直接经济损失20.9万元。

1997年 6月6日夜晚,东胜区普降中到大雨,慢赖、泊江海子镇、柴登等乡(镇)遭受洪水和冰雹袭击,造成9200亩农作物被冲毁,1300亩农作物被冰雹打毁,直接经济损失132万元。

6月28日,达拉特旗遭受冰雹袭击,造成46817亩农作物受灾,部分地区农田绝收。

6月下旬末,达拉特旗4个乡遭受冰雹袭击,造成82715亩农作物受灾,部分地区绝收。

7月29日,鄂托克前旗城川镇大沟湾村遭受冰雹灾害,造成3900亩农作物受灾,直接经济损失166万元。

7月31日,鄂托克旗遭受冰雹灾害,造成粮食减产24万kg,雷击死1人,直接经济损失28.8万元。

1998年 6月1日,准格尔旗8个乡镇遭受雹灾、洪灾,造成47060多亩农作物、406亩果树受灾,洪水毁农田410亩,冲毁库坝7座,死亡小畜40只,受伤1人。

6月16日,东胜区、乌审旗出现冰雹天气,且降水强度大,造成东胜区塔拉壕等5个乡(镇)的塑料大棚、蔬菜、农作物不同程度受灾,受灾面积2万余亩,直接经济损失600万元。乌审旗图克镇呼吉尔特村遭受冰雹灾害,造成1.1万亩农作物、9.4万亩草场受灾,受灾牲畜24076头,直接经济损失535万元。

7月21日,准格尔旗准格尔召乡出现冰雹,造成5000亩农作物受灾。

1999年 7月10—11日,达拉特旗7个乡遭受暴风、冰雹袭击,瞬时最大风速25 m/s,降雹持续30 min,造成10000多人、40000亩农作物受灾,直接经济损失达840万元。

7月11日,鄂托克前旗敖勒召其镇三段地村遭受冰雹灾害,造成2万多亩农作物受灾、减产6成以上,死亡牲畜20只、受伤牲畜6000只,直接经济损失100万元。

7月15日,准格尔旗窑沟、长滩等地遭受冰雹袭击,造成1人、18头(只)小牲畜死亡。

2000年 8月9—10日,达拉特旗8个乡(苏木、镇)遭受严重的冰雹袭击,降雹持续20 min,最大冰雹直径30 min,并伴有暴雨大风,降水量达50 mm,造成28个村98个自然村6万余人受灾,受灾农作物6万多亩,成灾4万多亩,其中玉米1.7万亩,2500亩绝收、4000亩减产5成以上;葵花1.2万亩,3500亩绝收,4500亩减产5成以上;蔬菜粮食1.1万亩,4000亩绝收,其余减产5成左右,直接经济损失1500万元。

8月28日16时40分至17时20分,伊金霍洛旗新街镇黄陶勤盖、树壕、乌兰陶盖三村遭受冰雹袭击,降雹持续30 min,冰雹大如鸡卵,积雹厚度15 cm。准格尔旗薛家湾、西营子、东孔兑、窑沟、蓿亥树、纳林和达拉特旗吉格斯太出现冰雹,造成准格尔旗有16个村158个社的6万多亩农作物不同程度受灾,减产3～7成。

8月29日,东胜区泊江海子镇、准格尔旗纳林等地出现降雹天气。东胜区泊江海子镇灾情严重。

8月30日,杭锦旗、东胜区泊江海子等地出现冰雹天气,灾情严重。

2001年 6月10日,鄂托克前旗敖勒召其镇三段地村遭受冰雹灾害,造成8000多亩农作物受灾,直接经济损失300万元。

8月15日,鄂托克旗苏米图公社遭受冰雹灾害,造成直接经济损失754万元。

8月29日,鄂托克旗乌兰镇遭受冰雹灾害,最大冰雹直径30 mm,积雹厚度20 cm,造成包乐浩晓71户210人受灾,毁坏农田4095亩,直接经济损失911.82万元。

8月中旬,东胜区、伊金霍洛旗、鄂托克旗、鄂托克前旗、乌审旗、杭锦旗29个乡(苏木、镇)先后遭受大风、冰雹、洪涝灾害,共造成20679人受灾,其中被困人口819人、死亡6人,受损房屋889间,倒塌民房148间,受灾农作物13.1万亩,成灾农作物13.05万亩,绝收4.23万亩,受灾草牧场133万亩,打伤牲畜64103头(只),打死牲畜2988头(只),倒塌牲畜棚圈51处,水淹28处,水淹筒井、机电井110眼,冲毁省级公路4处、乡级公路300 km,直接经济损失4686.52万元,其中农业直接损失3013.8万元。

9月4日,鄂托克前旗大池村、二道川村遭受冰雹灾害,造成5160亩农作物受灾,死亡大牲畜240头,直接经济损失188.5万元。

9月7日,东胜区罕台镇、泊江海子镇、万利镇和布日都梁乡8个村38个社,伊金霍洛旗哈巴格西乡、寨子塔村、达汗壕村、格丁盖村18个社,布尔台格乡、活鸡图村、巴图塔村4个社,乌兰木伦镇、松定霍洛村7个社境内遭受冰雹袭击,造成荞麦、玉米、山药、糜黍等农作物受灾,荞麦被拦腰打断,玉米打成条状。

2002年 5月12日,鄂托克前旗敖勒召其镇三段地村降雹,造成1万亩农作物受灾,损坏房屋40间,直接经济损失100万元。

6月24日15时前后,准格尔旗纳林与海子塔接壤处的刘家渠、胡家渠、白家渠三村遭受较为严重的冰雹袭击,并伴有洪灾,降雹持续20～30 min,最大冰雹直径60 mm,造成农作物减产6～8成。

6月25日,准格尔旗的海子塔、纳林等地遭受冰雹灾害,最大冰雹直径40 mm,造成4个自然村22个社581户2244人受灾,造成1.33万亩葵花、玉米等农作物绝收,直接经济损失200多万元。

6月26—28日,东胜区、乌审旗、伊金霍洛旗、准格尔旗、达拉特旗连续3 d遭受冰雹袭击,冰雹直径10～30 mm,积雹厚度15 cm,造成39.4万亩农作物受灾,死亡大牲畜100头,直接经济损失9616万元。

7月23日,鄂托克前旗上海庙镇沙章图村、八一村遭受冰雹灾害,造成1333亩农作物受灾,减产达6成,直接经济损失80万元。

7月30日傍晚至7月31日下午,乌审旗出现大暴雨并伴有冰雹,造成1431亩农作物、13.36万亩优质草牧场严重受灾,54户居民房屋倒塌,1634户居民房屋成危房,409头(只)牲畜死亡,4处塘坝被冲毁,3处塘坝(黄陶勒盖乡)出现险情,冲毁桥梁5座,冲毁乡级公路127 km,嘎鲁图苏木至呼和淖嘎查高压线路遭雷击中断,合同乡小石板1名农民和河南乡1名农民遭雷击致死,嘎鲁图马险温都砖窑被水淹,致使砖窑倒塌,砖机、电机损坏,砖坯严重损毁,直接经济损失累计3084万元。

8月9日,东胜区铜川镇、罕台镇遭受冰雹袭击,造成14500亩农作物受灾,直接经济损失120万元。

8月10日,鄂托克前旗敖勒召其镇查干巴拉苏嘎查遭受冰雹灾害,造成1600亩农作物受灾,死亡大牲畜20头,直接经济损失361.2万元。

2003年 东胜区、达拉特旗、杭锦旗、鄂托克旗、鄂托克前旗、乌审旗、伊金霍洛旗、准格尔旗不同程度遭受冰雹灾害,降雹出现时间较往年稍早,尤其是夏季降雨多为阵性降水,伴有冰雹出现的次数较多,持续时间长短不一,从几分钟到半小时,最长达90 min,最大冰雹直径为35 mm,积雹厚度达15 cm,10 h后才能融化完。造成农作物受灾范围广、面积大,部分作物绝收。造成73个苏木(乡镇)18.6万人受灾;受灾农作物80.5万亩,其中绝收26.7万亩;受灾草牧场503.7万亩,损毁林木3.7万亩;受灾牲畜12.8万头(只),死亡1118头(只),倒塌房屋140间,损坏房屋1316间,倒塌牲畜棚圈227处,多处机电井不同程度受损,部分风力发电机被损坏,造成直接经济损失1.9亿元。

7月5日,康巴什区哈巴格希乡达尔汗壕村、格丁盖村、寨子村、马王庙村遭受冰雹灾害,降雹持续1 h,造成12450亩农作物受灾,受灾牲畜8323头,直接经济损失853万元。东胜区冰雹灾害造成8926亩农作物受灾,受灾927户3022人,直接经济损失110万元。鄂托克前旗敖勒召其镇三段地村冰雹灾害造成3096亩农作物、23万亩草牧场受灾,伤亡大牲畜18900头。

7月22日,达拉特旗遭受冰雹灾害,造成约10万亩高产农作物受灾,三分之一绝收,个别村社全部绝收。鄂托克旗乌兰镇降雹,造成直接经济损失600万元。

2004年 5月15日18时至夜间,鄂托克旗木肯淖、苏米图出现冰雹天气,造成2.4万人、2.79万亩玉米、601.5万亩草场受灾,牲畜死亡1600多头,直接经济损失1197万元。

6月,东胜区达拉特旗、杭锦旗、鄂托克旗、鄂托克前旗、乌审旗、伊金霍洛旗、准格尔旗遭受冰雹、雷雨等局地强对流天气袭击,部分地区受灾严重,造成8个旗(区)73个苏木(乡镇、街道)12.24万人受灾,其中死亡3人,受灾农作物47万亩(其中绝收15万亩),受灾草牧场282万亩,损毁林木1.3万亩,受灾牲畜14.58万头只(死亡6203头只),形成危房2096间,倒塌房屋643间,紧急转移安置灾民1082人,倒塌牲畜棚圈42处,冲毁小水库1处,桥洞2座,沙淤水井2眼,冲毁乡村公路32 km,直接经济损失21455万元,农业直接经济损失17606万元。

6月5—6日,伊金霍洛旗、乌审旗、鄂托克旗、杭锦旗7个苏木(乡、镇)遭受冰雹、大风和短时雷雨袭击,造成玉米、糜谷、豆类、葵花、山药、籽瓜、油料、枸杞等农作物被刹茬。

6月15日,鄂托克前旗敖勒召其镇三段地村、城川镇二道川村遭受冰雹灾害,造成9万亩农作物成灾。

6月16日,东胜区遭受冰雹灾害,农作物损失惨重。

7月3日,乌审旗遭受冰雹、雷雨等强对流天气袭击,造成玉米、糜谷、豆类、葵花、山药、籽瓜、油料、枸杞等农作物受灾。东胜区泊江海子镇降雹造成5242亩农作物、3400亩草牧场受灾,18座大棚损坏,直接经济损失722万元。

8月18日，鄂托克前旗、杭锦旗遭受冰雹、雷雨袭击。鄂托克前旗布拉格、毛盖图、三段地、二道川、敖勒召其镇降雹持续 1 h，最大冰雹直径 50 mm，平均积雹厚度 15 cm，最厚处达 34 cm，40 多小时未融化完，最大降雨量 92.9 mm，造成 37500 亩农作物全部绝收，1558 户 2304 人受灾，100 万亩草牧场、3000 亩林木受灾，损坏房屋 312 间，伤亡牲畜 12.2 万头只（死亡 751 头），直接经济损失 9173.0 万元。

8月20日，鄂托克前旗二道川乡遭受冰雹袭击，造成 300 户 770 人受灾，7590 亩农作物绝收，21 万亩草牧场、1000 亩林木受灾，受灾牲畜 2 万头（只），死亡 151 头只。

9月11日，鄂托克前旗敖勒召其镇遭受冰雹灾害，造成 31.3 万亩草牧场受灾，打伤牲畜 1240 头，死亡牲畜 121 头。

2005 年 5月24日、5月26日、5月29日、5月30日，鄂托克前旗、鄂托克旗、乌审旗、东胜区先后遭受冰雹袭击，造成 14536 人受灾，受灾作物面积 11.08 万亩，成灾面积 9.17 万亩，绝收面积 4 万亩，受灾草牧场 75 万亩，直接经济损失 5897 万元。

5月24日17时，鄂托克前旗城川遭受冰雹灾害，降雹持续 30 min，最大冰雹直径约 4 mm，造成 450 亩西瓜、320 亩苹果、300 亩辣椒受损，减产 5 成左右。

5月26日，鄂托克前旗、乌审旗遭受冰雹灾害。鄂托克前旗降雹持续 40 min，最大冰雹直径 30 mm，积雹厚度 8 cm，造成城川镇塔班陶勒盖塔拉 5 间房屋倒塌，2000 头大牲畜死亡，180 万亩草牧场受灾，直接经济损失 1300 万元；敖勒召其镇塔班陶勒盖嘎查，昂素镇克仁格图、毛盖图、玛拉迪、巴音乌素、苏力迪、昂素、巴音柴当、巴音呼拉胡、哈日根图 9 个嘎查，城川镇大沟湾、糜地梁、东达图 3 个嘎查，布拉格苏木特布德、芒哈图、哈沙图 3 个嘎查 186 万亩草牧场受灾，26825 亩水浇地受灾，其中 22300 亩玉米、600 亩西瓜、550 亩辣椒、3025 亩苜蓿、350 亩苹果受灾，受灾农牧民 1003 户 3793 人，伤亡牲畜 2000 多头只（其中打死 1 头牛），倒塌房屋 1 户 5 间，直接经济损失 1320 万元。乌审旗沙尔利格镇出现冰雹，降雹持续 20 min，最大冰雹直径 20 mm，造成沙尔利格镇 2 个嘎查 1 个村 594 户受灾，18000 亩农作物受灾，青苗损害程度达 20%，直接经济损失 360 多万元。

5月30日，东胜区、鄂托克前旗遭受冰雹灾害。13—15时，鄂托克前旗敖勒召其镇 5 个嘎查（村）、珠和苏木 3 个嘎查、布拉格苏木 1 个嘎查、毛盖图苏木 1 嘎查、城川镇 6 个村、三段地镇 3 个村、二道川乡 3 个村遭冰雹袭击，降雹持续约 0.5 h，最大冰雹直径 40 mm，积雹厚度 6 cm，最大瞬时风速 20 m/s（敖勒召其），造成 7 个苏木（乡镇）24 个嘎查（村）2667 户 10149 人受灾，农作物受灾面积 64965 亩，其中玉米 47270 亩、小麦 1400 亩、西瓜、辣椒等蔬菜 11845 亩，其他农作物 4450 亩，37170 亩玉米、1100 亩小麦成灾，2100 多亩蔬菜绝收，受灾草牧场 75 万亩，打死打伤牲畜 800 头（只），大风刮倒损坏大型广告宣传牌 8 个，直接经济损失 4217 万元。

8月1日12时20分前后，鄂托克前旗三段地马场井村四、六、七社遭受了较为严重的冰雹灾害，降雹持续 15 min，积雹厚度 3 cm，最大冰雹直径 20 mm，造成 620 亩农作物受灾，其中玉米 430 亩、西瓜 40 亩、辣椒 30 亩、山药 110 亩、油料及其他作物 20 亩，玉米减产 6 成以上，西瓜、辣椒全部绝收，受灾人口 47 户 173 人，直接经济损失达 50 万元。

8月2日17时前后，伊金霍洛旗苏布尔嘎苏木、敖包圪台村四社遭受冰雹袭击，降雹持续 30 min 左右，最大冰雹直径 10 mm，积雹厚度达 5 cm，造成 124 人、198 多亩农作物受灾，其中 103 亩灾情较严重，多数玉米叶片被打光，糜黍、豆类作物几乎无收成。鄂托克前旗敖勒召其镇冰雹灾害造成 1120 亩农作物受灾，1.2 万亩草牧场受损，直接经济损失 38.4 万元。

9月6日,鄂托克前旗敖勒召其镇查干巴拉嘎苏嘎查遭受冰雹灾害,造成2360亩农作物受灾,减产达1成以上,直接经济损失34万元。

2006年 6月24日,准格尔旗沙圪堵镇遭受冰雹灾害,造成390亩农作物受灾,直接经济损失6万元。

7月26日,准格尔旗遭受冰雹灾害,造成22170亩农作物受灾,直接经济损失690万元。鄂托克前旗昂素镇克仁格图嘎查遭受冰雹灾害,造成400亩农作物受灾,直接经济损失23万元。乌审旗冰雹灾害造成2.9万亩农作物、66万亩草牧场受灾,死亡牛2头、羊72只、鸡300多只,受灾牲畜5000多头(只),倒塌房屋6间(144 m²),受灾农牧民群众1720户6321人,冲坏砂石公路17 km、柏油路50 km,直接经济损失2648万元。

7月27日下午,乌审旗图克镇梅林庙嘎查、呼吉尔特村、陕汉毛利村,无定河镇河南二大队遭受冰雹灾害,冰雹直径6~20 mm,造成农作物15007亩绝收、13642亩减产4~7成,死亡羊48只、鸡100多只,倒塌房屋6间,受损公路67 km,直接经济损失4724万元。康巴什区哈巴格希乡8个村遭受严重冰雹袭击,降雹持续近20 min,最大冰雹直径50 mm,受灾5409人,受灾面积243101亩,其中农作物面积24260亩、经济作物2251亩、天然草牧场面积132180亩、人工草牧场面积84410亩,损坏太阳能热水器56台,受灾牲畜3万多只。准格尔旗降雹造成3.5万亩农作物受灾,直接经济损失1258万元。东胜区罕台镇、泊江海子镇降雹,受灾2688人,受灾农作物2590亩、经济林50亩、天然草牧场7.8万亩,死亡家禽30只、羊2只,100多农户玻璃被打破。鄂托克前旗昂素镇哈日根图嘎查冰雹灾害造成711亩农作物受灾,直接经济损失18万元。

8月9日,鄂托克前旗敖勒召其镇塔班陶勒盖嘎查遭受冰雹灾害,造成500亩农作物受灾,直接经济损失50万元。

8月15日,准格尔旗遭受冰雹灾害,造成9690亩农作物受灾,直接经济损失95.2万元。

9月20日17时13—30分,乌审旗嘎鲁图镇出现冰雹大风天气,最大冰雹直径22 mm,瞬时最大风速19.4 m/s,降水量29.1 mm,造成秋季大白菜减产5~7成。

9月20日15—17时,鄂托克旗木凯淖镇大克泊尔村及周边地区出现大雨、冰雹天气,降水量21.3 mm,最大冰雹直径30 mm,积雹厚度10 cm,积雹至21日上午才融化完,主要受灾农作物有山药、蔬菜、牧草等,受灾区树木上的叶子被打光。

2007年 6月7日15时、8日16时,鄂托克前旗昂素镇、上海庙先后两次遭受冰雹袭击,降雹持续30 min,最大冰雹直径40 mm,造成98户357人受灾,1977亩农田和33.37万亩草牧场受灾,死亡牲畜16只,直接经济损失66万元。

6月29日下午,乌审旗萨如拉嘎查查汉古特勒社遭受冰雹灾害,最大冰雹直径20 mm,造成4623亩农作物受灾(玉米4373亩、其他农作物250亩),其中2018亩绝收,其余减产7成左右,受灾草牧场8.8万亩,因灾倒塌房屋9间,雷击死亡绵羊8只,受灾农牧民群众128户464人,直接经济损失1066.9万元

7月14日,鄂托克前旗敖勒召其镇遭受冰雹袭击,造成农作物减产4~6成,直接经济损失28万元。

7月25日,鄂托克前旗城川镇遭受冰雹袭击,造成777亩农作物减产4~6成,直接经济损失32万元。

7月27日,鄂托克前旗敖勒召其镇遭受冰雹灾害,造成1750亩农作物减产4~6成,直接

经济损失 18 万元。

8 月 6 日下午,杭锦旗夭斯图及以南地区遭受暴风雨、冰雹袭击,降雹持续约 40 min,最大冰雹直径约 30 mm,造成 1200 亩玉米受灾,其中 300 亩基本绝收、其余减产 7 成,受灾草牧场 5200 亩。

9 月 1 日,鄂托克前旗敖勒召其镇遭受冰雹灾害,造成 88 只羊死亡,直接经济损失 204 万元。

2008 年 6 月 11 日 14—16 时,伊金霍洛旗红庆河镇遭受了冰雹袭击,降雹持续 20 min,最大冰雹直径 30 mm,积雹厚度 3 cm,造成 1600 亩玉米、2200 亩糜子和土豆等受灾,其中 1100 亩农作物绝收。17 时,准格尔旗十二连城乡二道拐村、脑包湾村遭受冰雹袭击,降雹持续 20 min,最大冰雹直径 20 mm,造成 5430 亩玉米、胡麻、豆子、葵花、小麦等大田作物受灾,其中 2340 亩西瓜、籽瓜绝收。

6 月 13 日 12 时,乌审旗图克镇遭冰雹袭击,造成 6 万多亩玉米青苗受灾,其中 619 亩(乌图克镇陶报嘎查 2 个牧业社)玉米青苗全部损毁,3 万亩牧场受损,涉及农牧民 26 户 97 人,另有乌兰陶勒盖镇巴音高勒嘎查一户牧民的 18 只羊和 1 匹马被雷击而死,直接经济损失 60 多万元。

6 月 17 日 18 时前后,杭锦旗伊和乌素苏木 2 个嘎查遭受了严重暴风雨、冰雹袭击,暴风雨、冰雹来势凶猛,持续时间长,致使农作物和草牧场都遭到了严重的破坏,受灾农作物 4515 亩,其中 2500 亩基本绝收,受灾草牧场 32.5 万亩。

6 月 29 日 14 时,准格尔旗沙圪堵镇、龙口镇 9 个自然村遭受冰雹袭击,降雹持续 15 min,最大冰雹直径 30 mm,积雹厚度 3 cm,造成 1.8 万亩玉米、糜谷、马铃薯、葵花、豆类、蔬菜、芝麻、花生等农作物受灾,其中 1600 亩绝收。

8 月 16 日,鄂托克前旗昂素镇乌兰胡舒嘎查遭受冰雹灾害,造成 5085 亩农作物受灾,减产 3 成以上。

8 月 25 日,乌审旗遭受冰雹灾害,造成 495 亩农作物受灾,造成直接经济损失 349.4 万元。

8 月 27 日 16—18 时,鄂托克前旗城川镇、昂素镇 6 个嘎查(村)遭受不同程度的冰雹灾害,降雹持续 20 min,最大冰雹直径 20 mm,造成 9045 多亩农作物受灾,其中 7065 亩玉米、372 亩辣椒、402 亩山药、885 亩油葵、321 亩黑豆减产 4 成以上,直接经济损失 320 万元。

9 月 3 日 15 时 10—20 分,达拉特旗吉格斯太镇、白泥井镇遭受冰雹灾害,并伴有强降水,降雹持续 10 min,最大冰雹直径 10 mm。

9 月 14 日 14 时 40 分,鄂托克前旗敖勒召其镇三段地马场井、巴拉庙搬迁区和昂素镇克仁格图嘎查遭受冰雹灾害,降雹持续 25 min,最大冰雹直径 10 mm。

2009 年 7 月 27 日,伊金霍洛旗红庆河镇遭受冰雹灾害,造成近万亩玉米及蔬菜不同程度受灾。

7 月 29 日,鄂托克旗阿尔巴斯苏木遭受冰雹灾害,造成 670 亩农田受灾,直接经济损失 70 万元。

7 月 30 日 17 时 40 分,达拉特旗王爱召镇、昭君镇 3 个嘎查(村)遭受冰雹灾害,最大冰雹直径 10 mm,降雹持续 6 min,造成 1 万多亩农作物受灾,其中玉米 8475 亩、葵花 1605 亩,直接经济损失 448.3 万元。

2010 年 6月23日18时45分,东胜区罕台镇遭受冰雹灾害,降雹持续33 min,最大冰雹直径8 mm,降水量3.6 mm。14时40分,鄂托克旗木凯淖尔镇遭受冰雹袭击,降雹持续15~20 min,最大冰雹直径20 mm,造成1950亩农作物受灾,直接经济损失95.5万元。

7月10日15时08分至17时48分,准格尔旗苏计沟、帮朗太和薛家湾镇城区出现暴雨、冰雹天气,降水量达62.5 mm,最大雨强36.7 mm/h,降雹持续45 min,最大冰雹直径20 mm,造成5410人、16900亩作物受灾,其中11790亩成灾,1400亩(全部油菜)绝收,损失粮食5000 kg,倒塌房屋172间。

7月16日,杭锦旗造成锡尼镇遭受冰雹灾害,造成农作物叶子全部脱落、绝收,损坏蔬菜大棚,倒塌房屋12间,直接经济损失189.0万元。

7月17日,乌审旗图克镇遭受冰雹灾害,造成2800亩农作物受灾,直接经济损失11万元。

8月31日,鄂托克前旗城川镇大沟湾村遭受冰雹灾害,造成1063亩农作物、140亩经济作物受灾。

2011 年 6月13日13时05分至16时10分,杭锦旗亚素图和锡尼镇出现强对流天气,并伴有冰雹、短时强降水,造成锡尼镇地区蔬菜大棚棚膜严重破坏,倒塌房屋12间,直接经济损失189万元。14时30分至15时10分,达拉特旗白泥井镇、吉格斯太镇出现冰雹灾害,最大冰雹直径20 mm。15时前后,鄂托克前旗昂素镇巴音乌素嘎查苏布日嘎、希泊尔和乌素3个牧业社及毛盖图嘎查出现冰雹天气,降雹持续近30 min,最大冰雹直径30 mm,积雹厚度5 cm。16—17时,乌审旗无定河镇沙拉乌苏村出现冰雹天气,降雹持续20 min左右,最大冰雹直径20 mm,造成6585亩玉米、山药和西瓜等农作物受灾,其中1000亩西瓜绝收,其他减产5~6成,直接经济损失240万元。

7月11日,准格尔旗布尔陶亥苏木公益盖村、铧尖村等村(嘎查)和大路镇小滩子村遭受冰雹灾害,布尔陶亥苏木降雹持续约30 min、最大冰雹直径30 mm,大路镇降雹持续约15 min,最大冰雹直径30 mm,造成1.6万亩农作物受灾,受灾9200人。

7月13日,准格尔旗沙圪堵镇3个村降雹,造成482人受灾,受灾农作物2460亩,直接经济损失149万元。乌审旗乌兰陶勒盖镇遭受冰雹灾害,造成38户114人、1125亩农作物受灾,直接经济损失67万元。

7月16日14时30—41分,准格尔旗纳日松镇勿图门村、大路峁村、羊市塔村、柳塔村、山不拉村、乌拉素村、红进塔村遭受冰雹灾害,降雹持续约11 min,最大冰雹直径30 mm,造成玉米、土豆、豆类、糜子、谷子、蔬菜等农作物受灾。

7月21日14—15时,乌审旗5个苏木(镇)8个嘎查(村)遭受冰雹袭击,降雹持续45 min,最大冰雹直径20 mm,造成345户1261人、6670 hm² 草牧场受灾。17时25分,鄂托克前旗城川镇糜地梁嘎查、希里嘎查、新寨子嘎查和昂素镇部分地区出现冰雹,降雹持续约20 min,最大冰雹直径约15 min,造成500亩农作物受灾,其中425亩绝收,死亡牲畜45只,直接经济损失60万元。

7月18日18时前后,乌审旗无定河镇排子湾村遭受冰雹灾害。

7月27日23时,乌审旗苏力德苏木部分地区遭受严重冰雹灾害,降雹持续40 min,最大冰雹直径15 mm,造成7275亩农作物、9万亩草牧场受灾,直接经济损失496万元。

8月1日21时前后,乌审旗乌兰陶勒盖镇巴音敖包嘎查遭受冰雹袭击,降雹持续20 min

左右,最大冰雹直径10 mm,造成3795亩农作物受灾,直接经济损失102.6万元。鄂托克旗乌兰镇出现冰雹,降雹持续8 min,最大冰雹直径10 mm,造成29人受灾,225亩农作物受灾,其中180亩成灾、90亩绝收,死亡羊110只、大牲畜28只,直接经济损失35万元。

8月21日18时50分,鄂托克前旗上海庙镇乌堤、阿勒台、公乌素、芒哈图嘎查,敖勒召其镇漫水塘村、三段地村、巴朗庙村、伊克乌素嘎查、三段地社区遭受大风、冰雹袭击,降雹持续约13 min,最大冰雹直径15 mm,造成8094亩农作物受灾,倒塌房屋25间,死亡大牲畜5只。

8月22日15—19时,乌审旗6个苏木(镇)27个嘎查(村)遭受冰雹袭击,降雹持续约60 min,最大冰雹直径80 mm,造成2849户10249人受灾,7.2万亩农作物、25万亩草场受灾,其中2.8万亩农作物绝收,死亡牛4头、羊46只、猪47头、养殖兔2000多只、鸡80多只,倒塌房屋3处,直接经济损失5802万元,其中农牧业经济损失5799万元。伊金霍洛旗札萨克镇台格庙乡、乌达柴达木村遭受冰雹灾害,造成7200亩农作物受灾,直接经济损失550万元。

8月23日14时55分,康巴什区出现短时雷雨天气,并伴有冰雹,最大冰雹直径16 mm,降雹持续约15 min,积雹堆1 h后仍未融化完,造成城区内涝,对城市交通也造成了一定的影响。鄂托克前旗伊克乌素嘎查、三段地村遭受冰雹灾害,1.2万亩农作物受灾,倒塌房屋1间,死亡大牲畜67头,直接经济损失1263.6万元。

2012年 5月31日12时,准格尔旗龙口镇麻地梁村遭受冰雹袭击,降雹持续10 min,最大冰雹直径10 mm,积雹厚度1 cm,造成4300亩玉米、豆类、油料等农作物受灾,直接经济损失343万元。13—17时,伊金霍洛旗红庆河镇出现雷阵雨天气,并伴有冰雹出现,降雹持续10 min,最大冰雹直径25 mm,积雹厚度2 cm,直接经济损失100万元。

6月7日,鄂托克前旗昂素镇巴彦柴达木嘎查、巴彦呼日呼嘎查遭受冰雹灾害,1950亩农作物、6万亩优质草场受灾,直接经济损失67万元。

6月22—27日,达拉特旗连续发生大风、冰雹灾害,其中恩格贝镇、中和西镇、树林召镇、昭君镇、展旦召苏木、白泥井镇、王爱召镇等遭受冰雹侵袭,最大冰雹直径30 mm,造成40个村160社10455户27244人受灾,受灾农作物13万亩,成灾农作物9.5万亩,绝收农作物7845亩,打死羊180只,损坏房屋18间,掩埋机井8眼,冲毁小口井44眼,洪水冲毁护堤坝6处,雷击毁1台50 kW变压器(恩格贝镇查窑沟村),冰雹灾害造成直接经济损失8741万元,其中农牧业经济损失8626万元。

6月19日,乌审旗嘎鲁图镇遭受冰雹灾害,造成350亩农作物受灾,4座大棚损坏,直接经济损失70万元。

6月23日,东胜区罕台镇出现冰雹,降雹持续10 min左右,最大冰雹直径15 mm。鄂托克前旗城川镇马鞍桥村,乌审旗乌兰陶勒盖镇、图克镇、嘎鲁图镇、乌审召镇、苏力德苏木14个嘎查(村)先后遭受冰雹、大风、雷电灾害,冰雹持续15~30 min,最大冰雹直径15~20 mm,造成鄂托克前旗城川镇马鞍桥村2000亩农作物受灾,60余户受灾,直接经济损失100万元;乌审旗2万亩农作物、80亩育苗地、10.4万亩草牧场受灾,其中6000多亩农作物绝收,损坏蒙古包5个、住房5间、变压器1台、牲畜棚圈3间、死亡牛3头、羊37只,受灾群众861户2562人,直接经济损失1088.6万元,其中农牧业损失688.8万元。

6月24日,乌审旗图克镇遭受冰雹灾害,造成15.8万亩农作物受灾,受灾农牧民623户1829人,直接经济损失158.3万元。

6月25日,伊金霍洛旗乌兰木伦镇查干苏村降雹,造成1.6万亩农作物受灾,直接经济损失489万元。乌审旗嘎鲁图镇遭受冰雹灾害,造成1600亩农作物受灾,其中4户的玉米地严重受灾,5座15间居民住宅遭受不同程度破坏,打死鸡130只,涉及73户222人,直接经济损失70万元。

7月28日,鄂托克前旗昂素镇玛拉迪嘎查、克仁格图嘎查、乌兰胡舒嘎查遭受冰雹灾害,造成85%的农作物绝收,打折树木80多株,打死羊106只,直接经济损失430万元。

2013年 6月14日15时20—30分,达拉特旗恩格贝镇蒲圪卜村和新圪旦村、耳字沟、呼斯图,昭君镇和胜村、沙圪堵村、侯家圪堵、刘大圪堵均遭受不同程度的冰雹灾害,降雹持续10 min,最大冰雹直径30~50 mm,造成恩格贝镇蒲圪卜村4700亩农作物受灾,直接经济损失743万元;新圪旦村2500亩农作物受灾,直接经济损失283万元;耳字沟70亩农作物受灾,直接经济损失5万元;呼斯图300亩农作物受灾,直接经济损失20万元;昭君镇和胜村1.7万亩农作物受灾,受灾275户1871人,直接经济损失800万元;沙圪堵村1745亩农作物受灾,受灾152户456人,直接经济损失160万元;侯家圪堵350亩农作物受灾,受灾56户186人,直接经济损失70万元;刘大圪堵6370亩农作物受灾,受灾1350户3738人,直接经济损失162万元。

6月28日20时前后,鄂托克前旗上海庙镇水泉子村十三里套遭受冰雹袭击,降雹持续约30 min,最大冰雹直径12 mm,造成920亩农作物受灾,直接经济损失103.8万元。

6月30日,东胜区遭受暴雨洪涝、冰雹灾害,降雹持续约15 min,最大冰雹直径30 mm,造成东胜城区低洼处积水严重,部分平房浸水,基础设施及植被受到不同程度破坏,道路堵塞,电力线路中断,并有79处塌方,车辆受损严重,19人遇难。达拉特旗树林召镇、王爱召镇遭受冰雹灾害,造成树林召镇2.4万亩农作物受灾、直接经济损失188.2万元;王爱召镇生成永村1800亩农作物受灾,受灾56户167人,直接经济损失190.8万元;南红桥村4200亩农作物受灾,受灾232户926人,直接经济损失314.8万元;三份子村2200亩农作物受灾,受灾92户360人,直接经济损失145.2万元;宋五营子村500亩农作物受灾,受灾22户80人,直接经济损失22.5万元;榆林子村300亩农作物受灾,受灾15户55人,直接经济损失13.5万元。

7月7日15时20分开始,准格尔旗沙圪堵镇纳林村前西湾社、后西湾社、纳林社、黄不拉社、什趫牛塔社遭受冰雹灾害,降雹持续20 min,最大冰雹直径15 mm,造成1309亩玉米受灾。达拉特旗风水梁镇、树林召镇降雹,造成风水梁镇刘长沟600亩农作物受灾,直接经济损失27万元;石匠窑子40亩农作物受灾,直接经济损失1.2万元;母哈日沟70亩农作物受灾,直接经济损失2.1万元;树林召镇城塔村800亩农作物受灾,直接经济损失40万元。

7月17日,达拉特旗白泥井镇、王爱召镇遭受冰雹灾害,造成9个社126户404人受灾,6400亩农作物受灾,直接经济损失388.6万元。乌审旗乌兰陶勒盖遭受洪涝、大风、冰雹灾害,雹打农作物403亩,水淹农作物2020亩,大风刮倒农作物7080亩,另外11户房屋、羊棚出现严重墙体倒塌,灾情共涉及到449户1305人,造成直接经济损失343万元。

7月18日18时,达拉特旗昭君镇巴音嘎查万成功西社、中社、东社遭受冰雹灾害,造成400亩玉米、100亩葵花受灾,减产3成。

7月21日,杭锦旗独贵特拉镇、塔然高勒管委会、锡尼镇等地区遭受大风、冰雹,降雹持续约10 min。达拉特旗中和西镇降雹,造成8970亩农作物受灾,受灾315户910人,直接经济损失136万元。

7月22日,杭锦旗独贵特拉镇、塔然高勒管委会、锡尼镇等地区遭受了两次大风、冰雹袭击,造成锡尼镇1412户4027人、41万亩农作物、6万亩hm^{2}林木受灾,死亡牲畜183(头)只,倒塌房屋11户31间,严重损坏房屋12户40间,1座水库被淹,多处彩钢顶棚被掀翻,损毁电线0.6 km、电杆12根,直接经济损失1017.0万元,其中农业损失达827万元。

7月29日20时20分,准格尔旗十二连城乡遭受冰雹袭击,造成3900亩农作物受灾,直接经济损失204万元。

7月30日14—15时,伊金霍洛旗红庆河镇出现了阵性降水并伴有较强降雹天气,降雹持续10多分钟,最大冰雹直径40 mm,造成17650亩农作物受灾,直接经济损失506.9万元。达拉特旗风水梁镇、树林召镇遭受冰雹灾害,造成22个社350户1300人受灾,4617亩农作物受灾,直接经济损失293万元。14时30分,准格尔旗布尔陶亥苏木乡苏木铧尖村、李家塔村、腮五素村、蒿召赖嘎查、公益盖村和达坝席利嘎查普降大到暴雨,期间不同程度夹杂冰雹,降雹持续30 min,最大冰雹直径10~35 mm,造成2883户7082人、17186.5亩农作物受灾,其中7598亩农作物绝收,因大风冰雹致相互踩踏、棚圈坍塌死亡36只圈养山羊,直接经济损失953万元。

8月1日15时,达拉特旗白泥井镇遭受了强降雨和冰雹的袭击,造成白泥井镇海勒素村11社401户1990口人受灾,农作物受灾面积8847亩,其中玉米8227亩,直接经济损失419.577万元;葵花620亩、直接经济损失18.6万元。

8月2日,达拉特旗王爱召镇降雹,造成6户22人、44亩农作物受灾,直接经济损失2.4万元。

8月4日,达拉特旗展旦召苏木、昭君镇遭受冰雹灾害,造成展旦召苏木8个村676户1429人受灾,受灾农作物(主要是玉米、荞麦、山药和其他谷类)14799亩,其中哈达图村、石活子村和青达门的13551亩农作物基本绝收、1248亩受灾减产,直接经济损失共计1192万元;昭君镇4个行政村29个自然社674户1989人受灾,农作物受灾面积12245.3亩,其中玉米9147亩、土豆887.5亩、荞麦598亩、大豆350亩、蔬菜97.5亩、谷子50.3亩、萝卜20亩、油料作物59亩,直接经济损失1105.552万元。

8月5日18—20时,乌审旗图克镇出现瞬间短时强风、冰雹等强对流天气,降雹持续约20 min,最大冰雹直径40 mm,造成5000亩农作物受灾,1户彩钢房屋顶棚被大风掀翻,5根水泥电线杆被风折断,3根动力线被扯断,15亩蔬菜大棚受到不同程度的损坏,1户房屋损坏,1头牛被雷击死,直接经济损失585万元。杭锦旗锡尼镇遭受冰雹灾害,造成368户1051人(其中重伤1人,轻伤1人)受灾,1.76万亩农作物受灾,1.8万多株松树苗遭受不同程度损伤,70 m² 棚圈、100 m² 鸡舍坍塌,直接经济损失727万元,其中农业直接经济损失529万元。鄂托克前旗敖勒召其镇遭受冰雹灾害,造成15055亩农作物受灾(5810亩绝收),直接经济损失706.0万元。

8月8日16时30分至18时00分,准格尔旗龙口镇大口村遭受强降雨及冰雹等强对流天气,造成8180余亩农田受灾,包括玉米4400亩、土豆800亩、糜子1000亩、荞麦300亩、豆类500亩、谷子300亩、葵花417亩、蔬菜瓜果400余亩、棉花63亩,其中7717亩减产6成,400余亩蔬菜和63亩棉花绝收,花果受灾达7成,冲断38 km村社道路,冲毁1口人畜饮水井,刮断2株大树,压断2处电线。

8月9日,达拉特旗树林召镇降雹,造成300户750人、3500亩农作物受灾,直接经济损失262万元。

8月10日22时30分开始,杭锦旗吉日嘎朗图镇的光前村、光永村等5个嘎查(村)及独贵塔拉镇的刀图村等地出现雷电大风、冰雹等对流天气,持续 3 个多小时,最大冰雹直径 30 mm,造成 662 户 1848 人受灾,3 万多亩玉米、葵花等农作物受到冰雹灾害不同程度损坏,直接经济损失 1145.0 万元。

9 月 9 日 16 时 00—20 分,准格尔旗纳日松镇羊市塔镇乌拉素村、大西沟村、松树焉村、山不拉村出现冰雹天气,造成 529 亩糜子、172 亩谷子、1031 亩玉米、526 亩荞麦、75 亩蔬菜、14 亩黑豆、5 亩黄豆、4 亩绿豆、10 亩黄箭草受灾,灾情涉及 281 户,直接经济损失 72.68 万元。

9 月 12 日午后,准格尔旗十二连城乡沙南广太昌村、西柴登村、蛮汉壕村和西不拉村遭受冰雹袭击,造成 2885 亩农作物受灾,直接经济损失 140 万元。

2014 年 6 月 5 日,达拉特旗恩格贝镇、中和西镇降雹,造成恩格贝镇 112 户 235 人、2200 亩农作物受灾,直接经济损失 66 万元,中和西镇 4 个社 203 户 473 人受灾,3050 亩农作物受灾。

6 月 6 日,达拉特旗吉格斯太镇降雹,造成 125 户 386 人受灾,11400 亩农作物受灾,直接经济损失 316.3 万元。

6 月 21 日,达拉特旗中和西镇、恩格贝镇出现强降水并伴有冰雹,降雨量达 40 mm,降雹持续近 20 min,最大冰雹直径 15 mm,造成中和西镇牧业村、万太兴村、南布日嘎斯太村、官井村等 4 个村 12 个社 73 户 316 人受灾,1489 亩农作物(主要是玉米)受灾,直接经济损失 209.7 万元;冲毁官井村 40 多米的截伏流蓄水坝,影响 2600 多亩农作物灌溉;造成恩格贝 683 户;1229 人受灾,10525 亩农作物受灾,直接经济损失 755.3 万元。

6 月 23 日,达拉特旗昭君镇门肯嘎查降雹,造成门肯嘎查 4 个社 78 户、7700 亩农作物受灾,直接经济损失 345.1 万元。

6 月 26 日,达拉特旗风水梁镇王家壕村降雹,造成王家壕村 7 个社 85 户 212 人、1100 亩农作物受灾,直接经济损失 82 万元。

6 月 29 日 16 时 25—32 分,鄂托克旗木凯淖出现强对流天气,其中木凯淖镇巴彦淖尔乡 9 个村出现冰雹,降雹持续约 7 min,最大冰雹直径 40 mm,造成 930 人受灾,24.7 万亩草牧场受灾,死羊 88 只,3 人被冰雹袭击致头、背部软组织受伤,12 座住房不同程度损坏。乌审旗乌兰陶勒盖镇、乌审召镇、无定河镇,苏力德苏木(镇)先后出现冰雹、雷电等强对流天气,降雹持续 20 多分钟,最大冰雹直径约 35 mm,造成 2972 户 8724 人受灾,7.4 万亩玉米受灾,其中 4.8 万亩绝收,15.4 万亩草场、1260 亩水浇地种草受灾,死亡牲畜 14 头(只)、家禽 500 只,损坏养殖棚 800 m^2,损毁桥梁 5 处,直接经济损失约 1735 万元。

6 月 30 日 14—15 时,准格尔旗布尔陶亥苏木腮五素村可可利社、黄色拉沟社、河东社、腮五素社、新房社、庙梁社,龙口镇麻地梁村、韩家塔村、大圐圙梁村、公盖梁村、南窑梁村、沙也村、龙口社区、台子梁村、沙坪梁村遭受冰雹侵袭,造成 2300 亩玉米、460 亩土豆、20 亩蔬菜、70 亩糜子受灾。14 时 25 分,龙口镇部分村社出现强降水伴有冰雹,造成 9 个村(社区)受灾,其中 7 个村、社区(麻地梁村、韩家塔村、大圐圙梁村、公盖梁村、南窑梁村、沙也村、龙口社区)受灾较重,2 个村(台子梁村、沙坪梁村)受灾较轻,史榆线、魏榆线、纳榆线公路受损,受冰雹袭击,农作物受灾面积达 21787 亩,经济损失约 1743 万元;杏树、桃树等经济林受损 413 亩,经济损失约 20 万元;史榆线、魏榆线、纳榆线部分公路多处排水受损,石块冲堵在路面,影响道路通行安全;108.7 km 通村砂石路、土路被冲断,直接经济损失约 200 万元;雨水冲刷造成 2 户房屋主墙坍塌、2 户院墙坍塌、7 户棚圈坍塌,损失约 20 万元。

6月30日、7月1日,准格尔旗沙圪堵镇连续遭受冰雹袭击,造成1514亩旱地玉米、10569亩水地玉米、1224.2亩土豆、458亩大豆、455亩糜子、105亩谷子、171.7亩蔬菜受灾,打死2口猪、13只羊,损坏1间房屋,损毁116 km村级道路,1252户3130人受灾。

7月1日,达拉特旗王爱召、白泥井、树林召等苏木(镇)部分村、社遭受风雹袭击,造成15个村、47个社3191户8461人受灾,受灾面积为5.07万亩,其中成灾面积为3.5万亩,绝收面积为1028亩,直接经济损失为2437.7万元。

7月3日,乌审旗遭受冰雹灾害,造成4500亩农作物、3955亩草场受灾,雷击死2只羊,直接经济损失102万元。

7月14日,达拉特旗风水梁镇三眼井村三眼井、王连城塔2个社和吉格斯太镇蛇肯点素村遭受冰雹袭击,造成风水梁镇2个社800亩玉米受灾,受灾人口24户103人,直接经济损失12万元;吉格斯太镇蛇肯点素村802亩农作物受灾,直接经济损失12万元。

7月29日,准格尔旗纳日松镇、沙圪堵镇突遭雷雨、冰雹侵袭,降雹持续约10 min,最大冰雹直径约20 mm,造成纳日松镇10村、72社4358户1.1767万人受灾,成灾总面积达1.2万亩,其中绝收面积达5475亩,主要受灾农作物有玉米、糜子、谷子、荞麦、土豆、蔬菜、豆类、油料、葵花、小杂粮等。达拉特旗树林召镇五股地村、林原村村、河落图村遭受冰雹灾害,造成五股地村2个社13户41人受灾,40亩农作物受灾,直接经济损失54.5万元;林原村5个社570户1502人受灾,2840亩农作物受灾,直接经济损失615.8万元;河落图村2个社10户27人受灾,100亩农作物受灾,直接经济损失7.8万元。乌审旗遭受冰雹灾害,造成2630户9053人受灾,12.34万亩农作物受损、其中西瓜9345亩,成灾面积12万亩,绝收3.1万亩,雷击死绵羊1只、伤3只。

7月31日,达拉特旗风水梁镇王家壕村和王爱召镇德胜泰、新城、大淖遭受冰雹灾害,造成王家壕村2000亩农作物受灾,直接经济损失150万元;德胜泰373户1141人受灾,造成1.12万亩农作物受灾,直接经济损失645.2万元;新城262户740人受灾,造成4300亩农作物受灾,直接经济损失224万元;大淖117户344人受灾,造成1.12万亩农作物受灾,直接经济损失645.2万元。

8月1日,达拉特旗昭君镇和胜村遭受冰雹灾害,造成和胜村4个社78户受灾,7670亩农作物受灾,直接经济损失345.1万元。

8月2日,达拉特旗树林召镇城塔村降雹,造成4787亩农作物受灾,直接经济损失266.2万元。

8月3日,达拉特旗树林召镇五股地村、风水梁镇刘长沟村、白泥井镇柴登遭受冰雹灾害,造成五股地村290亩农作物受灾,直接经济损失117.5万元;刘长沟村1050亩农作物受灾,直接经济损失35.8万元;柴登170亩农作物受灾,直接经济损失8.2万元。

8月9日,鄂托克前旗昂素镇巴彦乌素嘎查、哈日根图嘎查、巴彦呼日呼嘎查遭受冰雹灾害,造成3500亩农作物受灾,电杆断16根、变压器受损1台、棚圈倒塌5处、房屋倒塌1户,受灾牲畜4头,直接经济损失110万元。

8月12日14—15时,伊金霍洛旗阿腾希热镇、苏布尔嘎镇的部分地区出现了阵性降水并伴有较强降雹天气,降雹持续10多分钟,最大冰雹直径40 mm,积雹厚度2~3 cm,造成苏布尔嘎镇乌尔章村8户16人受灾,208亩农作物受灾,直接经济损失24万元;阿腾希热镇85户236人受灾,830亩农作物受灾。17时,乌审旗音希里嘎查遭受冰雹灾害,造成160亩农作物受灾，直接经济损失5万元。

8月18日，鄂托克前旗城川镇糜地梁嘎查、昂素镇、上海庙镇遭受冰雹灾害，造成棚圈倒塌5处，房屋倒塌1户，死亡牲畜5头，直接经济损失200.0万元。乌审旗乌审召镇遭受冰雹袭击，造成1730亩农作物受灾，直接经济损失37万元。

8月27日14时30分前后，伊金霍洛旗和乌审旗图克镇、乌兰陶勒盖镇、乌审召等部分村、嘎查先后出现冰雹、雷电、强降水等强对流天气，最大冰雹直径约13 mm，降雹持续20多分钟，造成2旗4个苏木（乡镇）2203户5763人受灾，农作物受灾面积为16980亩，农业损失71万元。其中乌审旗1306户4222人受灾，农作物绝收面积1080亩，1匹马被雷电击死，累计经济损失达533万元，农业经济损失531万元。

2015年 6月4日12时前后，准格尔旗龙口镇柏相公、郑峁梁、麻地梁、大圐圙梁、南窑梁等8个村遭受冰雹强对流天气，造成8个村75个社3478户10634人受灾，22720亩农田受灾，其中11085亩玉米、7807亩谷子、3828亩豆类，减产4成，直接经济损失159万元。乌审旗遭受冰雹灾害，造成8户33人受灾，270亩农作物受灾，打死1只羊，直接经济损失5万元。

6月21日，鄂托克旗木凯淖尔镇6个村遭受冰雹灾害，造成8830亩农作物受灾，死亡羊25只，直接农业经济损失176.6万元。达拉特旗中和西镇牧业村遭受冰雹灾害，造成3个社14户48人受灾，470亩农作物受灾，直接经济损失47万元。21—22时，乌审旗呼和陶勒盖嘎查、嘎鲁图镇嘎鲁图村一带出现短时强对流天气，并伴有冰雹，最大冰雹直径40 mm，降雹持续20 min，造成4个苏木（镇）17个嘎查（村）5101户12918人受灾，77454亩农作物受灾，其中68200亩成灾，20650亩绝收，15亩大棚蔬菜受灾，2.1万亩草地、221万亩草场受灾，死亡羊84只、牛5头，损毁太阳能热水器1台，直接经济损失4001万元，其中农作物经济损失3354万元。

7月6日下午，鄂托克前旗敖勒召其镇大沙头村、三段地村、洪山塘村、巴拉庙村和查干巴拉嘎苏嘎查，上海庙镇八一村、水泉子村等局部地区遭受冰雹袭击，降雹持续约15 nim，最大冰雹直径20 mm，造成农作物及草场受到严重损害，直接经济损失515万元。

7月15日13时26分，达拉特旗白泥镇遭受了强降雨和大风冰雹的袭击，降雹持续5~6 min，最大冰雹直径10 mm，造成白泥镇2村17社481户1510人受灾，10093亩农作物受灾，其中8583亩玉米、1510亩小麦，直接经济损失479万元。

7月16日14时10—20分，达拉特旗中和西遭受冰雹灾害，降雹持续5~10 min，冰雹直径30~50 mm，造成4个行政村14个社109户323人受灾，5256亩农作物受灾，其中5226亩玉米、20亩土豆、10亩杂粮，直接农业经济损失420.6万元；雨水冲毁南布日嘎斯太村机井2眼，损失3万余元；15时，恩格贝镇遭遇强降雨天气并伴有冰雹，造成6个村31个社1261人受灾，13711亩农作物受灾，其中玉米9970亩、山药803亩、籽瓜400亩成灾，1030亩绝收，直接经济损失840万元。14时21分至15时42分，鄂托克旗木凯淖尔镇、苏米图苏木、乌兰镇遭遇短时间强对流天气并伴有冰雹，降雹持续17 min，造成236户752人受灾，6600亩农作物受灾，直接经济损失221.79万元。15—19时，伊金霍洛旗红庆河镇、伊金霍洛镇出现了阵性降水并伴有较强降雹天气，降雹持续25 min，最大冰雹直径3 mm，造成红庆河镇的6个村5个社794户2087人受灾，受灾农作物1.6万亩；其中伊金霍洛镇302户616人受灾，玉米3050亩、土豆500亩农作物受灾，直接经济损失200万元。鄂托克前旗遭受冰雹灾害，造成敖勒召其镇、城川镇、昂素镇、上海庙镇的农作物和草场受到不同程度的损害，直接经济损失1223万元。乌审旗遭受冰雹灾害,造成 2749 户 7695 人受灾,农作物受灾面积 17.7 万亩,成灾面积 15.3 万亩,绝收面积 5430 亩。

7月20日17时08分,达拉特旗白泥井镇遭受了强降雨和大风冰雹的袭击,造成白泥镇 4 个村 9 社 115 户 348 口人受灾,2505 亩农作物受灾,其中玉米 2364 亩、糜子 26 亩、土豆 94 亩、其他 21 亩,洪水冲毁机电井 1 眼,冲毁玉米 35 亩,淹没玉米 165 亩,直接经济损失 187 万元。

7月21日,鄂托克前旗昂素镇玛拉迪嘎查、苏力迪嘎查、上海庙镇八一村、水泉子村遭受冰雹灾害,打伤牲畜 8 只,冲毁水井 1 处,部分棚圈受损,直接经济损失 615 万元。

7月28日14时50分—16时30分,伊金霍洛旗红庆河镇木河敖包三社、乌兰敖包村、其和淖尔村先后出现了阵性降水并伴有大风冰雹天气,降雹持续约 30 min,最大冰雹直径 5 mm,造成其和淖尔村、木呼敖包村、乌兰敖包村 6750 户 27000 人受灾,直接经济损失 2900 万元。

7月29日,达拉特旗展旦召苏木降雹,造成 10 个村 63 个社 646 户 1668 人受灾,农作物受灾面积为 9070 亩,其中成灾面积为 4950 亩、绝收面积为 4117 亩,直接经济损失为1086.5 万元。

8月4日,准格尔旗大路镇遭受冰雹灾害,造成大路镇二旦桥村 350 亩玉米、100 亩马铃薯、50 亩豆子、30 亩糜子受灾;何家塔村 202 亩玉米、190 亩瓜蔬受灾,淹没水浇地 11.7 亩。

2016 年 6月3日15时20分,乌审旗乌兰陶勒盖镇、乌审召镇出现雷电、暴雨强对流天气,部分地区遭受冰雹袭击,最大冰雹直径约 10 mm,降雹持续约 30 min,造成 2 个苏木(镇)9 个嘎查(村)1350 户 3941 人不同程度受灾,48480 亩农作物受灾,3 只山羊死亡,200 m² 彩钢顶饲料棚塌陷,直接经济损失 398.6 万元。

6月6日16时00—30分,准格尔旗薛家湾镇、沙圪堵镇、暖水乡等地遭受短时强降水、冰雹天气侵袭,造成薛家湾镇 5 个村、8 个社、11926 亩农田受害,其中冰雹灾害 2712 亩,水淹农田 9214 亩,主要受灾农作物包括玉米、谷类、糜黍、豆类、油料等,受灾最为严重的是白大路村白大路社。

6月9日,准格尔旗薛家湾镇、大路镇遭受冰雹和龙卷风袭击,最大冰雹直径 20～30 mm,造成 35150 亩农作物受灾。

6月12日,达拉特旗中和西镇、恩格贝镇遭受冰雹灾害,最大冰雹直径 10 mm,造成中和西镇牧业村、南布嘎斯太村 3 个社 67 人受灾,501 亩农作物受灾,其中 173 亩绝收,直接经济损失 28.6 万元;恩格贝镇耳字沟村 7 个社 64 户 185 人、2200 亩农作物受灾,直接经济损失 19.8 万元;查干沟村 11 个社 113 户 257 人受灾,受灾农作物 2841 亩,直接经济损失 46.06 万元;哈拉亥图壕村 9 个社 71 户 142 人受灾,受灾农作物 2807 亩,直接经济损失 67.91 万元;茶窑沟村 3 个社 76 户 204 人受灾,受灾农作物 2483 亩,直接经济损失 36.09 万元。

6月13日下午,达拉特旗恩格贝镇、展旦召苏木、昭君镇、白泥井镇、吉格斯太镇等苏木(镇)相继遭受冰雹灾害,最大冰雹直径约 10 mm,降雹持续约 15 min,造成恩格贝镇蒲圪卜村 15 个社 762 户 2191 人受灾,11500 亩农作物受灾,直接经济损失 172.5 万元;乌兰村 12 个社 296 户 739 人受灾,8700 亩农作物受灾,直接经济损失 54.5 万元;白泥井镇柴登村 6 个社 50 户 146 人受灾,605 亩农作物受灾,直接经济损失 146 万元;风水梁镇公乌素 2 个社 33 户 104 人受灾,1800 亩农作物受灾,直接经济损失 54 万元;大纳林 1 个社 20 户 60 人受灾,210 亩农作物受灾,直接经济损失 6.3 万元;昭君镇赛乌素村 7 个社 417 人受灾,600 亩农作物受灾;查干村 18 个社 2355 人受灾,5000 亩农作物受灾;吴四村 5 个社 816 人受灾,1600 亩农作物受灾;白家塔村 15 个社 643 人受灾,4900 亩农作物受灾;石巴村 6 个社 245 人受灾,986 亩农作物受灾;高头窑村 15 个社 1315 人受灾,3345 亩农作物受灾;柴登嘎查 5 个社 238 人受灾,672 亩农作物受灾;展旦召苏木 6 个村受灾,13950 亩农作物受灾,其中 10428 亩成灾、3526 亩绝收,直接经济损失为 456.8 万元。15 时,杭锦旗吉日嘎朗图镇、伊和乌素苏木、独贵塔拉镇、锡尼镇部分嘎查(村)遭遇短时大风、强降水,部分地区出现冰雹天气,降雹持续 20 min,最大冰雹直径 30 mm。17 时 10—30 分,准格尔旗十二连城乡 7 个村遭受不同程度冰雹灾害,降雹持续 20 min,最大冰雹直径 30 mm,造成 48395 亩玉米、1792 亩籽瓜、1100 亩西瓜、958 亩葵花、929 亩豆类受灾,1100 亩玉米绝收,其余减产 2 成。

7 月 3 日 13 时 50 分至 19 时 56 分,乌审旗大部地区出现强对流天气,并伴有雷电、大风,部分地区遭受冰雹袭击,最大冰雹直径 20 mm,降雹持续约 30 min。16 时 20—50 分,鄂托克旗 5 个苏木(镇)出现短时强降水、冰雹、大风天气,最大冰雹直径 20 mm,降雹持续 30 min 左右。此次冰雹灾害共造成乌审旗、鄂托克旗 6603 人受灾,78330 亩农作物受灾,因灾死亡羊 6394 只,9 户彩钢房顶被掀起,3 处房墙出现裂缝,11 户屋顶倒塌,5 户院墙倒塌 50 m,损坏 2 户蒙古包、2 户大型喷灌设施,冲毁 25 km 公路、3 台变压器、7 根电线杆,雷击烧毁 1 台太阳能热水器,直接经济损失 2860.77 万元。

7 月 4 日 14 时 50 分至 5 日凌晨,乌审旗出现强对流天气,部分地区伴有短时雷电、大风、冰雹,最大冰雹直径 40 mm,降雹持续 2 min,造成嘎鲁图镇、无定河镇、苏力德苏木、乌兰陶勒盖、乌审召 5 个苏木(镇)23 个嘎查 2398 户 7970 人不同程度受灾,受灾农作物 10.7 万亩,其中 90240 亩成灾,27045 亩绝收(20835 亩玉米、2955 亩西瓜、1905 亩土豆、1350 亩蔬菜),打死 1 头牛、306 只羊,直接经济损失 3415 万元,其中农作物经济损失 3393 万元。

7 月 14 日,达拉特旗王爱召镇遭受冰雹袭击,造成 4 个村受灾,受灾农作物 17951 亩,其中 10428 亩成灾,直接经济损失 1362.5 万元。14 时前后,准格尔旗沙圪堵镇寨子塔村遭冰雹和强降水侵袭,造成 1758 亩玉米受灾。

7 月 15 日午后,准格尔旗布尔陶亥苏木出现短时强降水、冰雹天气,造成布尔陶亥苏木达坝席利嘎查 5 个社受灾,1993 亩玉米、马铃薯、大豆等农作物受灾,其中点畔沟社 519 亩、也列色太社 260 亩、坝梁社 416 亩、哈达不拉社 540 亩、七劳兔社 258 亩。东胜区铜川镇遭受冰雹灾害,造成 60 亩农作物受灾。

8 月 1 日 16 时 50 分至 17 时 20 分,准格尔旗龙口镇遭受冰雹灾害,降雹持续 30 min,最大冰雹直径 20 mm,造成龙口镇马栅村李家坪、王家圪堵 2 个社 630 亩农田受灾,其中 140 亩玉米、50 亩豆子、190 亩瓜果和蔬菜绝收。

8 月 15 日,准格尔旗龙口镇、沙圪堵镇、十二连城乡、大路镇、布尔陶亥苏木、薛家湾镇先后遭受冰雹灾害,造成龙口镇马栅村、台子梁村直接经济损失 0.2 万元;魏家峁镇双敖包村、魏家峁村直接经济损失 1.5 万元;沙圪堵镇安定壕村、敖靠塔村、伏路村、贾浪沟村、刘家渠村、纳林村、四道包村、速机沟村、特拉沟门村、乌拉素村、五字湾村、寨子塔村、常胜店村直接经济损失 11.6 万元;十二连城乡柴登村、广太昌村、巨合滩村、蛮汉壕村、天顺圪梁村、西不拉村、西柴登村、耇亥图村、杨子华村、五家尧村直接经济损失 66.9 万元;大路镇黑圪崂湾村直接经济损失 12.75 万元;布尔陶亥苏木达坝席利嘎查、尔圪壕嘎查、公益盖村、蒿召赖嘎查、铧尖村、孔兑沟村、李家塔村、腮五素村、植机壕村直接经济损失 45.1 万元;薛家湾镇巴润哈岱村、白家渠村、沟门村、海子塔村、良安窑村、柳青梁村、宁格尔塔村直接经济损失36.3万元。

9月7日16时55分,准格尔旗沙圪堵镇、薛家湾镇等地出现强对流、冰雹天气,薛家湾出现3次间断性降冰雹,最大冰雹直径50 mm,造成8692亩农作物受灾。

9月10日13时35—38分,鄂托克旗乌兰镇地区出现冰雹天气,降雹持续3 min,最大冰雹直径15 mm,造成乌兰镇、苏米图苏木、木肯淖尔镇237户825人受灾,4680亩农作物受灾,直接经济损失300万元。鄂托克前旗城川镇遭受冰雹灾害,造成城川镇大沟湾村、大场子村、大发村4305亩农作物受到了不同程度的损害,直接经济损失40万元。

2017年　6月4日,达拉特旗树林召镇遭受冰雹灾害,造成树林召镇五股地村3579亩农作物受灾,直接经济损失45.3万元;林原村8020亩农作物受灾,直接经济损失93万元。

6月6日,达拉特旗白泥井镇遭受冰雹灾害,造成七份子村2542亩农作物受灾,直接经济损失31.4万元。

6月18日,达拉特旗风水梁镇遭受冰雹灾害,造成风水梁镇新民渠114亩农作物受灾,直接经济损失11.4万元。鄂托克旗木凯淖尔镇遭受冰雹袭击,造成巴彦淖尔乡10个村791户1978人受灾,27075亩农作物受灾,因灾死亡羊291只。

6月22日13—18时,乌审旗、杭锦旗、伊金霍洛旗等地先后遭受冰雹袭击,最大冰雹直径5 mm,造成伊金霍洛旗伊金霍洛镇、札萨克镇、苏布尔嘎镇、红庆河镇、阿勒腾席热镇、乌兰木伦镇3041人受灾,17560亩农作物受灾,直接经济损失约351.2万元;杭锦旗锡尼镇道劳嘎查、赛音台格嘎查、锡尼布拉格嘎查、阿斯尔嘎查、扎日格嘎查,塔然高勒管委会巴音庆格利嘎查、塔然高勒村、乌定补拉村809户2043人受灾,28515亩农作物受灾,因灾死亡羊104头(只),直接经济损失283.0万元;达拉特旗48个村231个社10127户26443人受灾,151350亩农作物受灾,其中70755亩成灾、27780亩绝收,冲毁县乡过水路面2处,因灾死亡羊25只,损毁大棚83栋,直接经济损失6046.0万元。15时至17时30分,准格尔旗准格尔召镇、大路镇遭受冰雹灾害,最大冰雹直径30 mm,降雹持续30 min,造成260户870人受灾,4500亩农作物受灾,直接经济损失36.66万元。

6月25日,伊金霍洛旗、乌审旗、达拉特旗出现冰雹和短时强降水,造成3个旗(区)15个乡镇受灾,11.8万亩农作物受灾,直接经济损失3483万元。

7月13日,达拉特旗白泥井镇遭受冰雹灾害,造成4个村的3398亩农作物受灾,直接经济损失112.4万元。

7月14日,准格尔旗沙圪堵镇遭冰雹袭击,造成沙圪堵镇7个村499户964人受灾,5173亩玉米、土豆、大豆、糜黍、瓜果、蔬菜、油料等农作物受灾,直接经济损失达303.3万元。

8月4日,达拉特旗中和西镇遭受冰雹灾害,造成中和西镇布日嘎斯太村5个社66户85人受灾,1200亩农作物受灾,5口井受损,直接经济损失13.2万元。

8月5日,达拉特旗恩格贝镇、昭君镇、树林召镇、白泥井镇和准格尔旗降雹,造成达拉特旗恩格贝镇4个社45户101人受灾,2010亩农作物受灾,直接经济损失39万元;昭君镇5个社516户1346人受灾,17430亩农作物受灾,直接经济损失201.4万元;树林召镇4个社36户83人受灾,1248亩农作物受灾,直接经济损失27.9万元;白泥井镇4个社105户260人受灾,2010亩农作物受灾,直接经济损失41.8万元;准格尔旗99万亩农作物受灾,其中玉米减产2~5成、其他农作物减产3成左右,直接经济损失75.85万元。

8月10日,准格尔旗龙口镇、魏家峁镇、纳日松镇相继出现冰雹,造成龙口镇哈拉敖包村直接经济损失 1.8 万元，魏家峁镇柏相公村、魏家峁村、郑峁梁村和井子沟村直接经济损失 10.29 万元，纳日松镇奎洞沟村直接经济损失 1.2 万元。

9月2日，达拉特旗恩格贝镇、展旦召苏木遭受冰雹灾害，造成恩格贝镇 1 个村 8 个社 127 户 295 人受灾，3424 亩农作物受灾，直接经济损失 89.1 万元；昭君镇 8 个村 55 个社 870 户 1923 人受灾，19515 亩农作物受灾，直接经济损失 317.8 万元；展旦召苏木 3 个村 25 个社 233 户 498 人受灾，4845 亩农作物受灾，直接经济损失 93.1 万元。

2018 年 6月15日，准格尔旗沙圪堵镇遭受冰雹灾害，造成沙圪堵镇石窑沟村直接经济损失 0.23 万元，五字湾村直接经济损失 5.23 万元。

6月21日，达拉特旗遭受冰雹灾害，造成昭君镇 3 个社 7 户 17 人受灾，28.5 亩农作物受灾；王爱召镇 2 个村 15 个社 465 户 1340 人受灾，5963 亩农作物受灾，直接经济损失 19.8 万元；白泥井镇 6 个村 33 个社 253 户 765 人受灾，1950 亩农作物受灾，直接经济损失 104.5 万元。鄂托克旗乌兰镇、木肯淖尔镇、阿尔巴斯苏木出现冰雹和短时强降水天气，造成 10275 亩农作物受灾和数羊只死亡，直接经济损失 224 万元。

6月30日，杭锦旗锡尼镇遭受冰雹灾害，造成锡尼镇 1 个村 4 个社 80 户 131 人受灾，900 亩农作物受灾，直接经济损失 108 万元。

7月7日 15 时 50 分至 16 时 15 分，准格尔旗龙口镇遭受大雨、冰雹、大风等恶劣天气袭击，造成沙也村、南窑梁村、红树梁村、大圐圙梁村、公盖梁村、龙口社区的道路、房屋、农作物等不同程度受损。造成沙也村 4 个社 200 户受灾，430 亩玉米成灾、减产达 9 成，90 亩土豆成灾、减产达 5 成，43 亩谷子成灾、减产达 5 成，直接经济损失 36 万元，冲毁 2 处水泥路、12 km 砂石路，倒塌 1 面墙体，直接经济损失约 4 万元；南窑梁村 2 个社 400 多人受灾，2000 多亩玉米、山药、黑豆、糜谷等农作物受灾，损坏屋顶 1 座，冲毁 1 km 水泥路路基、7 km 砂石路；红树梁村 2 个社 40 户受灾，280 亩玉米、232.5 亩大豆、48 亩土豆、105 亩糜子和谷子受灾，减产 3 成，直接农业经济损失 30 万元；冲毁 4 处水泥路、8 km 砂石路，直接经济损失 4 万元，水淹 3 户，直接经济损失 0.5 万元；大圐圙梁村 7 个社 1576 人受灾，1384 亩玉米、401.9 亩土豆、1563.3 亩大豆、733.7 亩糜子、166.4 亩谷子受灾，冲毁 3 km 水泥路、12 km 砂石路，水淹 40 户；公盖梁村 18 km 通社沙石路面道路和 6 km 通社道路被冲毁，直接经济损失 6 万元；龙口社区 4 个社受灾，14 亩豆子、86 亩玉米受灾，坍塌房屋 1 处，损坏房顶 1 处，水淹 6 户，损坏厕所 7 个，冲坏沙石路 1.5 km、排水渠 2 处、挡水墙 2 处。

7月13日，准格尔旗薛家湾镇白家渠村降雹，造成直接经济损失 0.82 万元。

8月6日，鄂托克前旗上海庙镇特布德嘎查遭受冰雹灾害，造成 5865 亩农作物受灾，直接经济损失 507.6 万元。

8月9日，鄂托克前旗遭受冰雹灾害，造成敖勒召其镇漫水塘村、伊克乌素嘎查 7460 亩农作物受灾，死亡牲畜 19 只，毁坏乡村路 40 km，直接经济损失 351 万元。

8月19日，准格尔旗遭受冰雹灾害，造成沙圪堵镇敖靠塔村直接经济损失 1.06 万元、忽昌梁村直接经济损失 1.23 万元、准格尔召镇黄天棉图村直接经济损失 1.1 万元、乌兰哈达村直接经济损失 0.24 万元。

9月11日 14 时 25—33 分，鄂托克旗遭受冰雹袭击，最大冰雹直径 20 mm，造成苏米图公社 2 个嘎查 37 户 120 人受灾，2 口机井被淹，1350 亩农作物受灾，农业损失 96.5 万元。乌审旗冰雹灾害造成 583 户 2031 人受灾，16440 亩玉米、579 亩苜蓿和沙打旺受灾，4 只羊被打死，直接经济损失达179.1万元。

9月12日,鄂托克前旗遭受冰雹灾害,造成敖勒召其镇查干巴拉苏嘎查、伊克乌素嘎查、乌兰道崩嘎查、上海庙镇特布德嘎查、上海庙社区受灾,直接经济损失48.7万元。

2019年 5月17日,东胜区出现冰雹,造成1215亩农作物、1043人受灾,死亡大牲畜2头,损坏大棚7座,直接经济损失72万元。

6月16日,达拉特旗遭受冰雹灾害,造成3个苏木(镇)1116人受灾,农作物受灾面积7800亩,直接经济损失283万元。

6月24日,达拉特旗遭受冰雹灾害,3个苏木(镇)7036人受灾,农作物受灾面积61215亩,直接经济损失4472.9万元。

7月27日,准格尔旗沙圪堵镇双山梁村降雹,造成600亩农作物受灾。

8月2日,杭锦旗呼和木独镇和鄂托克前旗城川镇、上海庙镇、敖勒召其镇受强对流天气影响,出现短时强降水和冰雹,造成农作物、道路和房屋遭受不同程度的损害。其中鄂托克前旗城川镇、上海庙镇、敖勒召其镇地区冰雹灾害造成直接经济损失359.5万元。

8月5日14时12分至15时10分,东胜区出现冰雹、大风和短时强降雨天气,降雹持续约1 h,最大冰雹直径50 mm,造成1230亩农作物、1043人受灾,死亡大牲畜2头,损坏大棚8座,直接经济损失73万元。

8月6日,鄂托克前旗、伊金霍洛旗、杭锦旗遭受冰雹灾害,造成伊金霍洛旗伊金霍洛镇、苏布尔嘎镇、札萨克镇、纳林陶亥镇12053人受灾,3.1万亩农作物受灾,直接经济损失1521.9万元;杭锦旗独贵塔拉镇2个嘎查(村)70户农牧户受灾,其中乌定补拉格村62户、巴音布拉格嘎查8户,1800亩农作物受灾,直接经济损失50万元。

2020年 5月31日,乌审旗遭受冰雹灾害,造成648人、4965亩农作物受灾,直接经济损失59.6万元。

6月28日,达拉特旗遭受冰雹灾害,造成6个苏木(镇)11512人受灾,7.37万亩农作物受灾,直接经济损失2788.9万元。伊金霍洛旗伊金霍洛镇、苏布尔嘎镇、札萨克镇、乌兰木伦镇、阿勒腾席热镇遭受冰雹袭击,造成1687人受灾,18990亩农作物受灾,直接经济损失346.47万元。15时20分至20时20分,准格尔旗十二连城乡董三尧子村、布尔陶亥苏木等地出现冰雹、短时强降水,最大小时降水量27.5 mm,造成574人受灾,损坏房屋10间。杭锦旗独贵塔拉镇出现冰雹,造成查干补拉格嘎查五社、六社的48户102人和图古日格嘎查的5户12人受灾,2500亩农作物受灾,直接经济损失51万元。东胜区罕台镇冰雹造成296人、1456亩农作物受灾,直接经济损失35.244万元。乌审旗冰雹灾害造成1万多亩农作物受灾,直接经济损失2491.8万元。

7月2日,乌审旗遭受冰雹灾害,造成5466亩农作物受灾,直接经济损失79.48万元。

7月4日,达拉特旗遭受冰雹灾害,造成2个苏木(镇)2944人受灾,农作物受灾面积32772亩,直接经济损失676.4万元。

7月13日,达拉特旗遭受冰雹灾害,造成2个苏木(镇)2491人受灾,农作物受灾面积8676亩,直接经济损失136.6万元。

7月17日,杭锦旗锡尼镇、伊和乌素苏木、吉日嘎朗图镇先后遭受冰雹灾害,造成锡尼镇45户118人受灾,1400亩玉米、100亩葵花受灾,直接经济损失约80万元;伊和乌素苏木350户920人受灾,14000亩农作物受灾,死亡小牲畜63只,直接经济损失约640万元;吉日嘎朗图镇 370 户 1088 人受灾，5222 亩玉米、24477 亩葵花、70 亩大豆受灾，直接经济损失约 2974.1 万元。

7 月 31 日，达拉特旗遭受冰雹灾害，造成 1 个苏木 1388 人受灾，11640 亩农作物受灾，直接经济损失 172.5 万元。

8 月 11 日 02 时，乌审旗乌兰陶勒盖镇、图克镇等地出现冰雹和强降雨天气，降雹持续 30 min，最大冰雹直径 10 mm，造成 6000 多亩玉米、西瓜、向日葵等农作物受灾。鄂托克旗遭受冰雹灾害，造成苏米图公社 5862 亩农田受灾，直接经济损失 258 万元；木凯淖尔镇 550 亩农田受灾，直接经济损失 49.7 万元。杭锦旗冰雹灾害造成独贵塔拉镇种养殖园区 34 人受灾，57 栋棚圈受损，死亡 3 头母猪、420 头仔猪；呼和木独镇 546 户 1499 人受灾，19615 亩农作物受灾，直接经济损失 873 万元。

8 月 12 日，达拉特旗遭受冰雹灾害，造成 2 个苏木（镇）2836 人受灾，8820 亩农作物受灾，直接经济损失 323.2 万元。

8 月 25 日下午，乌审旗出现短时强降水天气并伴有冰雹，造成 13710 亩农作物受灾，直接经济损失 208.5 万元。

8 月 27 日，达拉特旗遭受冰雹灾害，造成 1 个苏木 2662 人受灾，25995 亩农作物受灾，直接经济损失 276 万元。

8 月 28 日凌晨，伊金霍洛旗出现短时强降水、强对流天气，出现雷雨、大风伴随冰雹的灾害天气，最大冰雹直径约 50 mm，造成 120 辆车受损。东胜区冰雹灾害造成泊尔江海子镇 1134 人受灾，16715 亩农作物受灾，直接经济损失 428.1 万元；罕台镇 471 人受灾，2160 亩农作物受灾，直接经济损失 185.2 万元。

9 月 1 日，达拉特旗遭受冰雹灾害，造成 3 个苏木（镇）12913 人受灾，15300 亩农作物受灾，直接经济损失 1503.5 万元。乌审旗降雹造成 17190 亩农作物受灾，直接经济损失 259 万元。

9 月 12 日，达拉特旗遭受冰雹灾害，造成 2 个苏木（镇）920 人受灾，2000 亩农作物受灾，直接经济损失 33.6 万元。

第六章 雷电灾害

第一节 概述

一、雷电的形成

雷电现象是发生于地球大气中的一种伴有高电压、大电流、强烈电磁辐射的壮观自然放电现象。产生雷电的载体是带电的雷雨云。长期以来,学者们对雷雨云的起电原理及云中的电荷分布进行了许多的观测和试验,积累了大量宝贵的资料,并提出各种假说。目前有以下几种比较流行的理论。

一是感应起电学说。在电离层与地球的表面之间,形成了一个指向地球表面的大气电场。在这个大气电场的影响下,积雨云中的水滴将被激化,致使其上部聚集负电荷,下部聚集正电荷。同时在大气中各种宇宙射线的持续作用下,空气产生电离现象,产生正离子、负离子。激化后的水滴在重力作用下不断下落,在下落过程中与空气中通过电离产生的离子相遇,水滴下部将俘获负离子,正离子被排斥上升,整个水滴就带负电荷。

二是温差起电学说。实验证明,在冰中有一小部分的分子处于电离状态,形成较轻的氢(H^+)离子和较重的羟基(OH^-)离子,并且其浓度随温度的升高而很快上升,温度较高的部位离子浓度较高,温度较低的部位离子浓度较低;氢(H^+)离子的扩散系数和迁移率比羟基(OH^-)离子要大 10 倍以上。由于温度热端起初具有较高的正、负离子,氢(H^+)离子扩散快,导致正、负离子分离,冷端获得正电荷,热端获得负电荷,冰体中电荷生成的电场阻止电荷分离的继续进行,最后达到动态平衡。

三是破碎起电学说。观测表明,雷雨云底部有相当数量的大水滴,在大气电场的作用下,大水滴的上部为负电荷,下部为正电荷。大水滴在强烈的上升气流作用下破碎。最初水滴被变为扁平状,然后其下表面被气流吹凹进去,形成以液体圆环为外边界的环状大口袋,当口袋破裂时产生许多小水滴。较大的水滴带正电荷,较小的水滴带负电荷,由于较小的水滴质量轻,会被上升气流携带到云的上部,而带正电荷的较大水滴因重力沉降,聚集在云底附近,因此雷雨云的底部往往出现一定数量的正电荷。

由于雷雨云带电,一部分带电的云与带异电荷的云,或者是带电的云与地球表面、地球表面的物体之间发生迅猛的放电就产生了雷电现象。

按照雷电发生的空间位置可分为云闪和地闪,其中地闪是云与大地之间的一种放电过程,常对地面或地面各类物体造成直接或间接的危害,危害程度远比云闪要大。此外,根据闪电的形状可分为线状、带状、片状、连珠状和球状闪电。

二、雷电致灾机理及等级划分

在自然灾害中,雷电引起的灾害是世界上十大自然灾害之一(陈渭民,2008)。由于雷电其强大的电流、炙热的高温、强烈的电磁辐射以及猛烈的冲击波等物理效应而能够在瞬间产生巨大的破坏作用，造成雷电灾害。雷电灾害泛指因雷电对生命体、建（构）筑物、电气和电子系统等所造成的损害。其危害主要分为两类：即直接雷击的危害和雷电感应的危害。直接雷击的破坏作用主要表现为雷电引起的热效应、电效应和机械效应等，雷电感应的危害主要表现为雷电引起的静电感应、电磁感应、雷击电磁脉冲等。

长期以来，雷电灾害带来了严重的人员伤亡和经济损失。当今全世界每年有几千人死于雷击，全球每年的雷击受伤人数可能是雷击死亡人数的5～10倍。雷电灾害还可能导致建筑物、供配电系统、通信设备、民用电器的损坏，引起森林火灾，造成易燃易爆及危化场所等火灾甚至爆炸，造成重大的经济损失，对安全生产而言，也是不容忽视的一种严重威胁。特别是人类社会生活和生产活动日益现代化，大量电子、电器和通信设备的普及应用，雷电灾害事故呈现逐年上升，损失逐年增加的态势。雷电电磁辐射对计算机系统及其数据传输、存储所产生的干扰、破坏有严重影响，对电子信息系统的稳定性、可靠性和安全性形成威胁。正因为雷击灾害对人民生命财产和社会各部门和各行业的危害程度如此之大，范围如此之广，联合国有关部门把它列为"最严重的十种自然灾害之一"。

根据雷电灾害造成的人员伤亡或者直接经济损失，雷电灾害分为特大、重大、较大、一般四个等级。其中，特大雷电灾害指：在一起雷电灾害事故中造成4人以上身亡，或者3人身亡并有5人以上受伤，或者没有人员身亡但有10人以上受伤，或者直接经济损失500万元以上的雷电灾害。重大雷电灾害指：一起雷电灾害事故中造成2～3人身亡，或者1人身亡并有4人以上受伤，或者没有人员身亡但有5～9人受伤，或者直接经济损失100万～500万元的雷电灾害。较大雷电灾害指：一起雷电灾害事故中造成1人身亡，或者没有人员身亡但有2～4人受伤，或直接经济损失在20万～100万元的雷电灾害。一般雷电灾害指：一起雷电灾害事故中造成1人受伤，或者直接经济损失在20万元以下的雷电灾害。

就鄂尔多斯市而言，雷电灾害的主要形式有直接雷击和雷电流沿线路侵入、电磁辐射等形式的危害。长期以来，由于雷电灾害事故的上报和统计工作环节比较薄弱，没有引起人们的关注，致使有些雷电灾害事故虽然发生，但未能及时收集。目前仅收集到1982年以来的雷电灾害数据，且收集到的雷电灾情数据在时间分布、空间分布上都极不均匀。其中东胜区、鄂托克前旗、达拉特旗、乌审旗灾情数据较多，准格尔旗、鄂托克旗、康巴什区收集到的灾情数据较少，杭锦旗无灾情数据。

三、雷暴日分布特征

鄂尔多斯市地势呈西北高东南低，北部黄河冲积平原区、东部丘陵沟壑区、中南部库布其沙漠和毛乌素沙区，西部坡状高原区，受到地理区域环境与气候等因素的影响，鄂尔多斯市易出现强烈的雷暴活动。鄂尔多斯市气象部门最早在1957年就开始了雷电观测，其中1957—2013年采用的是气象站人工观测，2014年正式用闪电定位系统观测代替了气象站人工观测，为鄂尔多斯市雷电活动分析提供了宝贵的气象资料。

根据气象站人工观测资料统计，鄂尔多斯市年平均雷暴日为28.8 d，属于中雷暴区。数据显示，准格尔旗年平均雷暴日最多，达到36.2 d，东胜区、伊金霍洛旗、达拉特旗年平均雷暴日也在30 d以上，杭锦旗、乌审旗年平均雷暴日处于中游位置，鄂托克旗、鄂托克前旗年平均雷暴日较少，其中鄂托克前旗年平均雷暴日最少，只有21.8 d（表6.1）。康巴什区于2016年才经国务院正式批准设立，且康巴什区一直未有国家级气象观测站，因此没有雷暴日观测数据。

表 6.1 各旗(区)年平均雷暴日情况表

旗(区)	统计资料	年平均雷暴日(d)
准格尔旗	准格尔旗国家气象观测站 1961—2013 年地面观测数据	36.2
东胜区	东胜区国家基本气象站 1961—2013 年地面观测数据	33.4
伊金霍洛旗	伊金霍洛旗国家气象观测站 1961—2013 年地面观测数据	32.3
达拉特旗	达拉特旗国家气象观测站 1957—2013 年地面观测数据	31.1
杭锦旗	杭锦旗国家气象站 1961—2013 年地面观测数据	26.9
乌审旗	乌审旗国家气象观测站 1961—2013 年地面观测数据	25.1
鄂托克旗	鄂托克旗国家基本气象站 1961—2013 年地面观测数据	23.9
鄂托克前旗	鄂托克前旗国家气象观测站 1967—2013 年地面观测数据	21.8

(一)准格尔旗年雷暴日时间分布特征

准格尔旗地处鄂尔多斯高原东侧,地貌以丘陵沟壑为主,有"七山二沙一分田"之称,起伏不平的地表有利于雷电的发生,准格尔旗的年平均雷暴日在全市所有旗(区)中最多。通过分析准格尔旗国家气象观测站 1961—2013 年地面观测数据,可以看出准格尔旗的年雷暴日数年际变化较大,最多的年份是 1964 年,多达 58 d;最少的年份是 2005 年,仅 12 d(图 6.1)。

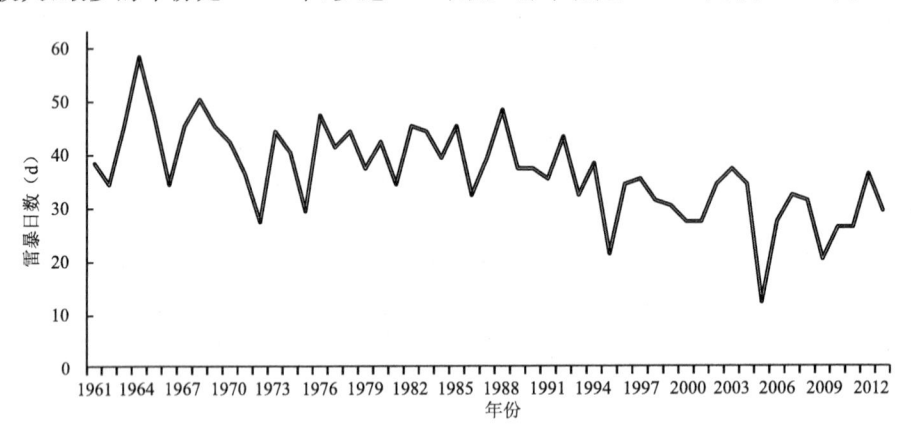

图 6.1 1961—2013 年准格尔旗雷暴日数变化

(二)东胜区年雷暴日时间分布特征

东胜区的地势西高东低,东部为丘陵沟壑区,西部为波状高原区。通过分析东胜区国家基本气象站 1961—2013 年地面观测数据,可以看出东胜区的年雷暴日数年际变化较大,最多的年份是 1968 和 1992 年,均多达 46 d;最少的年份 1981 年,为 16 d(图 6.2)。

(三)伊金霍洛旗年雷暴日时间分布特征

伊金霍洛旗地形地貌基本呈西高东低,东部属晋陕黄土高原的北缘水蚀沟壑地貌,中部为坡梁起伏的鄂尔多斯高原,西部是风沙地貌比较发育的毛乌素沙地。通过分析伊金霍洛旗国家气象观测站 1961—2013 年地面观测数据,可以看出伊金霍洛旗的年雷暴日数年际变化较大,最多的年份是 1964 年,多达 50 d;最少的年份 2009 年,仅 11 d(图 6.3)。

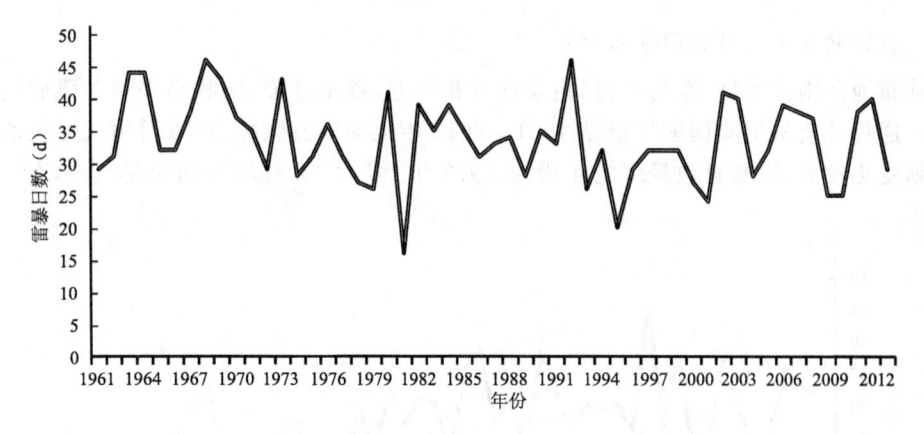

图 6.2　1961—2013 年东胜区雷暴日数变化

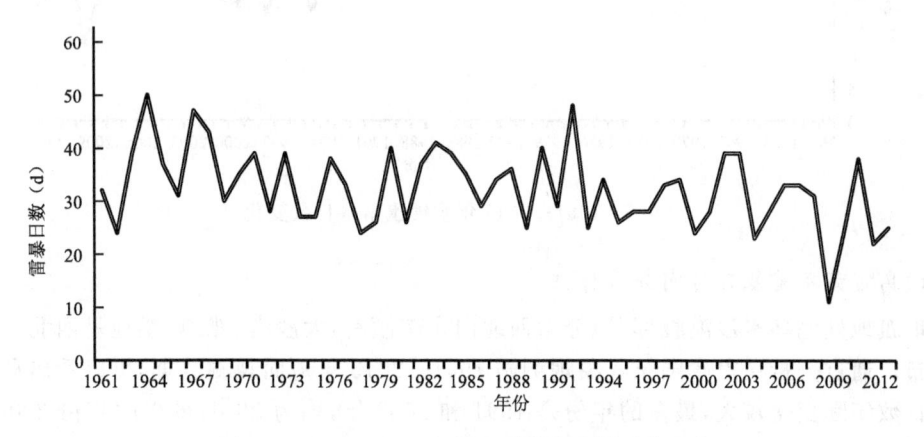

图 6.3　1961—2013 年伊金霍洛旗雷暴日数变化

(四)达拉特旗年雷暴日时间分布特征

达拉特旗地势南高北低、呈阶梯状,境内地形地貌多样,俗有"五梁三沙二分滩"之称。通过分析达拉特旗国家气象观测站 1957—2013 年地面观测数据,可以看出达拉特旗的年雷暴日数年际变化较大,雷暴日数最多的年份是 1980 年,多达 46 d;最少的年份 1960 年,仅 11 d(图 6.4)。

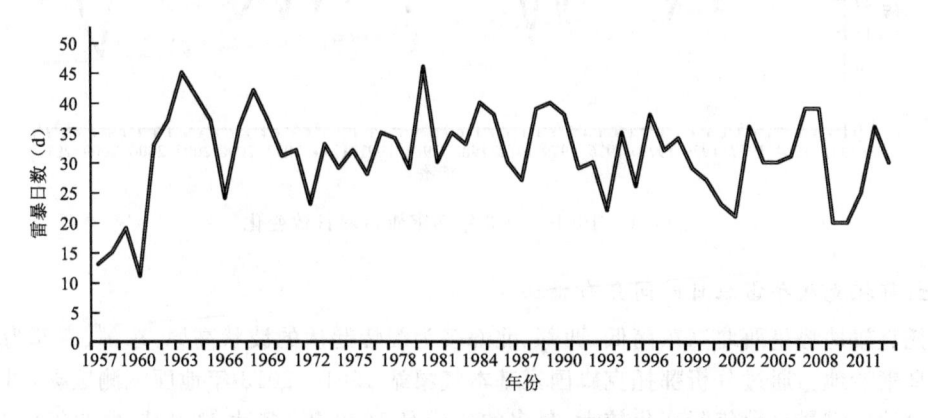

图 6.4　1957—2013 年达拉特旗雷暴日数变化

(五)杭锦旗年雷暴日时间分布特征

杭锦旗地势南高北低,东高西低,由黄河冲积平原、沙地沙漠、波状高平原和砒砂岩丘陵镶嵌排列。通过分析杭锦旗国家气象站1961—2013年地面观测数据,可以看出杭锦旗的年雷暴日数年际变化较大,雷暴日数最多的年份是1973年,多达45 d;最少的年份2010年,为12 d(图6.5)。

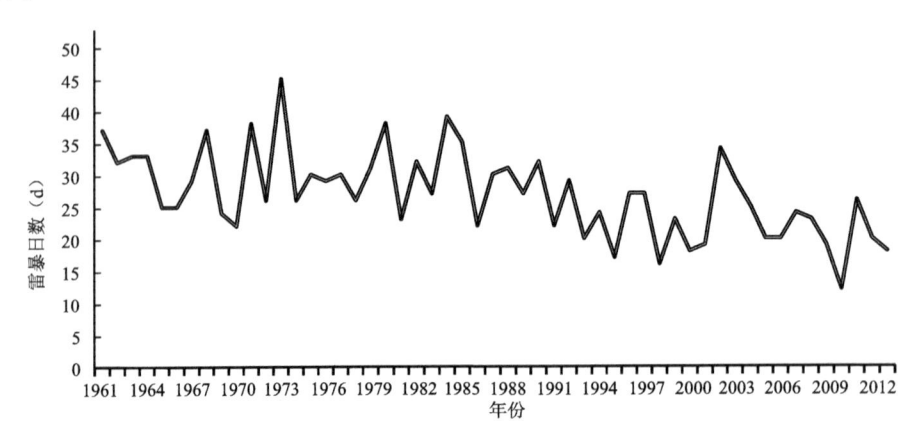

图6.5 1961—2013年杭锦旗雷暴日数变化

(六)乌审旗年雷暴日时间分布特征

乌审旗地处毛乌素沙漠腹部,地势由西北向东南倾斜,大沙漠、滩地、梁地呈西北—东南条带状分布。通过分析乌审旗国家气象观测站1961—2013年地面观测数据,可以看出乌审旗的年雷暴日数年际变化较大,最多的年份是1991和2002年,均为38 d;最少的年份2009年,为11 d(图6.6)。

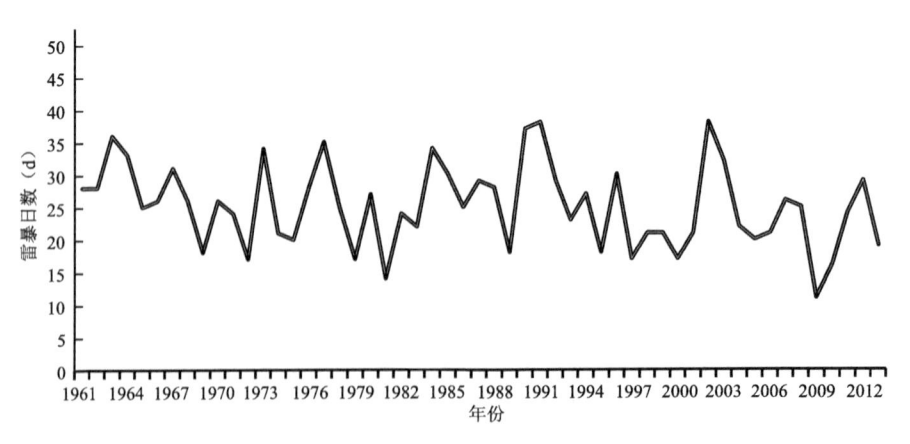

图6.6 1961—2013年乌审旗雷暴日数变化

(七)鄂托克旗年雷暴日时间分布特征

鄂托克旗地势呈西北高东南低,西部、北部多为缓慢起伏的波状高原,东部、南部为连绵起伏的毛乌素沙地。通过分析鄂托克旗国家基本气象站1961—2013年地面观测数据,可以看出鄂托克旗的年雷暴日数年际变化较大,最多的年份是1990年,多达41 d;最少的年份2009和

2010年,均为13 d(图6.7)。

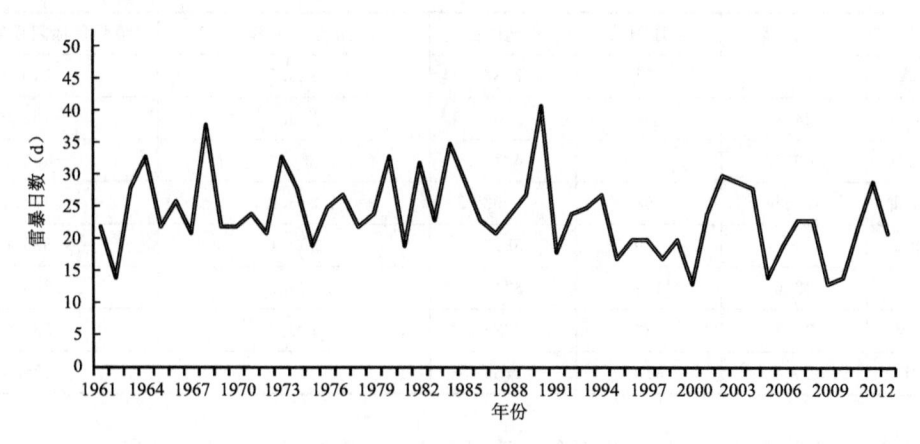

图 6.7　1961—2013年鄂托克旗雷暴日数变化

(八)鄂托克前旗年雷暴日时间分布特征

鄂托克前旗南端大部在毛乌素沙漠腹地,中部高,东南部与西部低。通过分析鄂托克前旗国家气象观测站1967—2013年地面观测数据,可以看出鄂托克前旗的年雷暴日数年际变化较大,最多的年份是1968年、1973年、1974年、1977年,均为30 d,最少的年份1975年,为10 d(图6.8)。

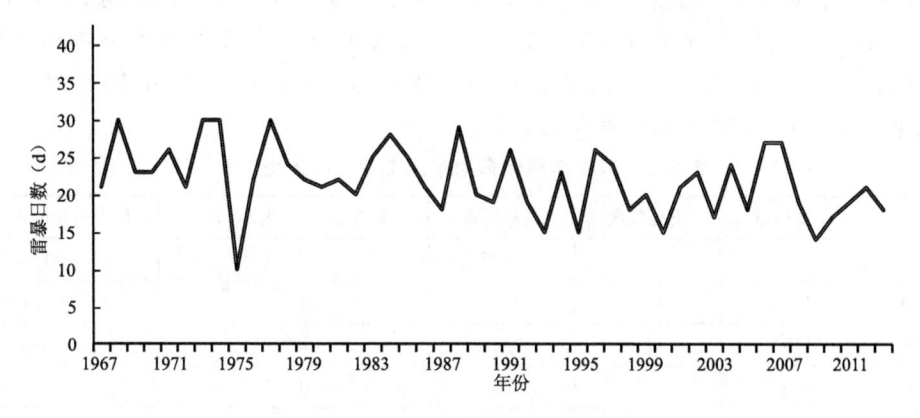

图 6.8　1967—2013年鄂托克前旗雷暴日数变化

四、地闪密度、地闪强度分布特征

自2014年起,气象部门正式用闪电定位系统观测代替了气象站人工观测,在雷电分析统计中,也以闪电定位数据代替了人工观测的年雷暴日数据,现选取2018—2020年闪电定位资料分析鄂尔多斯市地闪密度、地闪强度分布特征。

(一)2018年地闪密度、地闪强度分布特征

2018年鄂尔多斯市共监测到地闪37465次,其中正地闪2803次,负地闪34662,负地闪占比为92.52 %。最强正地闪出现在2018年9月24日18时52分27秒,发生在达拉特旗,闪电电流强度为326.7 kA;最强负地闪出现在2018年7月21日5时05分37秒,发生在杭锦旗,闪电电流强度为-805.6 kA(表6.2)。

表 6.2 2018 年鄂尔多斯市闪电定位数据统计表

旗(区)	总地闪数	正地闪数	负地闪数	最强正地闪强度(kA)	最强负地闪强度(kA)
达拉特旗	7587	451	7136	326.7	−249.2
东胜区	2426	73	2353	158.5	−162.9
鄂托克旗	6968	594	6374	254.4	−491.3
鄂托克前旗	1351	253	1098	265.2	−306.1
杭锦旗	6245	429	5816	252.4	−805.6
乌审旗	4206	461	3745	275.9	−229.3
伊金霍洛旗	3598	223	3375	196.0	−234.8
准格尔旗	5084	319	4765	239.9	−325.4

2018 年全市地闪密度总体呈现西低东高的趋势,平均地闪密度为 0.43 次/km²,地闪密度高值主要出现在准格尔旗的东部和西部、达拉特旗的中部、东胜区的中部和东部、伊金霍洛旗的南部以及鄂托克旗的东部,地闪密度的最高值出现在达拉特旗的中部。全市的地闪强度较大的区域主要集中在准格尔旗的西南部、达拉特旗的中部、东胜区的中部、伊金霍洛旗的南部、杭锦旗的西部以及鄂托克旗的北部和东南部。

(二)2019 年地闪密度、地闪强度分布特征

2019 年鄂尔多斯市共监测到地闪 25876 次,其中正地闪 3245 次,负地闪 22631 次,负地闪占比 87.46%。最强正地闪出现在 2019 年 8 月 6 日 19 时 1 分 2 秒,发生在准格尔旗,闪电电流强度为 1520.0 kA;最强负地闪出现在 2019 年 08 月 02 日 6 时 20 分 18 秒,发生在杭锦旗,闪电电流强度为−834.4 kA(表 6.3)。

表 6.3 2019 年鄂尔多斯市闪电定位数据统计表

旗(区)	总地闪数	正地闪数	负地闪数	最强正地闪强度(kA)	最强负地闪强度(kA)
东胜区	2017	150	1867	222.4	−425.7
达拉特旗	4522	555	3967	842.0	−294.8
准格尔旗	3753	626	3127	1520.0	−682.5
鄂托克前旗	1059	231	828	1190.7	−741.9
鄂托克旗	3954	653	3301	994.4	−605.8
杭锦旗	4509	339	4170	1162.2	−834.4
乌审旗	3277	394	2883	313.6	−407.2
伊金霍洛旗	2785	297	2488	580.6	−762.7

2019 年全市平均地闪密度为 0.75 次/km²,地闪密度高值主要出现在达拉特旗的西部和南部、东胜区的东部以及杭锦旗的南部,地闪密度的最大值出现在达拉特旗的西北部,为 16 次/km²。全市的平均地闪强度较大的区域主要集中在达拉特旗的东北部和南部、东胜区的东部、杭锦旗的东南部以及伊金霍洛旗的中部。

(三)2020 年地闪密度、地闪强度分布特征

2020 年鄂尔多斯市共监测到地闪 27424 次,其中正地闪 5046 次,负地闪 22378 次,负地

闪占比 81.6%。最强正地闪出现在 2020 年 7 月 1 日 13 时 10 分 38 秒，发生在鄂托克旗，闪电电流强度为 1055.0 kA；最强负地闪出现在 2020 年 09 月 21 日 2 时 3 分 15 秒，发生在鄂托克前旗内，闪电电流强度为 -1878.0 kA（表 6.4）。

表 6.4 2020 年鄂尔多斯市闪电定位数据统计表

旗（区）	总地闪数	正地闪数	负地闪数	最强正地闪强度（kA）	最强负地闪强度（kA）
东胜区	1607	223	1384	466.3	-395.0
达拉特旗	8380	1129	7251	774.6	-870.1
准格尔旗	3072	788	2284	401.0	-1202.4
鄂托克前旗	1139	294	845	975.7	-1878
鄂托克旗	4134	873	3261	1055.0	-464.6
杭锦旗	4612	951	3661	626.7	-573.6
乌审旗	3078	500	2578	449.8	-755.4
伊金霍洛旗	1402	288	1114	491.1	-346.5

2020 年全市平均地闪密度为 0.29 次/km^2，地闪密度高值主要出现在东胜区的东部、准格尔旗的西部、杭锦旗的南部、鄂托克旗的北部、乌审旗的中北部以及达拉特旗的大部分地区。全市的地闪强度较大区域主要集中在东胜区的东部、准格尔旗的西南部、杭锦旗的东南部、鄂托克旗的北部、乌审旗的中北部以及达拉特旗的大部分地区。

五、雷电易发区的划分及防范要点

气象部门通过分析整理雷暴日观测及闪电定位系统地闪密度、地闪强度等资料，结合雷电活动规律、雷电承灾体敏感度及雷电历史灾害分布特征，将雷电易发区划分为 5 个等级，分别是：极高易发区、高易发区、较高易发区、中易发区、一般易发区。鄂尔多斯市雷电易发区区划如（彩）图 6.9 所示。

极高易发区（一级防范）：准格尔旗中部和北部、达拉特旗中部和东南部、东胜区中部和东部、伊金霍洛旗中北部和东北部。防范要点：处于雷电极高易发区域的易燃易爆场所、矿区、旅游景区等宜装设雷电监测预警信息接收系统，相关部门每年对其开展 2~3 次防雷设施安全隐患排查工作，并向公众开展 3 次以上雷电灾害防御宣传教育活动。该区域应布设能够满足全区域无死角覆盖的闪电定位仪及大气电场仪监测网络。

高易发区（二级防范）：准格尔旗南部和北部、达拉特旗的西南部和东北部、东胜区西部和南部、伊金霍洛旗西北部和南部、杭锦旗的东部和乌审旗的北部。防范要点：处于雷电高易发区域的易燃易爆场所宜装设雷电监测预警信息接收系统，相关部门每年对其开展 1~2 次防雷设施安全隐患排查工作，并向公众开展 2~3 次雷电灾害防御宣传教育活动。该区域的雷电敏感场所应布设闪电定位仪及大气电场仪监测网络。

较高易发区（三级防范）：杭锦旗的东部、鄂托克旗的东北部和东南部、乌审旗的北部，伊金霍洛旗的西南部和达拉特旗的西北部。防范要点：雷电较高易发区域采取三级防范。处于雷电较高易发区域的易燃易爆场所每年宜开展 1~2 次安全生产自查工作，相关部门每年对其开展 1 次防雷设施安全隐患排查工作，并向公众开展 1~2 次雷电灾害防御宣传教育活动。

中易发区（四级防范）：杭锦旗的西部、鄂托克旗的西部、鄂托克前旗的大部分区域、乌审旗

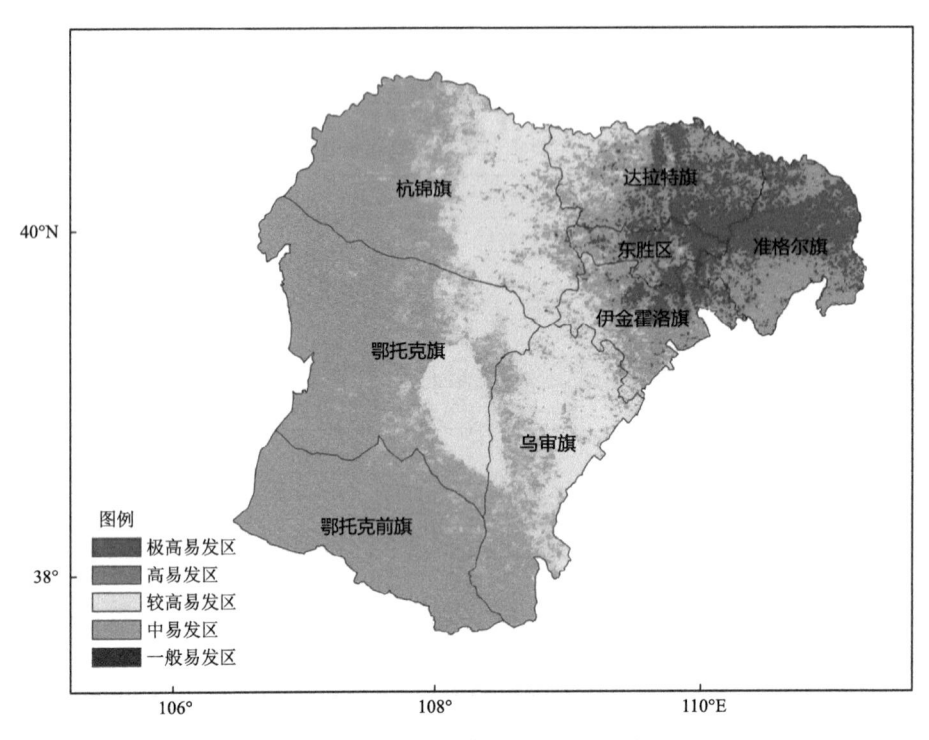

图 6.9 鄂尔多斯市雷电易发区区划

的南部和西北部。防范要点:处于雷电中易发区域的易燃易爆场所每年宜开展 1~2 次安全生产自查工作,相关部门向公众开展 1 次雷电灾害防御宣传教育活动。

鄂尔多斯市无一般易发区。

第二节　公元 1949—2020 年雷电灾害

1982 年　7 月 2 日 14 时许,东胜区朝脑梁公社张家梁生产大队遭受雷击,损失耕骡 2 头、耕马 1 匹,直接损失 2000 元。

1997 年　6 月 25 日 18 时 18 分至 20 时,鄂尔多斯市工商银行宿舍遭受雷击,21 台电视机损坏。

7 月 31 日,鄂托克旗遭受雷击,1 人死亡。

8 月 30 日 21 时 20 分至 31 日 02 时 28 分,鄂尔多斯市第一中学遭受雷击,15 台电视机损坏。

9 月 24 日 11 时 58 分至 12 时 26 分,鄂尔多斯市陶瓷厂因雷击 11 台电视机损坏。

1998 年　6 月,鄂尔多斯市东胜区供电局遭受雷击,击毁变压器 1 台,直接经济损失 1 万元。

6 月 22 日 14 时 13 分至 16 时 10 分,鄂尔多斯市东胜区罕台乡邮电所遭雷击,邮电设备被击毁,直接经济损失 8 万元。

6 月 28 日,鄂尔多斯市电业局柴沟梁变电站遭受雷击,变压器被击毁,直接经济损失 3 万元。

7月,鄂尔多斯市东胜区居民家遭受雷击,6台电视机、1台电冰箱、1台VCD机损坏,直接经济损失0.4万余元。

7月,鄂尔多斯市东胜区供电局遭受雷击,击毁变压器1台,直接经济损失1万元。

8月,鄂尔多斯市东胜区供电局遭受雷击,击毁变压器1台,直接经济损失1万元。

9月,鄂尔多斯市东胜区居民家遭受雷击,6台电视机、1台VCD机损坏,直接经济损失0.35万余元。

2000年 4月28日,鄂尔多斯市电信公司遭雷击,终端控制设备损坏,直接经济损失7.3万元。

2003年 6月17日16时,鄂托克前旗三段地村遭受雷击,1人死亡。

10月13日,鄂托克前旗敖勒召其镇遭受雷击,厂房着火,3人受伤,直接经济损失25.7万元。

2005年 5月4日12时,达拉特旗吉格斯太镇冯四营子村遭受雷击,1人死亡,1人受伤。

5月4日15时前后,乌审旗河南村遭受雷击,2人死亡。

7月19日,达拉特旗网通公司遭受雷击,交换机损坏,直接经济损失2万元。

8月13日,中国银行达拉特旗支行遭受雷击,计算机系统损坏。

8月14日,达拉特旗高头窑发电厂遭受雷击,部分设备损坏。

9月6日,鄂托克前旗兴盛盐化公司遭受雷击,损毁电脑3台、电视机5台、V35协议转换器1台、路由器1台,直接经济损失15万元。

9月23日,达拉特旗工商银行遭受雷击,监控系统损坏。

2006年 7月7日,乌审旗图克镇沙日嘎毛日村大牛地气田一厂遭受雷击,恒电位仪等设备损坏,直接经济损失0.25万元。

2008年 6月13日,乌审旗图克镇乌兰陶勒盖镇巴音高勒嘎查遭受雷击,损失18只羊、1匹马,直接经济损失7.7万元。

7月20日,乌审旗图克镇巴音淖尔嘎查遭受雷击,损失9头牛,直接经济损失10.8万元。

2009年 7月26日15时,达拉特旗一居民家遭受雷击,直接损失0.03万余元。

2011年 5月4日13时30分至5日02时,准格尔旗十二连城乡广太昌村一村民家遭受雷击,房屋和家用电器损坏,直接经济损失3.5万元。

6月13日,乌审旗都柴达木嘎查和呼和陶勒盖嘎查遭受雷击,损失16只羊、3只牛,直接经济损失5万元。

7月21日13时,鄂托克旗棋盘井矿业公司遭雷击,7台地泵传感器损坏,直接经济损失3万元。

7月21日17时,鄂托克前旗城川镇糜地梁嘎查遭受雷击,损失16只羊,直接经济损失1.6万元。

2016年 6月12日6时,鄂托克前旗毛盖图明盖遭受雷击,1台电视机损坏,直接经济损失0.5万元。

7月24日03时,鄂托克前旗敖勒召其镇一居民家遭受雷击,电视机1台、抽油烟机1台损坏,直接经济损失0.4万元。

8月14日03时,鄂托克前旗城川镇电业局遭受雷击,1台变压器、1台电视、1台车辆电子控制系统损坏,直接经济损失2万元。

8月18日大约01时至03时,鄂尔多斯市康巴什区容大青椿华府住宅小区遭受雷击,造成房屋损坏。

2020年 8月11日08时,鄂托克前旗昂素镇一居民家遭受雷击,造成房屋受损,此外1台电视机损坏,2人受伤,直接经济损失8.6万元。

第七章 雪 灾

第一节 概述

雪灾是由于大量的降雪与积雪对农牧业生产及人们日常生活造成危害和损失的一种气象灾害(郝璐 等,2002)。内蒙古雪灾可以分为白灾和暴风雪灾害两种。其中,大量降雪并累积造成牲畜没有充足的食物来源而被饿死造成的灾害称为白灾;而伴有强烈降雪的风暴天气,对牲畜造成各种灾害的天气现象称为暴风雪灾害(温克刚,2008)。上述两种灾害是牧区常发生的气象灾害,不仅严重影响交通、通信、输电线路等重要的社会保障系统,甚至对人民的生命安全和生活造成威胁。

经统计,1991—2020 年鄂尔多斯市各个旗(区)年均降雪日数如图 7.1 所示。

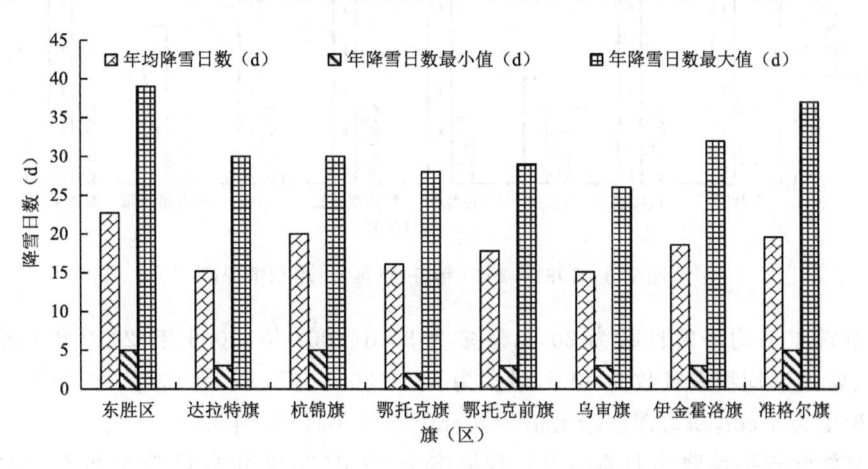

图 7.1 1991—2020 年各旗(区)年均降雪日数

鄂尔多斯市各旗(区)年均降雪日数为 18.1 d,最少为 15.1 d(乌审旗),最多可达 22.7 d(东胜区);全市年均积雪日数为 27.6 d,最少为 17.7 d(鄂托克旗),最多可达 34.9 d(准格尔旗)(图 7.2);年均最小积雪深度为 5.7 cm,最大深积雪深度为 14.4 cm(图 7.3)。其中,降雪日数最多的是东胜区,30 年共出现 681 d,最少的是乌审旗,30 年共出现 453 d。

东胜区常年平均降雪日数为 22.7 d,最多为 39 d(1998 年、2003 年),最少为 5 d(2017年);常年平均积雪日数为 33.4 d,最多为 58 d(2003 年),最少为 7 d(2013 年);常年平均最大积雪深度为 6.8 cm,积雪深度最大值为 19 cm(2007 年)。

达拉特旗常年平均降雪日数为 15.2 d,最多为 30 d(1998 年),最少为 3 d(2013 年);常年平均积雪日数为 29 d,最多为 58 d(2003 年),最少为 4 d(2018 年);常年平均最大积雪深度为 6 cm,积雪深度最大值为 15 cm(1993 年)。

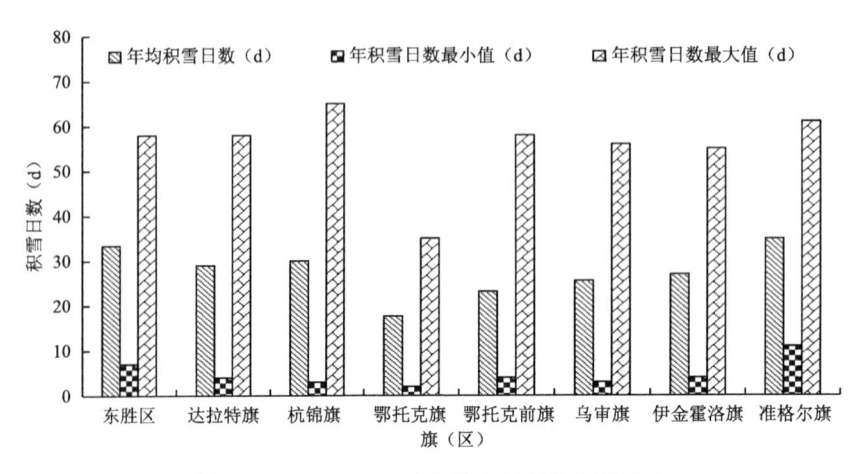

图 7.2　1991—2020 年各旗（区）年均积雪日数

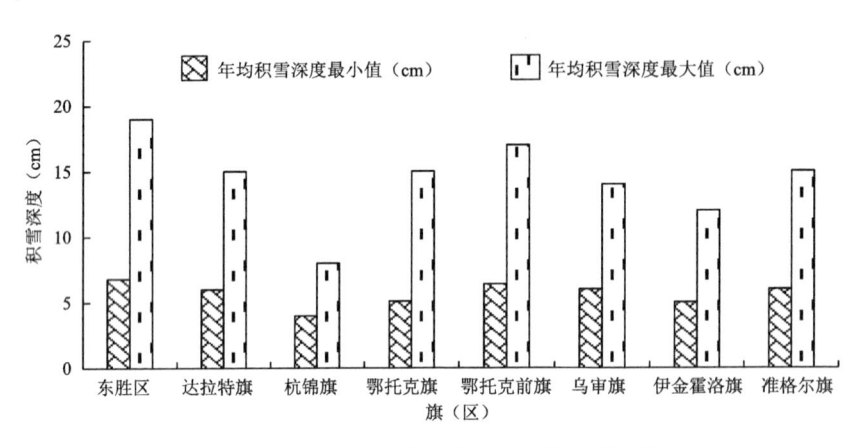

图 7.3　1991—2020 年各旗（区）年均积雪深度

杭锦旗常年平均降雪日数为 20 d,最多为 30 d(2003 年、2008 年、2010 年),最少为 5 d(2013 年);常年平均积雪日数为 30 d,最多为 65 d(2003 年),最少为 3 d(2013 年);常年平均最大积雪深度为 4 cm,积雪深度最大值为 8 cm(2007 年、2017 年)。

鄂托克旗常年平均降雪日数为 16 d,最多为 28 d(2002 年),最少为 2 d(2013 年、2017 年);常年平均积雪日数为 17.7 d,最多为 35 d(2008 年),最少为 2 d(2013 年);常年平均最大积雪深度为 5.1 cm,积雪深度最大值为 15 cm(2017 年)。

鄂托克前旗常年平均降雪日数为 17.8 d,最多为 29 d(2000 年),最少为 3 d(2013 年);常年平均积雪日数为 23.2 d,最多为 58 d(2009 年),最少为 4 d(2013 年);常年平均最大积雪深度为 6.4 cm,积雪深度最大值为 17 cm(2017 年)。

乌审旗常年平均降雪日数为 15.1 d,最多为 26 d(2003 年),最少为 3 d(2013 年);常年平均积雪日数为 25.6 d,最多为 56 d(2012 年),最少为 3 d(2013 年);常年平均最大积雪深度为 6 cm,积雪深度最大值为 14 cm(2009 年)。

伊金霍洛旗常年平均降雪日数为 18.6 d,最多为 32 d(2003 年),最少为 3 d(2013 年);常年平均积雪日数为 27 d,最多为 55 d(2005 年),最少为 4 d(2013 年);常年平均最大积雪深度为5 cm,积雪深度最大值为12 cm(2007年)。

准格尔旗常年平均降雪日数为19.6 d,最多为37 d(1989年),最少为5 d(1999年);常年平均积雪日数为34.9 d,最多为61 d(1986年),最少为11 d(1995年);常年平均最大积雪深度为6 cm,积雪深度最大值为15 cm(2004年)。各旗(区)年均积雪日数和年均积雪深度见图7.2和7.3。

第二节 公元1340—1948年的雪灾

元至元六年(公元1340年) 三月丁巳,达斡尔朵思(即鄂尔多斯)风雪为灾,马多死,以钞八万赈之。

明万历四十六年(公元1618年) 四月辛亥,鄂尔多斯地区大雨雪,赢囊驼冻死二千蹄。

清康熙五十一年(公元1712年) 鄂尔多斯伊金霍洛旗大雪成灾,民饥,牲畜死亡过半。

清康熙五十四年(公元1715年) 以蒙古被雪,损伤牲畜,运谷赈乌喇特等部十四旗(即今呼和浩特市、包头市、乌兰察布市中西部及巴彦淖尔市、鄂尔多斯等地区)、察哈尔八旗乏食人。

清嘉庆十一年(公元1806年) 鄂尔多斯右翼中旗(今鄂托克旗)冬季和翌年春连降大雪,风雪成灾,牲畜死亡四成。

清宣统三年(公元1911年) 准格尔旗屡年灾歉,去年亢旱,今春大雪,蒙民产业牲畜倒毙殆尽,加恩赏币银一万两,妥为散放。又鄂尔多斯郡王及扎萨克两旗,连年歉收,去年亢旱,冬春大雪,牲畜倒毙,人民无计为生,著赏银五千两。

第三节 公元1949—2020年的雪灾

1955年 白灾加之天寒给人畜越冬带来困难,越冬前后牲畜大量死亡,鄂尔多斯市鄂托克前旗死亡牲畜2.1万头(只)。

1957年 4月9日,鄂尔多斯市大风、降温、降雪,出现暴风雪灾害,降雪量9~10 mm,造成部分牲畜死亡,个别牧户被积雪所阻。

1978年 2月7—22日,达拉特旗累计降雪量10.7 mm,最大积雪深度17 cm,积雪日数15 d,最大日降雪量6.9 mm,日最低气温−31.7 ℃。东胜区累计降雪量8.6 mm,最大积雪深度14 cm,降雪日数6 d,积雪日数16 d,最大日降雪量4 mm,受灾人口9.46万。鄂托克旗累计降雪量4.5 mm,最大积雪深度5 cm,积雪日数12 d,最大日降雪量2.4 mm,日最低气温−24.2 ℃。鄂托克前旗累计降雪量6.1 mm,最大积雪深度7 cm,积雪日数15 d,降雪日数5 d,最大日降雪量2.7 mm,日最低气温−25.1 ℃,最小能见度500 m。伊金霍洛旗累计降雪量5.6 mm,最大积雪深度13 cm,积雪日数15 d,降雪日数5 d,最大日降雪量2.8 mm,日最低气温−27.9 ℃,日最大风速7 m/s,最小能见度500 m。乌审旗乌审召累计降雪量9.7 mm,最大积雪深度8 cm,积雪日数15 d,降雪日数4 d,最大日降雪量4.4 mm,日最低气温−28.8 ℃;乌审旗累计降雪量10.4 mm,最大积雪深度14 cm,积雪日数15 d,降雪日数3 d,最大日降雪量5.1 mm,日最低气温−24.1 ℃。准格尔旗累计降雪量7.4 mm,最大积雪深度9 cm,积雪日数16 d,降雪日数6 d,最大日降雪量4.3 mm,日最低气温−27.6 ℃。

1979年 2月21日至3月6日,达拉特旗累计降雪量3.3 mm,最大积雪深度15 cm,积雪日数 9 d,降雪日数 2 d,最大日降雪量 2.7 mm,日最低气温—17.7 ℃。东胜区累计降雪量 25.3 mm,最大积雪深度 28 cm,降雪日数 4 d,积雪日数 14 d,最大日降雪量 17.2 mm,受灾人口 9.83 万。杭锦旗累计降雪量 6.2 mm,最大积雪深度 8 cm,积雪日数 7 d,降雪日数 3 d,最大日降雪量 3.7 mm,日最低气温—17.1 ℃,最小能见度 500 m。乌审旗乌审召累计降雪量 5.6 mm,最大积雪深度 11 cm,积雪日数 11 d,降雪日数 2 d,最大日降雪量 5.6 mm,日最低气温—19.0 ℃;乌审旗累计降雪量 12.9 mm,最大积雪深度 4 cm,积雪日数 11 d,降雪日数 4 d,最大日降雪量 8.7 mm,日最低气温—15.4 ℃。伊金霍洛旗累计降雪量 8.2 mm,最大积雪深度 22 cm,积雪日数 11 d,降雪日数 2 d,最大日降雪量 8.2 mm,日最低气温—21.2 ℃,日最大风速 16 m/s,最小能见度 4000 m。准格尔旗累计降雪量 7.6 mm,最大积雪深度 15 cm,积雪日数 11 d,降雪日数 3 d,最大日降雪量 6.5 mm,日最低气温—19.9 ℃,最小能见度 100 m。

1980 年 3 月 8—16 日,东胜区累计降雪量 12.6 mm,最大积雪深度 10 cm,降雪日数 5 d,积雪日数 9 d,最大日降雪量 6.7 mm,受灾人口 10.13 万。伊金霍洛旗累计降雪量 10 mm,最大积雪深度 7 cm,积雪日数 7 d,降雪日数 4 d,最大日降雪量 7.3 mm,日最低气温—16.8 ℃,日最大风速 12 m/s,最小能见度 800 m。准格尔旗累计降雪量 11.6 mm,最大积雪深度 5 cm,积雪日数 4 d,降雪日数 4 d,最大日降雪量 7.0 mm。

10 月 31 日至 11 月 4 日,杭锦旗累计降雪量 15.3 mm,最大积雪深度 13 cm,积雪日数 5 d,降雪日数 2 d,最大日降雪量 12.5 mm,日最低气温—12.4 ℃,日最大风速 8 m/s,最小能见度 400 m。乌审旗累计降雪量 5.6 mm,最大积雪深度 11 cm,积雪日数 11 d,降雪日数 2 d,最大日降雪量 5.6 mm,日最低气温—19.0 ℃。

1984 年 10 月 27 日至 11 月 2 日,达拉特旗有 9 个乡、1 个苏木、83 个村、6 个嘎查 612 个农业合作社、39 个牧业合作社,共 10500 户受灾较重,其余 12 个乡也不同程度地存在着雪灾,影响小畜的放牧。全旗积雪的草牧场约 500 万亩左右,受灾小畜约 38 万只,其中母畜约 19 万只。

1990 年 2 月 21 日至 3 月 2 日,东胜区累计降雪量 6.3 mm,最大积雪深度 8 cm,降雪日数 4 d,积雪日数 10 d,最大日降雪量 4.0 mm,日最低气温—18.5 ℃,受灾人口 14.23 万。乌审旗乌审召累计降雪量 6.3 mm,最大积雪深度 5 cm,降雪日数 3 d,积雪日数 8 d,最大日降雪量 4.7 mm,日最低气温—20.6 ℃;乌审旗河南累计降雪量 5.6 mm,最大积雪深度 6 cm,降雪日数 2 d,积雪日数 7 d,最大日降雪量 2.8 mm,日最低气温—19.4 ℃。此次过程影响最大的乡(镇)是呼吉尔特、浩勒报吉、图克和乌审召。达拉特旗累计降雪量 4.7 mm,最大积雪深度 9 cm,积雪日数 8 d,降雪日数 3 d,雨夹雪日数 1 d,最大日降雪量 2.4 mm,日最低气温—20.1 ℃。

1991 年 3 月 7—9 日,东胜区累计降雪量 6.3 mm,最大积雪深度 7 cm,降雪日数 1 d,积雪日数 3 d,最大日降雪量 6.3 mm,日最低气温—11.7 ℃,最小能见度 900 m。

3 月 26—31 日,东胜区累计降雪量 9.5 mm,最大积雪深度 6 cm,降雪日数 3 d,积雪日数 5 d,最大日降雪量 8.7 mm,日最低气温—10.2 ℃,最小能见度 900 m。达拉特旗累计降雪量 19.5 mm,最大积雪深度 5 cm,降雪日数 2 d,积雪日数 4 d,最大日降雪量 19.4 mm,日最低气温—7.6 ℃。乌审旗乌审召累计降雪量 8.7 mm,最大积雪深度 4 cm,降雪日数 1 d,积雪日数 1 d,最大日降雪量 8.7 mm,日最低气温—0.9 ℃,最小能见度 800 m。

12 月 24 日至 1992 年 1 月 20 日,乌审旗乌审召累计降雪量 3.8 mm,最大积雪深度 4 cm,降雪日数 3 d,积雪日数 28 d,最大日降雪量 2.2 mm。乌审旗累计降雪量 3.5 mm,最大积雪深度 5 cm,降雪日数 4 d,积雪日数 19 d,最大日降雪量 2.3 mm。乌审旗河南累计降雪量 3.3 mm,最大积雪深度 7 cm,降雪日数 4 d,积雪日数 21 d,最大日降雪量 1.7 mm,900 万亩草场受灾,受灾人口 2.8 万。东胜区累计降雪量 1.5 mm,最大积雪深度 4 cm,降雪日数 5 d,积雪日数 24 d,最大日降雪量 1.5 mm,日最低气温－25.2 ℃。鄂托克旗累计降雪量 2.8 mm,最大积雪深度 3 cm,降雪日数 3 d,积雪日数 12 d,最大日降雪量 2.0 mm,日最低气温－26.5 ℃。鄂托克前旗累计降雪量 4.9 mm,最大积雪深度 6 cm,降雪日数 5 d,积雪日数 15 d,最大日降雪量 3.2 mm,日最低气温－28.0 ℃。杭锦旗累计降雪量 2.8 mm,最大积雪深度 3 cm,降雪日数 6 d,积雪日数 24 d,最大日降雪量 1.4 mm,日最低气温－27.0 ℃。伊金霍洛旗累计降雪量 2.6 mm,最大积雪深度 3 cm,降雪日数 3 d,积雪日数 9 d,最大日降雪量 1.4 mm,日最低气温－24.4 ℃。准格尔旗累计降雪量 3.0 mm,最大积雪深度 4 cm,降雪日数 6 d,积雪日数 24 d,最大日降雪量 1.1 mm,日最低气温－25.2 ℃。

1992 年 3 月 2—9 日,东胜区累计降雪量 13.4 mm,最大积雪深度 9 cm,降雪日数 3 d,积雪日数 7 d,最大日降雪量 9.2 mm,受灾人口 14.44 万。鄂托克前旗累计降雪量 10.5 mm,最大积雪深度 3 cm,降雪日数 2 d,积雪日数 2 d,最大日降雪量 8.7 mm,日最低气温－4.3 ℃,最小能见度 400 m。乌审旗累计降雪量 13.6 mm,最大积雪深度 7 cm,降雪日数 2 d,积雪日数 5 d,最大日降雪量 10.6 mm,日最低气温－10.3 ℃。伊金霍洛旗累计降雪量 11.2 mm,最大积雪深度 7 cm,降雪日数 2 d,积雪日数 7 d,最大日降雪量 8.8 mm,日最低气温－15.5 ℃。

2000 年 1 月 10 日至 2 月 13 日,东胜区累计降雪量 8.2 mm,最大积雪深度 6 cm,降雪日数 10 d,积雪日数 30 d,最大日降雪量 3.9 mm,受灾人口 5.42 万。达拉特旗累计降雪量 9 mm,最大积雪深度 10 cm,降雪日数 6 d,积雪日数 34 d,最大日降雪量 5.2 mm,日最低气温－30.3 ℃,最小能见度 800 m。鄂托克旗累计降雪量 7.8 mm,最大积雪深度 7 cm,降雪日数 5 d,积雪日数 31 d,最大日降雪量 4.7 mm,日最低气温－28.8 ℃,最小能见度 100 m。鄂托克前旗累计降雪量 0.8 mm,最大积雪深度 3 cm,降雪日数 1 d,积雪日数 7 d,最大日降雪量 0.8 mm,日最低气温－21.9 ℃。杭锦旗伊克乌素累计降雪量 2.5 mm,最大积雪深度 4 cm,降雪日数 1 d,积雪日数 18 d,最大日降雪量 2.5 mm,日最低气温－31.3 ℃。杭锦旗累计降雪量 4.7 mm,最大积雪深度 6 cm,降雪日数 7 d,积雪日数 33 d,最大日降雪量 3.4 mm,日最低气温－29.5 ℃。乌审旗乌审召累计降雪量 3.2 mm,最大积雪深度 3 cm,降雪日数 3 d,积雪日数 10 d,最大日降雪量 2.5 mm,日最低气温－27.9 ℃,最小能见度 800 m。乌审旗累计降雪量 3.5 mm,最大积雪深度 4 cm,降雪日数 5 d,积雪日数 25 d,最大日降雪量 1.5 mm,日最低气温－26.4 ℃,最小能见度 400 m。乌审旗河南站累计降雪量 4.4 mm,最大积雪深度 5 cm,降雪日数 3 d,积雪日数 13 d,最大日降雪量 1.5 mm,日最低气温－26.4 ℃。伊金霍洛旗累计降雪量 4.5 mm,最大积雪深度 4 cm,降雪日数 6 d,积雪日数 31 d,最大日降雪量 2.3 mm,日最低气温－29.2 ℃,最小能见度 800 m。准格尔旗累计降雪量 8.0 mm,最大积雪深度 8 cm,降雪日数 8 d,积雪日数 33 d,最大日降雪量 4.1 mm,日最低气温－27.9 ℃,最小能见度 600 m。

2004 年 12 月 20 日至 2005 年 2 月 22 日,伊金霍洛旗累计降雪量 10.4 mm,最大积雪深度 8 cm,降雪日数 14 d,积雪日数 62 d,最大日降雪量 5 mm,由于降雪并形成积雪,造成道路交通中断,小汽车交通事故 3～4 起,造成经济损失近万元。东胜区累计降雪量 6.5 mm,最大积雪深度 9 cm,降雪日数 12 d,积雪日数 41 d,最大日降雪量 2.5 mm,日最低气温－22.6 ℃,最小能见度 100 m。达拉特旗累计降雪量 4.0 mm,最大积雪深度 7 cm,降雪日数 6 d,积雪日数 25 d,最大日降雪量 2.5 mm,日最低气温－26.9 ℃,最小能见度 600 m。鄂托克旗累计降雪量 5.9 mm,最大积雪深度 6 cm,降雪日数 6 d,积雪日数 30 d,最大日降雪量 4.3 mm,日最低气温－26.8 ℃,最小能见度 300 m。鄂托克前旗累计降雪量 2.7 mm,最大积雪深度 5 cm,降雪日数 7 d,积雪日数 32 d,最大日降雪量 2.1 mm,日最低气温－25.6 ℃,最小能见度 200 m。杭锦旗伊克乌素站累计降雪量 1.3 mm,最大积雪深度 4 cm,降雪日数 4 d,积雪日数 43 d,最大日降雪量 0.7 mm,日最低气温－28.8 ℃,最小能见度 40 m。杭锦旗累计降雪量 3.7 mm,最大积雪深度 4 cm,降雪日数 11 d,积雪日数 40 d,最大日降雪量 2.8 mm,日最低气温－32.3 ℃。乌审旗乌审召累计降雪量 14.9 mm,最大积雪深度 9 cm,降雪日数 11 d,积雪日数 64 d,最大日降雪量 5.2 mm,日最低气温－31.2 ℃,最小能见度 100 m。乌审旗累计降雪量 5.6 mm,最大积雪深度 4 cm,降雪日数 9 d,积雪日数 42 d,最大日降雪量 3.9 mm,日最低气温－25.5 ℃,最小能见度 300 m。乌审旗河南累计降雪量 4.5 mm,最大积雪深度 5 cm,降雪日数 5 d,积雪日数 32 d,最大日降雪量 2.9 mm,日最低气温－27.6 ℃,最小能见度 700 m。准格尔旗累计降雪量 15.5 mm,最大积雪深度 15 cm,降雪日数 15 d,积雪日数 64 d,最大日降雪量 6.4 mm,日最低气温－26.0 ℃,最小能见度 300 m。

2005 年　12 月 30 日至 2006 年 1 月 16 日,伊金霍洛旗累计降雪量 2.8 mm,最大积雪深度 3 cm,降雪日数 2 d,积雪日数 17 d,最大日降雪量 2.7 mm,由于降雪形成积雪,造成道路交通中断。东胜区累计降雪量 3.6 mm,最大积雪深度 3 cm,降雪日数 4 d,积雪日数 13 d,最大日降雪量 3.5 mm,日最低气温－21.7 ℃。达拉特旗累计降雪量 4.9 mm,最大积雪深度 4 cm,降雪日数 2 d,积雪日数 18 d,最大日降雪量 4.8 mm,日最低气温－26.1 ℃,最小能见度 500 m。杭锦旗累计降雪量 1.7 mm,最大积雪深度 2 cm,降雪日数 1 d,积雪日数 8 d,最大日降雪量 1.7 mm,日最低气温－22.7 ℃。乌审旗乌审召累计降雪量 3.0 mm,最大积雪深度 3 cm,降雪日数 1 d,积雪日数 16 d,最大日降雪量 3.0 mm,日最低气温－29.1 ℃。乌审旗累计降雪量 0.2 mm,最大积雪深度 3 cm,降雪日数 3 d,积雪日数 12 d,最大日降雪量 0.2 mm,日最低气温－24.5 ℃。乌审旗河南累计降雪量 3.1 mm,最大积雪深度 4 cm,降雪日数 3 d,积雪日数 11 d,最大日降雪量 1.9 mm,日最低气温－27.3 ℃。准格尔旗累计降雪量 2.1 mm,最大积雪深度 3 cm,降雪日数 4 d,积雪日数 13 d,最大日降雪量 1.4 mm,日最低气温－23.0 ℃,最小能见度 300 m。

2006 年　1 月 18 日至 2 月 12 日,东胜区累计降雪量 5.7 mm,最大积雪深度 7 cm,降雪日数 3 d,积雪日数 13 d,最大日降雪量 4.0 mm,受灾人口 25.05 万。达拉特旗累计降雪量 7.6 mm,最大积雪深度 7 cm,降雪日数 6 d,积雪日数 25 d,最大日降雪量 3.5 mm,日最低气温－25.1 ℃,最小能见度 400 m。鄂托克旗累计降雪量 5.0 mm,最大积雪深度 6 cm,降雪日数 2 d,积雪日数 10 d,最大日降雪量 4.1 mm,日最低气温－19.7 ℃,最小能见度 80 m。鄂托克前旗累计降雪量 8.9 mm,最大积雪深度 8 cm,降雪日数 7 d,积雪日数 22 d,最大日降雪量 7.0 mm,日最低气温－21.1 ℃,最小能见度 40 m。杭锦旗伊克乌素站累计降雪量 4.2 mm,最大积雪深度 3 cm,降雪日数 2 d,积雪日数 23 d,最大日降雪量 2.8 mm,日最低气温－25.4 ℃。杭锦旗累计降雪量 6.0 mm,最大积雪深度 5 cm,降雪日数 5 d,积雪日数 23 d,最大日降雪量 2.4 mm,日最低气温－22.8 ℃。乌审旗乌审召累计降雪量 6.8 mm,最大积雪深度 5 cm,降雪日数 2 d,积雪日数 23 d,最大日降雪量 5.4 mm,日最低气温—26.7 ℃,最小能见度 100 m。乌审旗累计降雪量 12.9 mm,最大积雪深度 9 cm,降雪日数 4 d,积雪日数 26 d,最大日降雪量 9.2 mm,日最低气温—20.1 ℃,最小能见度 200 m。乌审旗河南累计降雪量 6.5 mm,最大积雪深度 8 cm,降雪日数 4 d,积雪日数 17 d,最大日降雪量 5.5 mm,日最低气温—22.9 ℃,最小能见度 300 m。伊金霍洛旗累计降雪量 6.5 mm,最大积雪深度 5 cm,降雪日数 4 d,积雪日数 24 d,最大日降雪量 5.7 mm,日最低气温—23.2 ℃,最小能见度 60 m。准格尔旗累计降雪量 9.1 mm,最大积雪深度 11 cm,降雪日数 6 d,积雪日数 25 d,最大日降雪量 4.9 mm,日最低气温—22.2 ℃,最小能见度 2000 m。

2007 年 2月7—19日,伊金霍洛旗累计降雪量 5.6 mm,最大积雪深度 7 cm,降雪日数 1 d,积雪日数 8 d,最大日降雪量 5.6 mm,造成全旗道路交通中断。东胜区累计降雪量 8.7 mm,最大积雪深度 10 cm,降雪日数 1 d,积雪日数 9 d,最大日降雪量 8.7 mm,日最低气温—11.3 ℃,最小能见度 900 m。达拉特旗累计降雪量 10.8 mm,最大积雪深度 9 cm,降雪日数 1 d,积雪日数 13 d,最大日降雪量 10.8 mm,日最低气温—18.3 ℃,最小能见度 400 m。杭锦旗伊克乌素站累计降雪量 6.4 mm,最大积雪深度 4 cm,降雪日数 1 d,积雪日数 9 d,最大日降雪量 6.4 mm,日最低气温—14.1 ℃。乌审旗累计降雪量 4.9 mm,最大积雪深度 4 cm,降雪日数 1 d,积雪日数 2 d,最大日降雪量 4.9 mm,日最低气温—7.8 ℃,最小能见度 800 m。准格尔旗累计降雪量 8.3 mm,最大积雪深度 7 cm,降雪日数 1 d,积雪日数 8 d,最大日降雪量 8.3 mm,日最低气温—15.9 ℃。

3月1—15日,东胜区累计降雪量 20.9 mm,最大积雪深度 18 cm,降雪日数 4 d,积雪日数 11 d,最大日降雪量 15.8 mm,影响范围包括罕台镇、公园街道碾盘梁村,受灾公路 306 km,公路堵塞持续 8 d,罕台镇受灾面积近 500 km^2,受灾农牧民 4256 户 16248 人,受灾牲畜头数 51400 多只,饲草料短缺严重,受损温室大棚 24 个(占地 10 亩),直接经济损失约 60 万元;公园街道碾盘梁村温棚坍塌 15 个(9.7亩),温室坍塌 1 个(0.3 亩),大棚坍塌 3 个(2.4 亩),经济损失约 3.6 万元,总直接经济损失约为 63.6 万元。达拉特旗累计降雪量 21.4 mm,最大积雪深度 10 cm,降雪日数 3 d,积雪日数 10 d,最大日降雪量 18.7 mm,日最低气温—17.4 ℃。伊金霍洛旗出现特大暴雪,累计降雪量 19.0 mm,最大积雪深度 12 cm,降雪日数 4 d,积雪日数 13 d,最大日降雪量 16.8 mm,雪后形成积雪,造成道路交通中断。杭锦旗伊克乌素站累计降雪量 13.6 mm,最大积雪深度 4 cm,降雪日数 2 d,积雪日数 8 d,最大日降雪量 13.4 mm。杭锦旗累计降雪量 12.7 mm,最大积雪深度 8 cm,降雪日数 5 d,积雪日数 11 d,最大日降雪量 12.4 mm,直接经济损失为 3340 万元。鄂托克旗大部地区出现自 1954 年建站以来 3 月最大一次先雨后雪的天气过程,大风吹起地面上的积雪,使能见度下降,出现洼地较厚积雪,最深处积雪达 1 m 左右,给交通运输、接羔保育、元宵佳节活动及牧区学生返校带来一定困难,此次灾害造成受灾人口 5.7 万,受灾草场 2500 万亩,受灾牲畜 110 万头(只),伤亡牲畜 1.5 万头(只)。鄂托克前旗累计降雪量 13.0 mm,最大积雪深度 5 cm,降雪日数 3 d,积雪日数 7 d,最大日降雪量 12.8 mm,日最低气温—17.4 ℃。乌审旗乌审召累计降雪量 26.0 mm,最大积雪深度 11 cm,降雪日数 4 d,积雪日数 11 d,最大日降雪量 16.6 mm,日最低气温—22.5 ℃,最小能见度 200 m。乌审旗累计降雪量 17.2 mm,最大积雪深度 9 cm,降雪日数 2 d,积雪日数 8 d,最大日降雪量 16.3 mm,日最低气温—16.2 ℃,最小能见度 400 m。准格尔旗累计降雪量 18.0 mm,最大积雪深度 4 cm,降雪日数 3 d,积雪日数 12 d,最大日降雪量 12.9 mm,日最低气温-16.8 ℃,最小能见度 500 m。

12 月 1—8 日,伊金霍洛旗累计降雪量 1.8 mm,最大积雪深度 3 cm,降雪日数 2 d,积雪日数 8 d,最大日降雪量 1.8 mm,因形成积雪,造成道路交通中断。

2008 年 1 月 12 日至 2 月 22 日,鄂托克前旗累计降雪量 12.4 mm,最大积雪深度 7 cm,降雪日数 15 d,积雪日数 40 d,最大日降雪量 2.6 mm,此次过程对昂素镇和城川镇影响最大,全旗受灾 3299 户 11546 人,其中 642 户 2247 人冬季取暖燃料出现困难;976 万亩草场全部被大雪覆盖,造成大部分牲畜无法出圈放牧,全旗公路全部被大雪覆盖,交通受阻,总直接经济损失为 28 万元。东胜区累计降雪量 6.0 mm,最大积雪深度 4 cm,降雪日数 10 d,积雪日数 33 d,最大日降雪量 1.9 mm,日最低气温-23.7 ℃。达拉特旗累计降雪量 4.6 mm,最大积雪深度 4 cm,降雪日数 8 d,积雪日数 30 d,最大日降雪量 2.7 mm,日最低气温-26.8 ℃。鄂托克旗累计降雪量 7.1 mm,最大积雪深度 7 cm,降雪日数 8 d,积雪日数 31 d,最大日降雪量 2.0 mm,日最低气温-27.7 ℃,最小能见度 700 m。杭锦旗伊克乌素站累计降雪量 2.8 mm,最大积雪深度 3 cm,降雪日数 5 d,积雪日数 31 d,最大日降雪量 1.9 mm,日最低气温-33.8 ℃。杭锦旗累计降雪量 3.3 mm,最大积雪深度 5 cm,降雪日数 11 d,积雪日数 37 d,最大日降雪量 1.4 mm,日最低气温-29.6 ℃,最小能见度 700 m。乌审旗乌审召累计降雪量 5.4 mm,最大积雪深度 4 cm,降雪日数 1 d,积雪日数 37 d,最大日降雪量 2.2 mm,日最低气温-30.5 ℃。乌审旗累计降雪量 12.0 mm,最大积雪深度 7 cm,降雪日数 10 d,积雪日数 39 d,最大日降雪量 2.8 mm,日最低气温-23.9 ℃。乌审旗河南累计降雪量 12.1 mm,最大积雪深度 8 cm,降雪日数 12 d,积雪日数 41 d,最大日降雪量 4.5 mm,日最低气温-33.5 ℃。伊金霍洛旗累计降雪量 5.8 mm,最大积雪深度 6 cm,降雪日数 9 d,积雪日数 38 d,最大日降雪量 2.0 mm,日最低气温-29.3 ℃。准格尔旗累计降雪量 7.4 mm,最大积雪深度 7 cm,降雪日数 12 d,积雪日数 37 d,最大日降雪量 2.0 mm,日最低气温-27.9 ℃。

2009 年 11 月 10 日至 2010 年 1 月 2 日,鄂托克前旗累计降雪量 33.5 mm,最大积雪深度 16 cm,降雪日数 13 d,积雪日数 54 d,最大日降雪量 19.2 mm,此次过程对上海庙镇和昂素镇影响最大,大雪使得牲畜难以出圈放牧,部分地区牲畜饲草料严重不足;上海庙镇水泉则村 6 栋塑料大棚被积雪压塌,导致蔬菜及绿化苗木受损,造成直接经济损失达 12 万元。鄂托克旗累计降雪量 7.1 mm,最大积雪深度 6 cm,降雪日数 2 d,积雪日数 12 d,最大日降雪量 7.1 mm,日最低气温-18.0 ℃。杭锦旗伊克乌素站累计降雪量 3.1 mm,最大积雪深度 3 cm,降雪日数 1 d,积雪日数 12 d,最大日降雪量 3.1 mm,日最低气温-21.6 ℃。乌审旗乌审召累计降雪量 10.4 mm,最大积雪深度 6 cm,降雪日数 2 d,积雪日数 16 d,最大日降雪量 5.2 mm,日最低气温-20.8 ℃。乌审旗累计降雪量 16.8 mm,最大积雪深度 14 cm,降雪日数 3 d,积雪日数 16 d,最大日降雪量 9.1 mm,日最低气温-16.7 ℃,最小能见度 500 m。乌审旗河南累计降雪量 33.4 mm,最大积雪深度 9 cm,降雪日数 3 d,积雪日数 16 d,最大日降雪量 25.0 mm,日最低气温-19.0 ℃,最小能见度 600 m。准格尔旗累计降雪量 12.0 mm,最大积雪深度 3 cm,降雪日数 3 d,积雪日数 18 d,最大日降雪量 7.8 mm,日最低气温-16.4 ℃。

2011 年 11 月 29 日至 2012 年 2 月 5 日,乌审旗乌审召累计降雪量 5.5 mm,最大积雪深度 4 cm,降雪日数 4 d,积雪日数 19 d,最大日降雪量 5.3 mm。乌审旗累计降雪量 27.5 mm,最大积雪深度 15 cm,降雪日数 7 d,积雪日数 66 d,最大日降雪量 26.2 mm。乌审旗河南累计降雪量 15.5 mm,最大积雪深度 6 cm,降雪日数 2 d,积雪日数 49 d,最大日降雪量 15.5 mm,

造成全旗被雪积压掩埋草牧场852291 hm²,因草牧场和饲草料掩埋受损,造成896192头(只)牲畜受灾(其中死亡羊20只),损坏水泥电线杆26根、塑料温室大棚39栋、牲畜棚3间、野山鸡饲料棚1栋,4000只野山鸡因灾死亡,涉及农牧民41666人,造成直接经济损失1169.8万元。鄂托克前旗累计降雪量21.8 mm,最大积雪深度14 cm,降雪日数7 d,积雪日数69 d,最大日降雪量18.4 mm,日最低气温−25.3 ℃,最小能见度200 m。

2017年 2月20日至3月2日,鄂托克旗最大降雪量达17.5 mm,木凯淖镇3个嘎查(村)因灾死亡5只大羊、23只小羊,阿尔巴斯苏木陶利嘎查因灾死亡29只羊羔,共计因灾死亡羊57只,共造成经济损失3.1万元。东胜区累计降雪量14.3 mm,最大积雪深度10 cm,降雪日数1 d,积雪日数10 d,最大日降雪量14.3 mm,日最低气温−12.3 ℃,最小能见度940 m。达拉特旗累计降雪量17.3 mm,最大积雪深度12 cm,降雪日数1 d,积雪日数8 d,最大日降雪量17.3 mm,因下雪持续时间长、积雪厚,使树林召镇的农业大棚严重受损,据调查统计,有12栋温室大棚严重受损,2栋温室大棚坍塌,受灾面积5780 m²,其中有7栋2070 m²耕种,7栋3710 m²未种作物,经济损失27.1万元;1处牛棚坍塌,无牲畜伤亡,经济损失1万元;此次雪灾共造成达拉特旗农牧业直接经济损失28.1万元。鄂托克前旗累计降雪量20.1 mm,最大积雪深度17 cm,降雪日数2 d,积雪日数8 d,最大日降雪量15.8 mm,日最低气温−17.6 ℃,最小能见度439 m。杭锦旗伊克乌素站累计降雪量11.2 mm,最大积雪深度9 cm,降雪日数1 d,积雪日数6 d,最大日降雪量11.2 mm,日最低气温−15.6 ℃,最小能见度670 m。杭锦旗累计降雪量11.0 mm,最大积雪深度8 cm,降雪日数1 d,积雪日数6 d,最大日降雪量11.0 mm,日最低气温−18.5 ℃,最小能见度1122 m。乌审旗乌审召累计降雪量12.2 mm,最大积雪深度11 cm,降雪日数1 d,积雪日数7 d,最大日降雪量12.2 mm,日最低气温−21.0 ℃,最小能见度662 m。乌审旗累计降雪量15.3 mm,最大积雪深度11 cm,降雪日数1 d,积雪日数7 d,最大日降雪量15.3 mm,日最低气温−14.2 ℃,最小能见度409 m。乌审旗河南累计降雪量19.6 mm,最大积雪深度15 cm,降雪日数1 d,积雪日数7 d,最大日降雪量19.6 mm,日最低气温−22.1 ℃,最小能见度413 m。伊金霍洛旗累计降雪量10.4 mm,最大积雪深度7 cm,降雪日数1 d,积雪日数7 d,最大日降雪量10.4 mm,日最低气温−15.4 ℃,最小能见度2000 m。准格尔旗累计降雪量13.1 mm,最大积雪深度10 cm,降雪日数1 d,积雪日数7 d,最大日降雪量13.1 mm,日最低气温−16.0 ℃,最小能见度557 m。

2019年 11月29日至2020年2月11日,乌审旗乌审召累计降雪量14.5 mm,最大积雪深度10 cm,降雪日数10 d,积雪日数45 d,最大日降雪量10.3 mm。乌审旗累计降雪量11.6 mm,最大积雪深度9 cm,降雪日数12 d,积雪日数30 d,最大日降雪量8.3 mm。乌审旗河南累计降雪量15.7 mm,最大积雪深度9 cm,降雪日数11 d,积雪日数31 d,最大日降雪量9.0 mm,此次过程共造成苏力德苏木38人受灾,1栋大牛棚被大雪压塌,没有牛羊死亡;大雪导致全旗牲畜饲料短缺,陆地交通受阻,市区内通行缓慢,部分高速公路、国道、省道及乡镇道路封停,灾害造成直接经济损失10万元。东胜区累计降雪量9.5 mm,最大积雪深度7 cm,降雪日数8 d,积雪日数47 d,最大日降雪量6.1 mm,日最低气温−21.1 ℃,最小能见度137 m。鄂托克旗累计降雪量4.5 mm,最大积雪深度5 cm,降雪日数5 d,积雪日数17 d,最大日降雪量4.4 mm,日最低气温−25.5 ℃,最小能见度246 m。鄂托克前旗累计降雪量1.2 mm,最大积雪深度2 cm,降雪日数1 d,雨夹雪日数1 d,积雪日数7 d,最大日降雪量1.2 mm,日最低气温−18.7 ℃,最小能见度1475 m。杭锦旗伊克乌素站累计降雪量7.2 mm,最大积雪深度

5 cm,降雪日数4 d,积雪日数31 d,最大日降雪量3.7 mm,日最低气温-26.2 ℃,最小能见度101 m。杭锦旗累计降雪量5.5 mm,最大积雪深度4 cm,降雪日数11 d,积雪日数46 d,最大日降雪量3.5 mm,日最低气温-23.6 ℃,最小能见度182 m,日最大风速14.6 m/s。伊金霍洛旗累计降雪量12.9 mm,最大积雪深度10 cm,降雪日数7 d,积雪日数54 d,最大日降雪量18.1 mm,日最低气温-23.2 ℃,最小能见度14 m。准格尔旗累计降雪量18.2 mm,最大积雪深度8 cm,降雪日数12 d,积雪日数46 d,最大日降雪量9.4 mm,日最低气温-23.7 ℃,最小能见度100 m。

第八章 低温灾害

第一节 概述

低温灾害指因冷空气异常活动等原因造成剧烈降温以及冻雨、雪、冰(霜)冻所造成的灾害事件。造成低温灾害的主要天气过程有寒潮等冷空气活动。

一、低温灾害分类

本章中所指低温灾害主要是在鄂尔多斯地区影响范围广、灾害损失较大的低温灾害类型,包括冷空气(寒潮)、霜冻、低温冷害、冷雨湿雪等天气造成的灾害。

(一)冷空气(寒潮)

寒潮是指强冷空气南下,受其影响的地区出现强烈降温,并伴有大风、沙尘、霜冻或降雪等天气过程。这种天气对农牧业、交通运输、生态等都会造成不利影响,甚至造成人员伤亡及财产损失,是鄂尔多斯市冬半年主要气象灾害之一,从秋季至春季均可受寒潮灾害影响。

1. 冷空气标准

冷空气过程识别方法依据《冷空气过程监测指标》(QX/T 393—2017),其强度分中等强度冷空气、强冷空气和寒潮:

(1)中等强度冷空气:单站 48 h 降温幅度≥6 ℃且最低气温<8 ℃的冷空气。

(2)强冷空气:单站 48 h 降温幅度≥8 ℃的冷空气。

(3)寒潮:单站 24 h 降温幅度≥8 ℃或单站 48 h 降温幅度≥10 ℃或单站 72 h 降温幅度≥12 ℃,且日最低气温≤4 ℃的冷空气。

2. 寒潮标准

按照国家标准《寒潮等级》(GB/T 21987—2017),按寒潮强度划分,将寒潮分为寒潮、强寒潮、特强寒潮。

(1)寒潮

使某地的日最低气温 24 h 内降温幅度≥8 ℃,或 48 h 内降温幅度≥10 ℃,或 72 h 内降温幅度≥12 ℃,而且使该地日最低气温≤4 ℃的冷空气活动。

(2)强寒潮

使某地的日最低气温 24 h 内降温幅度≥10 ℃,或 48 h 内降温幅度≥12 ℃,或 72 h 内降温幅度≥14 ℃,而且使该地日最低气温≤2 ℃的冷空气活动。

(3)特强寒潮

使某地的日最低气温 24 h 内降温幅度≥12 ℃,或 48 h 内降温幅度≥14 ℃,或 72 h 内降温幅度≥16 ℃,而且使该地日最低气温≤0 ℃的冷空气活动。

由于冷空气的来源和路径不同,造成寒潮天气的环境背景的不同,寒潮可分为大风类寒潮、雪(雨)类寒潮、风雪类寒潮和单纯降温类寒潮等4种天气类型(顾润源,2012)。

鄂尔多斯地处农牧交错带,主要为农区,部分地区为半农半牧区。对于种植业而言,春季大风类寒潮易造成表层土壤流失,种子被刮出,幼苗机械性损伤等;降温类、雨雪类寒潮则主要因其强降温及持续低温,造成粉种或延迟生长。秋季大风类寒潮主要造成高秆作物的倒伏,进而影响产量。此外,强降温及持续低温影响籽粒灌浆,造成产量减少、品质下降。

(二)霜冻

霜冻是鄂尔多斯市主要的农业气象灾害之一。初霜冻的危害程度远比终霜冻危害严重,因为终霜冻主要发生在作物苗期,尚有再恢复的可能,因而对农业产量的影响相对较轻,而初霜冻主要发生在秋季作物成熟期之前,一旦发生,将无再恢复的可能,常常造成粮食作物严重减产或绝收。

1. 霜冻定义(顾润源,2012)

霜冻对农作物的危害通常是指植物生长季节里,由于土壤表面、植株表面以及近地面气层的温度在短时间内下降至0℃以下,足以引起农作物遭受伤害或死亡的一种低温灾害。霜冻对农作物的危害主要是因为低温使植物体内水分结冰,从而使作物的某些器官受到损伤,严重的能使作物死亡。

(1)霜:当贴地层的气温下降到0℃以下时,空气中的水汽在地表或接近地表的物体表面上凝华成白色冰晶的天气现象。因其可见,也叫白霜。

(2)霜冻:是指土壤表面或植物株冠附近最低气温下降到0℃以下,使作物遭受冻害的现象。当贴地层空气干燥,湿度较小时,气温虽降到0℃或其以下,但地表未出现白霜,而此时作物已产生冻害,这种现象亦称为黑霜或暗霜。鄂尔多斯地处干旱和半干旱区,空气相对干燥,黑霜发生频率较高。

(3)初霜冻:发生在一年内有霜冻危害的初期,即入秋后第一次出现的霜冻。初霜冻主要危害尚未成熟的大秋作物和未收获的露天蔬菜和常绿果树,所以也称为"秋霜冻"。

(4)终霜冻:发生在由寒冷季节向温暖季节过渡时期,即春季最后一次霜冻。终霜冻危害作物的幼苗和开花的果树,故也称"春霜冻"。

(5)无霜期:终霜与初霜的间隔天数称为无霜期。一般初霜冻出现的越早,对作物危害越大,造成的灾害也越重;同样,终霜冻出现的越晚,危害越大。

2. 霜冻标准

在春季和秋季,当最低气温降到2℃时,地表或地面物体表面最低温度一般在0℃左右,就会出现霜或霜冻,对大部分作物会造成不同程度的冻害。气象站夏末秋初地面最低气温小于或等于0℃时的第一日定为初霜日,春末夏初地面最低温度小于等于0℃时的最后一日定为终霜日。没有地面最低气温的站点可参照《中国灾害性天气气候图集》,采用日最低气温≤2℃作为霜冻指标(国家气候中心,2018)。同样,当秋季首次最低气温下降到在2~4℃,或春季最低气温上升到2~4℃,为轻霜冻。

冷空气的活动是造成鄂尔多斯市霜冻灾害的主要原因,与中高纬度长波系统的移动、发展紧密相关。在初、终霜冻的发生月,每一次长波系统的调整都将带来明显的冷空气活动。初霜冻的发生主要在前秋和中秋,终霜冻一般在中春到末春,此时正值冷空气开始活跃和减弱期,因此全市大范围霜冻灾害多为北路强冷空气入侵造成,冷空气影响首日常形成平流霜冻,次日冷空气控制后以辐射霜冻为主。

(三)低温冷害

1. 低温冷害的定义(王绍武 等,2008)

低温冷害是指在作物生长发育期间,尽管日最低气温在 0 ℃以上,天气比较温暖,但出现较长时间的持续性低温天气或在作物生殖生长期间出现短期的强低温天气过程,日平均气温低于作物生长发育适宜温度的下限指标,造成农作物生理障碍或结实器官受损,最终导致不能正常生长结实而减产的农业自然灾害。某些作物受害后形态上无明显症状,不易被发现,俗称"哑巴灾"。

不同作物的各个生育阶段要求的最适宜温度和能够耐受的临界低温有很大的差异,品种之间也不相同,所以低温对不同作物、不同品种及作物的不同生育阶段的影响有较大差异。

2. 低温冷害的判定指标

(1)5—9 月≥10 ℃积温距平＜−100 ℃·d(可根据实际进行调整)。

(2)5—9 月平均气温距平之和≤−3 ℃;作物生育期内月平均气温距平≤−1 ℃。

(3)作物生育期内日最低气温低于作物生育期下限温度并持续 5 d 以上。

3. 低温冷害的表现特征

低温冷害的具体表现症状常随果蔬种类而异。常见的表现特征有变色、凹陷、水渍状斑点、不能正常后熟等。

(四)冷雨湿雪(庞万才 等,1991)

冷雨湿雪对畜牧业生产的危害是比较重的,有时一场冷雨湿雪过后,损失牲畜超万头(只)。冷雨湿雪直接危及牲畜畜体本身。牲畜被雨淋后,外感风寒、内耗体热,致使新陈代谢失调,不能正常采食。尤其是牲畜中的老弱病残者,有的疫病复发,有的患感冒,有的冻伤,有的死亡。春季的冷雨湿雪天气危害最大,牲畜经过一冬原情衰退尚未得以恢复,防病力低,且此期又是病菌微生物、寄生虫开始滋生、繁殖之时,疫病易于传播。其他季节的冷雨湿雪天气,由于突然降温,牲畜不易适应,也易感冒,但其危害相对较小。

1. 冷雨湿雪定义

冷雨湿雪是指在连续降雨或者雨夹雪的过程中(或之后)伴随着较强的降温或冷风。

2. 冷雨湿雪的判定指标

满足以下任一条件为一个冷雨湿雪日:

(1)日降水量≥5 mm,5 ℃＜日平均气温≤10 ℃,24 h 日最低气温降温幅度≥6 ℃。

(2)日降水量≥5 mm,5 ℃＜日平均气温≤10 ℃,6 ℃≥24 h 日最低气温降温幅度＞4 ℃,风速≥4 m/s。

(3)日降水量≥5 mm,日平均气温≤5 ℃,24 h 日最低气温降温幅度≥4 ℃。

(4)日降水量≥5 mm,日平均气温≤5 ℃,4 ℃≥24 h 日最低气温降温幅度＞2 ℃,风速≥2 m/s。

二、低温灾害分布特征

(一)时间分布

本章中所指低温灾害指的是冷空气(寒潮)、霜冻、低温冷害、冷雨湿雪 4 类天气造成灾害的统称,灾害的数量指的是上述 4 类天气从 1957—2020 年造成的以旗(县)为单位统计的灾害的总和。

1. 低温灾害的年变化

由图 8.1 可见,低温灾害发生的年际变化没有明显规律,但由于近年来随着调查手段和信息追踪的完善,归档的资料逐渐增多,所保存的灾情信息也逐渐增多。同时,也可以看到曲线中出现几个灾害多的年份,分别是 2004 年、2008 年、2019 年,均为 7 次。

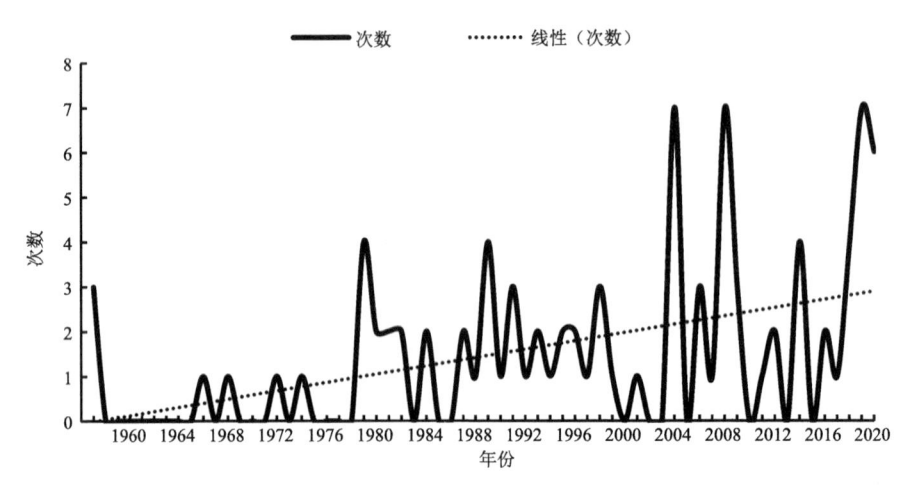

图 8.1　1957—2020 年低温灾害变化

2. 低温灾害的月变化

图 8.2 展示了低温灾害的月变化,有两个峰值,分别是 5 月和 9 月,其中 5 月是低温灾害最易发生的月份,为 33 次(多年的总和,下同),其次是 9 月,为 23 次,第三是 4 月,为 12 次。而 5 月、9 月、4 月均以霜冻灾害为主,这是由于这些月份正处于作物种植和收获的月份,受温度影响比较大,也较容易成灾。

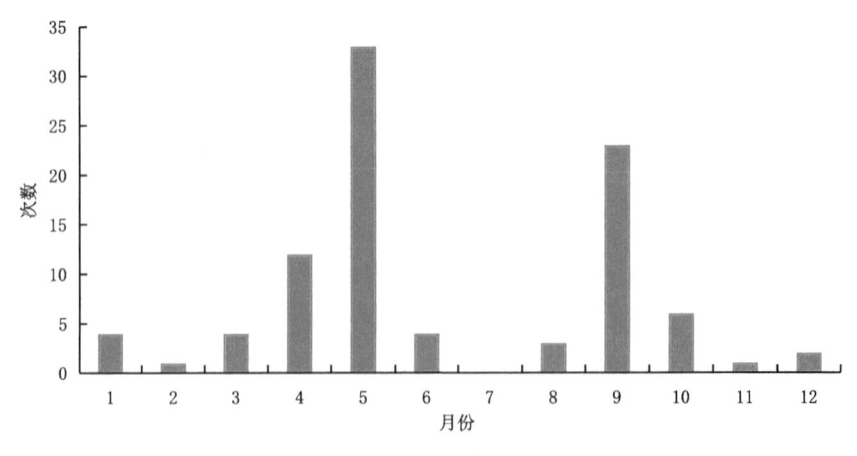

图 8.2　1957—2020 年低温灾害月变化

在多年的调查数据中,没有 7 月发生低温灾害的情况,而其相邻月 6 月出现灾害 4 次,8 月 3 次。这是由于 6 月的灾害主要出现在月初,这时冷空气虽然不够活跃,但仍存在一定的强度,当前期温度较高时,突然的冷空气侵袭,也会带来灾害;而 8 月的灾害主要在月末,当冷空气较常年来临早时,会给即将成熟的秋季作物带来减产或绝收等非常严重的灾害。7 月鄂尔多斯几乎受暖空气的影响,偶尔的冷空气强度不足以和强盛的暖空气对抗,所以,不容易发生低温灾害。

(二)空间分布

由(彩)图8.3可以看出,低温灾害易发区主要位于鄂尔多斯市东部地区,尤其是准格尔旗,发生灾害26次,其次是伊金霍洛旗(23次),第三是乌审旗和东胜区,均为19次,达拉特旗紧随其后(18次)。康巴什由于成立时间较短且面积较小,灾情较少。西部地区以鄂托克前旗的灾情为最多(9次),鄂托克旗和杭锦旗发生灾害的次数较少,分别为6次和4次。

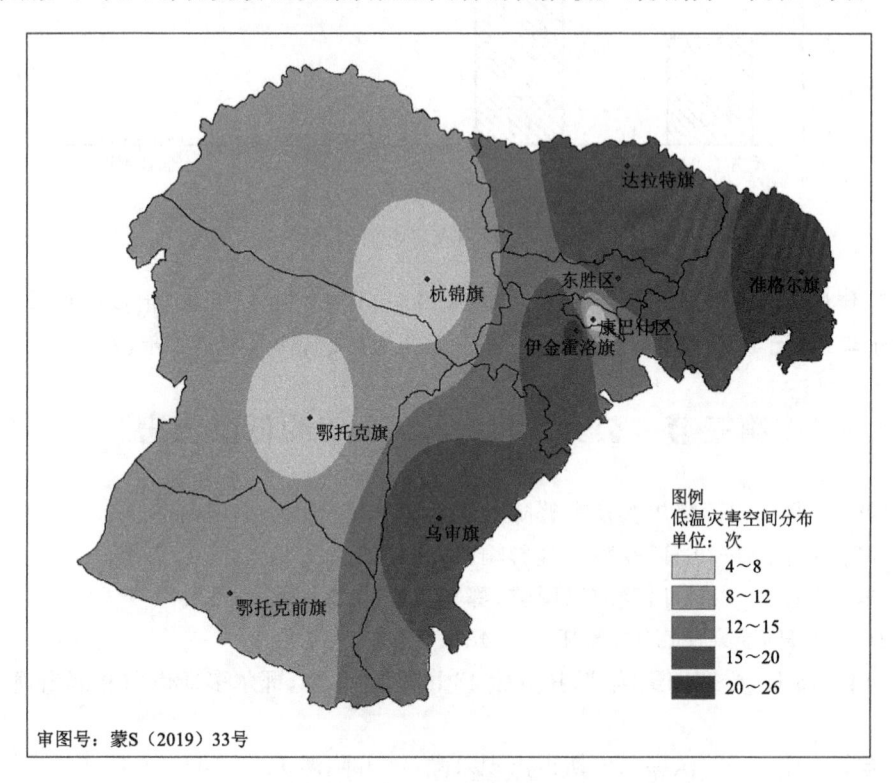

图8.3 1957—2020年鄂尔多斯市低温灾害空间分布

(三)灾害类型分布

从图8.4中可以很明显地看出,低温灾害出现最多的是霜冻灾害,达69次;其次是冷空气(寒潮)造成的灾害,有21次。而在多年的统计结果中,发生冷雨湿雪灾害只有2次,低温冷害只发生1次。

值得注意的是,本章中冷空气(寒潮)带来的灾害和霜冻灾害是以农作物是否受灾来区分的。若由于冷空气的活动造成农作物灾害,且满足霜冻的条件,则判定为霜冻;若是其他灾害或综合性灾害,且满足冷空气(寒潮)标准,则归为冷空气(寒潮)灾害。

第二节　公元1912—1948年的低温灾害

民国元年(公元1912年)　秋,鄂尔多斯遭霜冻。

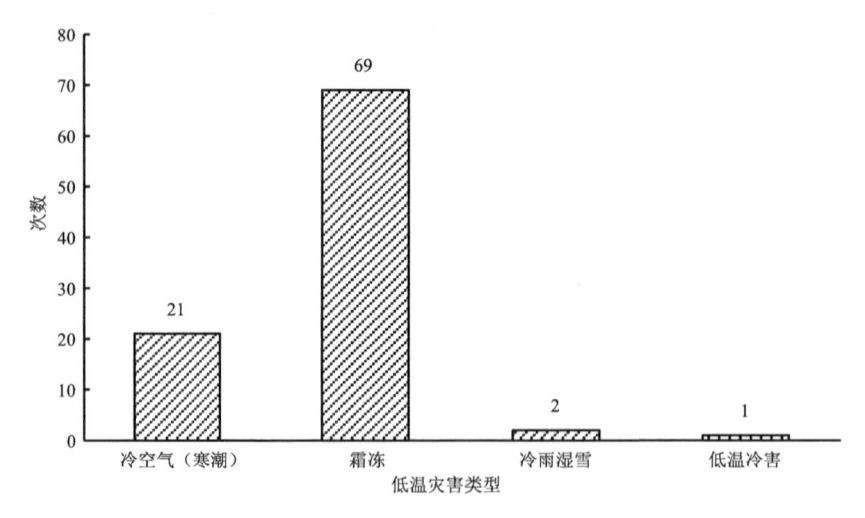

图 8.4 低温灾害类型分布

民国二年(公元 1913 年) 秋,鄂尔多斯 34600 hm² 农作物遭冻灾,粮食严重减产。

民国十年(公元 1921 年) 六月十日,鄂尔多斯地区遭霜冻,禾苗大部冻死。

第三节 公元 1949—2020 年的低温灾害

1950 年 5 月 19 日,鄂尔多斯市普降大雪,雪后气温骤降,出现霜冻。

1952 年 5 月 28—29 日,受冷空气影响,出现春霜冻。

1955 年 2 月 17—19 日,受寒潮影响,鄂托克旗 48 h 降温 14 ℃。

3 月 16—18 日,受寒潮影响,鄂托克旗 48 h 降温 19 ℃。

11 月 14—15 日,受寒潮影响,鄂托克旗 48 h 降温 14 ℃,鄂尔多斯市东北部出现 6 级以上西北风。

1957 年 4 月 7—9 日,鄂尔多斯市出现寒潮,24 h 降温 12 ℃以上。

9 月 4—6 日,东胜区出现霜冻,粮食减产 30%,泊江海子乡受灾最重,糜谷、马铃薯全部冻死,粮食减产 60%以上。

9 月 27 日,东胜区泊江海子乡出现霜冻,受灾面积 3.56 hm²,涉及 4255 人。

10 月 14—17 日,受寒潮影响,鄂尔多斯市 48 h 降温 17 ℃。

10 月 19 日,东胜区漫赖乡出现霜冻,漫赖乡民主社受灾面积 0.98 hm²;草原社受灾面积 229.58 hm²;新民社受灾面积 580.47 hm²;利民社受灾面积 330.67 hm²;建设社受灾面积 778.04 hm²;先丰社受灾面积 433.88 hm²。漫赖乡民主社受灾 657 人;草原社受灾 198 人;新民社受灾 448 人;利民社受灾 261 人;建设社受灾 519 人;先丰社受灾 312 人。民主社粮食减产面积 17.52 hm²;草原社粮食减产面积 4.17 hm²;新民社粮食减产面积 4.74 hm²;利民社粮食减产面积 6.67 hm²;建设社粮食减产面积 11.57 hm²;先丰社粮食减产面积 6.09 hm²;全部为轻灾。

1959 年 5—9 月,鄂尔多斯市各月平均气温均低于常年同期 2 ℃及以上,且降雨天气较多,特别是 6—9 月偏多 50%以上,严重影响大秋作物的灌浆和成熟。

鄂尔多斯市东部农区终霜冻特晚。

1960 年 3 月 10—13 日，受寒潮影响，鄂托克旗 48 h 降温 17 ℃。

1961 年 鄂尔多斯市遭春霜冻灾。

1962 年 3 月 31 日—4 月 2 日，受寒潮影响，鄂尔多斯市东北部 24 h 降温在 12 ℃以上。

鄂尔多斯市东部遭春霜冻灾，全市春霜冻结束期为 5 月 17—18 日，鄂尔多斯市东部也遭秋霜冻灾。

1963 年 鄂尔多斯市东部农区初霜冻偏早。

4 月 3—6 日，受寒潮影响，鄂尔多斯市东北部 24 h 降温 12 ℃以上，鄂尔多斯市西部、南部出现 8 级以上偏北风，乌审旗最大风速达 18 m/s。

1965 年 鄂尔多斯市遭秋霜冻灾。9 月 3—6 日，作物被冻。

11 月 23—24 日，受寒潮影响，鄂尔多斯市部分地区 48 h 降温 15 ℃以上。

11 月 28—30 日，受寒潮影响，鄂尔多斯市 24 h 降温 12 ℃，鄂托克旗 48 h 降温 13 ℃。

1966 年 9 月 2 日，伊金霍洛旗出现霜冻，晚熟庄稼全部遭冻害，受灾面积 1.2 万余 hm²。鄂尔多斯市全年受霜灾面积 1 万 hm²，成灾面积 5460 hm²。

1968 年 6 月 9 日，东胜区发生霜冻，西部地区禾苗大多被冻死，造成大面积翻种或补种。

鄂尔多斯市东部农区初霜冻出现日期比正常年份偏早，对农业产量影响极大，东胜区最低气温－1.4 ℃，鄂尔多斯市霜冻面积 25.3 万 hm²。

9 月 19—21 日，出现霜冻，东胜区最低气温－1.4 ℃，鄂尔多斯市受冻面积 24 万 hm²。

11 月 6—8 日，受大风强寒潮影响，鄂尔多斯市南部和东部 24 h 降温 12 ℃以上，杭锦旗 48 h 降温 21 ℃。

1969 年 12 月 25—27 日，受寒潮影响，鄂尔多斯市东胜区、杭锦旗 48 h 降温 15 ℃。

1970 年 鄂尔多斯市东部农区初霜冻出现偏早，局部作物遭冻害。

11 月 2—4 日，受寒潮天气影响，鄂尔多斯市鄂托克旗、乌审旗 48 h 降温 16 ℃。

11 月 12—14 日，受冷空气影响，鄂尔多斯市东北部 24 h 降温 8 ℃以上。

1971 年 春季冷空气活动频繁，终霜冻结束日期较常年偏晚。5 月下旬，鄂尔多斯市大部气温下降，大田作物幼苗受到不同程度的冻害。9 月中旬，鄂尔多斯市出现霜冻，农作物遭受冻害。

10 月 20—22 日，受冷空气影响，鄂尔多斯市东北部 24 h 降温 8 ℃以上。

11 月 26—28 日，受寒潮影响，鄂尔多斯市西部和东北部 24 h 降温达 12 ℃及以上，杭锦旗 48 h 降温 18 ℃。

12 月 17—19 日，受寒潮影响，鄂尔多斯市鄂托克旗 48 h 降温 16 ℃。

1972 年 9 月 3—4 日，伊金霍洛旗发生霜冻，伴有风、旱、洪、雹灾，受灾面积 4000 hm²。

1973 年 鄂尔多斯市东部农区春霜 5 月 19 日结束，较常年偏晚 10 d 左右，秋霜偏早 1 周左右，局部作物受冻害。

1974 年 5 月上中旬，鄂尔多斯市出现晚霜冻害。秋季，初霜出现早，鄂尔多斯市受冻面积 13.3 万 hm²，减产 300 万 kg。

9 月 14—15 日，受霜冻影响，伊金霍洛旗糜谷的叶子被冻死，造成农作物减产。

9 月 17—18 日，准格尔旗连续 2 d 出现霜冻，最低气温为－0.5～－0.3 ℃，使正在成熟的糜子、谷子、高粱、玉米、黑豆及荞麦等农作物遭受冻害，面积为 4.47 万 hm²，产量损失 20％～

40%,其中 6466.67 hm² 荞麦全部被冻死。

12月1—3日,受寒潮影响,鄂尔多斯市大部 24 h 降温 8 ℃及以上,东胜区 48 h 降温17 ℃。

1976 年 乌审旗全年霜冻灾害面积 260 hm²。

3月17—18日,受寒潮影响,鄂尔多斯市杭锦旗、鄂托克旗 48 h 降温 16 ℃。

11月9—11日,受寒潮影响,鄂尔多斯市东胜区 48 h 降温 18 ℃。

12月23—25日,受寒潮影响,鄂尔多斯市东胜区和杭锦旗 48 h 降温 18 ℃。

1977 年 3月21—23日,受寒潮影响,鄂尔多斯市杭锦旗 48 h 降温 17 ℃。

4月15—17日,受寒潮影响,鄂尔多斯市杭锦旗 48 h 降温 17 ℃。

5月中旬,受强寒潮天气影响,鄂尔多斯市大部出现终霜冻,由于降温幅度大,出现严重的冰冻,使已出苗的糜谷等作物冻死不少,部分作物需改种。

1978 年 3月8—9日,受寒潮影响,鄂尔多斯市东胜、杭锦旗 48 h 降温 16 ℃。

4月14—15日,受寒潮影响,鄂尔多斯市杭锦旗 48 h 降温 16 ℃。

1979 年 5月18日,杭锦旗出现霜冻,1800 hm² 农田受灾,其中毁种 660 hm²。

8月31日—9月1日,伊金霍洛旗红海子滩约 26.67 hm² 各种作物普通受到冻害。据9月2日实地调查,黑豆冻死,只有三成收,糜子、谷子叶子冻后变白,约有五六成收,玉米部分叶子冻伤约有八九成收,部分土豆也被冻死,叶子变黑,但山堆地的作物未受冻,其他公社低凹地也有冻害发生。

9月1日,鄂托克旗霜冻,3330 hm² 庄稼颗粒未收。

9月2—3日,东胜区柴登乡出现霜冻,受灾面积 7.55 hm²,占粮田总面积的 34%。其中灾情五成以上的 4.09 hm²,无收成面积 1.22 hm²,受灾主要作物糜黍 1.99 hm²、谷子 0.76 hm²、荞麦 1.99 hm²,其他晚秋作物有轻微损伤。预计全社 96.3 万 kg 产量的基础上减产 21.8 万 kg;灾情较重的占什大队受灾面积 1.33 hm²,减产五成以上,无收获面积 0.67 hm²,减产 3 万 kg。

9月6日,伊金霍洛旗出现秋霜,全旗因冻害减产粮食 500 万 kg。

11月3—4日,受寒潮影响,鄂尔多斯市杭锦旗 48 h 降温 14 ℃。

1980 年 1月26—29日,受强寒潮影响,鄂尔多斯市杭锦旗 48 h 降温 21 ℃。

1月28—29日,受低温影响,伊金霍洛旗部分小学生有冻伤现象,冬储菜冻坏不少。

4月,乌审旗全旗播种粮油受冻 2000 余 hm²,纳林河果园 6000 株果苗损失 80%。

5月16—17日,由于伊金霍洛旗地面最低温度降到 −5 ℃,导致开花果树受冻害严重。

1981 年 5月1—2日,鄂尔多斯市风力 7~8 级,24 h 降温 10 ℃。

5月2—4日,准格尔旗出现霜冻,部分幼果被冻死。

5月17—18日,伊金霍洛旗因降温导致蔬菜受冻。

1982 年 5月20日,鄂尔多斯市杭锦旗 24 h 降温 13.5 ℃,最低气温 2.7 ℃,降雹 7.2 mm,由于牲畜刚抓剪绒毛,难以适应,全旗冻死羊 1.01 万只。

6月20—21日,强冷空气袭击鄂托克旗,使全旗 6172 头(只)牲畜受冻死亡。

鄂尔多斯市东部农区秋霜冻出现偏早。

9月24—27日,鄂尔多斯市霜冻面积 2460 hm²。

1984 年 4月17—18日,东胜区出现寒潮,对农牧业及道路交通产生不利影响。

4月25—26日,冷空气影响鄂托克旗地区,造成全旗牲畜死亡1131头(只),小麦受灾面积360 hm²。

4月25—27日,受强寒潮影响,鄂尔多斯市降温15 ℃,冻死4人,冻死牲畜5291头(只)。

1987年 6月5—6日,东胜出现霜冻、寒潮、大风、雷电,6日凌晨东胜各乡冻坏出土青苗93.25 hm²,其中4~5成26.80 hm²,6~7成26.84 hm²,无收获39.61 hm²。受灾15万人,受灾牲畜95万只,580多只刚剪毛的羊被冻死。其中柴登乡播种1336.93 hm²,出苗率50%左右,包括谷子、玉米、豆类、瓜类、山药等,出土的糜子全部被冻死,受灾面积932 hm²,补种面积800 hm²。当前正值剪毛季节,因刚剪过毛,冻死羊580只。漫赖乡早糜子受灾面积40.00 hm²;山药受灾面积229.67 hm²;玉米受灾面积66.67 hm²,1.73 hm²地膜西瓜和豆荚冻坏。9个村51个合作社大部分农作物被冻死。羊场壕乡0.23 hm²青椒、2.17 hm²豆角、1.17 hm²柿子、0.67 hm²茄子受灾。羊场壕乡有蔬菜社25个,50%的社受到风灾、冻灾影响,直接影响市民的蔬菜供应。

6月6日,达拉特旗昭君镇和恩格贝镇的青达门、高头窑、呼斯梁、宿亥图遭受霜冻灾害,受灾面积1146.7 hm²,受灾43个村8650户40362人,受灾玉米540 hm²、山药446.67 hm²、豆类100 hm²、麻子13.33 hm²、高粱46.67 hm²,冻死刚剪了毛的绵羊273只。

1988年 1月21—22日,因受西伯利亚冷空气入侵影响,乌审旗出现强寒潮大风。这次强寒潮大风50%的草牧场被沙埋,26.67万余hm²草牧场受到严重破坏,30多万头(只)牲畜出现严重缺草,3万多农牧民受到严重灾情袭击。受灾面积26.67万hm²。

1989年 5月12—13日,鄂尔多斯市遭受霜冻灾害,准格尔旗、乌审旗部分果树和农田受灾,经济损失320万元。

5月12—14日,东胜市遭受严重冻害,播种的油料,已出苗的豆类、瓜类,已定植蔬菜均程度不同地受到危害,受灾面积22.01 hm²。

5月24—25日,伊金霍洛旗终霜冻结束较晚,造成农作物幼苗和蔬菜幼苗几次遭受程度不同的冻害。

9月18—19日,伊金霍洛旗出现霜冻,全旗范围大田受霜冻影响,粮食减产较为严重。

1990年 9月26—27日,准格尔旗出现霜冻,蔬菜受影响很大。

1991年 4月25—26日,鄂托克前旗出现霜冻,死亡牲畜12000头(只),受灾面积9.5万hm²。受灾草牧场9.33万hm²,部分地膜西瓜、玉米、蔬菜被冻死,小麦等夏秋作物禾苗被冻死,全旗有1666.67 hm²农作物受严重影响,粮食减产125万kg。其中城川镇受灾面积4538.70 hm²,死亡牲畜300头(只),毁灭5.33 hm²地膜玉米、蔬菜,200 hm²小麦严重受冻,3333.33 hm²草场遇到损害,1000 hm²幼树被冻死。

10月17—18日,本次霜冻对蔬菜影响很大,造成不少地方受冻。

10月25—26日,伊金霍洛旗出现霜冻,使大多农作物被冻死。

1992年 9月28—29日,伊金霍洛旗出现霜冻,未收割的粮食作物大面积被冻死。

1993年 9月17—18日,伊金霍洛旗部分地区的农作物及蔬菜遭受不同程度低温冻害。

9月18日,鄂托克旗召稍、巴音淖、木肯淖、察汗淖、苏米图、公其日嘎等苏木出现了严重冰冻,室外存水结冰厚达10 mm。此次冰冻过程使巴音陶亥乡(巴音陶亥乡始建于1966年,原隶属鄂托克旗,1997年4月成建制划归乌海市海南区)西部4个村的大秋作物全部被冻死。

1994年 5月1—3日,全市出现强寒潮、霜冻、大风、降雪天气。鄂托克前旗、乌审旗出现了 6 级大风和沙尘暴。3 日凌晨,东胜区、杭锦旗出现冰冻,其他地区出现霜冻。48 h 内全市平均降温 18 ℃,其中东胜区、准格尔旗降温 23 ℃。

5 月 17 日凌晨,杭锦旗、东胜区、鄂托克旗、鄂托克前旗出现霜冻。

1995 年 春季,受低温影响,13.33 万余 hm² 水浇地苗期生长受抑制,3.33 万余 hm² 下湿地不能及时耕种,延缓了出苗。133.33 万余 hm² 草场返青生长不良。

9 月 9—10 日,初霜冻使伊金霍洛旗大多农作物被冻死。

9 月 24—27 日,准格尔旗出现霜冻,农作物遭受冻害。

1996 年 8 月 20—30 日,东胜区连续 10 d 出现阴雨、低温、寡照天气,严重影响农作物的灌溉速度和产量。

10 月 6—7 日,伊金霍洛旗出现霜冻,使未收割的粮食作物大面积冻死。

1997 年 5 月 29 日—6 月 1 日,鄂托克前旗出现霜冻,受灾面积 93.50 万 hm²,受灾人口 3.99 万,死亡牲畜 18000 头(只),经济损失 542.5 万元。全旗有 5000 hm² 农作物受灾,93 万 hm² 草牧场不同程度遭受灾害。冻死玉米 1482.67 hm²、豆类 368.73 hm²、葵花 126.2 hm²、小麦 36 hm²、山药 22 hm²。预计全旗减产粮食 1085 万 kg、苹果 3 万 kg。

5 月 31 日—6 月 1 日,鄂托克前旗城川镇出现霜冻,受灾农作物面积 778.9 hm²,受灾人口 2000,预计年内造成粮、油、料减产 340 万 kg;果品产果降低 6 万 kg,1.40 万头(只)牲畜面临无草料。

5 月,大风及低温冻害影响大田作物延缓出苗,出苗的作物生长缓慢。

1997 年终霜冻较常年推迟了近半个月,对农牧业危害较严重。6 月初的冻害有 13.4 万亩农作物受害绝收,重灾面积 20.33 万余 hm²。初霜冻出现较历年偏早,对农牧业危害严重。

1998 年 4 月 22—24 日,全市出现严重霜冻,当年果树开花期较往年提前半个月,这次霜冻使果树遭受了较为严重的冻害。其中东胜区出现霜冻、雷电、扬沙,使果树遭受了较为严重的冻害。

5 月 24 日,全市大部地区出现霜冻,局部地区豆类、玉米被冻死。

5 月 28 日,鄂尔多斯市出现霜冻,比常年的终霜期偏晚,造成了较大影响。

5 月 27—28 日,终霜冻使伊金霍洛旗部分地区的农作物及蔬菜遭受不同程度低温冻害。

5 月 28 日,气温突然回落造成杭锦旗大部分农作物遭受霜冻灾害,受灾农田 5333.33 余 hm²。

1999 年 9 月 21—22 日,秋霜冻导致伊金霍洛旗晚秋作物受害。

2000 年 1 月 10—11 日、21—22 日全市出现两次降雪天气,降雪量达到中到大雪,25—27 日、30—31 日,全市出现强寒潮天气,最低气温 −31.3~−22.8 ℃,月平均气温比历年同期偏低 1~5 ℃。降雪多于往年,积雪厚度 4~5 cm,积雪日数长达 20 多天,个别地区有白灾,对接羔保育和瘦乏牲畜过冬造成影响。冬天异常寒冷,出现十几年不遇的低温天气,且持续的时间长、涉及地域广。寒潮和降雪给人们出行带来诸多不便,影响交通运输。鄂托克前旗出现大雾和雾凇天气,发生多起交通事故。

2001 年 4 月下旬的低温使 1333.33 hm² 青苗被冻死,53.33 hm² 青苗受损,133.33 hm² 果树花蕾被冻死,1000 多眼水井被沙淤埋,淤埋塘坝 14 座,损失牲畜棚圈 1800 多处。

10 月 27—28 日,伊金霍洛旗出现霜冻,大田受霜冻影响,粮食减产较为严重。

2003 年 9 月 8—9 日,鄂托克旗和杭锦旗的 6 个苏木(乡、镇)遭受低温冷害。此次霜冻比正常年份早 20 d 左右,导致 2000 hm² 农作物受灾,绝收面积 800 hm²,减产粮食 200 万 kg,1.8 万人受灾,直接经济损失 288 万元。

2004 年 进入 5 月,受北路冷空气影响,气温起伏变化明显,冷暖变化尤为剧烈。4 月 28 日全市日最高气温 28.9～32.6 ℃,除达拉特旗外其余地区均突破历史同期最高值,各地日平均气温在 20.1～23.8 ℃,5 月 2 日全市日平均气温又降至 4～8 ℃。15 日夜间,受较强冷空气影响,气温突降,狂风肆虐,部分地区大风伴着雪花漫天飞舞,天地相连,白茫茫一片,为有气象记录以来罕见,一天中经历了两个季节。16 日早晨最低气温降到零下 0.1～3.6 ℃,大部地区出现霜冻,各旗(区)农作物不同程度都受到了冻害。

5 月 15 日夜晚—16 日凌晨,鄂尔多斯市大范围遭受霜冻。白天全市普降小雨,到夜间准格尔旗长滩乡出现冰雹(或霰),直径 2～3 mm(黄豆粒)大,降雹(或霰)时间 10 min 左右,受灾面积 126.67 hm²,全部毁种。杭锦旗 12 个乡(镇)、苏木,受灾面积约 1.08 万 hm²,需补种 3753.33 hm²。东胜区受灾面积 38.02 hm²。15 日夜间,气温突降,风力较大,伴有降雪,为有气象记录以来罕见。16 日早晨大部地区出现霜冻,早播出苗的玉米、葵花、豆类等农作物的青苗有的受冻变黑,严重的地区幼苗全部死亡。达拉特旗受灾面积 2066.70 hm²。根据 5 月 18 日 08 时农情统计,达拉特旗 7 个乡(镇)、苏木 2066.67 hm² 遭受轻微冻害。鄂托克旗出现冷雨湿雪,5 月 3 日和 16 日出现两次霜冻,前一次较重,但是由于大田作物未出苗,没有成灾,而 16 日的霜冻致使大田作物受到轻度冻害。5 月 16 日凌晨,东胜区哈巴格希乡(康巴什区前身)出现霜冻,出苗玉米受冻,其中最严重的马王庙村刚出土的地膜玉米苗全部被冻死。受灾面积 122 hm²,10 个社 59 户农民受灾,经济损失 110 万元。乌审旗出现霜冻,根据 5 月 18 日 08 时农情统计,乌审旗 6 个乡(镇)苏木,约 4666.67 hm² 面积受灾。

9 月 6—7 日,受冷空气影响,东胜区哈巴格西乡(康巴什区前身)340.00 hm² 农作物受灾,其中饲料玉米 151.33 hm²、青贮玉米 92.00 hm²,马铃薯 64.67 hm²,各类蔬菜 32.00 hm²,经济损失 32.80 万元。

2005 年 2 月 18—19 日,鄂尔多斯市大部地区出现寒潮天气,气温下降 9～11 ℃,是近十年来较寒冷的一个 2 月。由于近几年来实行设施养畜、育畜,天气虽然寒冷,但对鄂尔多斯市大多数地区的牲畜过冬、接羔保育影响不大。

2006 年 9 月 8—9 日,受贝加尔湖强冷空气的影响,鄂尔多斯地区出现入秋以来的第一场轻霜冻。此次霜冻是鄂尔多斯地区近些年来出现较早的一次,较常年(30 年)平均早 12～21 d。除东胜区、达拉特旗、伊金霍洛旗外,其余旗(区)为近 36 年记录中的最早日,乌审旗、杭锦旗为近 40 年来最早。据乌审旗、鄂托克前旗、达拉特旗、准格尔旗民政部门初步统计,4 个旗受灾 437738 人,农作物受灾面积 107842 hm²,成灾面积 94562.50 hm²,受灾农作物有玉米、马铃薯、辣椒、青贮玉米、糜谷及其他农作物,农业经济损失 32988.60 万元,直接经济损失 37890 万元。

其中,乌审旗受灾农作物总面积 17711.33 hm²,平均减产 3 成左右,受灾农牧民群众 10434 户 42675 人,累计造成直接经济损失 5738.5 万元。鄂托克前旗农作物受灾面积 13279 hm²,其中玉米 9362 hm²、马铃薯 720 hm²、辣椒 1030 hm²、青贮玉米 1872 hm²、其他农作物 295 hm²。受灾 45400 人,经济损失 4900 万元。敖勒召其镇农作物受灾面积 2533.33 hm²、玉米 1200 hm² 减产 2 成,青贮玉米 453.33 hm²,减产 2 成,山药 573.33 hm²,减产 3 成,辣子 106.67 hm²,减产 8 成,油葵 133.33 hm²,减产 5 成,蔬菜 66.67 hm²,减产 8 成,经济损失

500万元。伊金霍洛旗低洼处农作物受到不同程度的影响,估计减产5成左右。

2007年 5月11日夜间,乌审旗大部地区遭受低温冻害。据市民政局统计,共造成8000 hm² 农作物受灾,受灾人口3.97万,直接经济损失729万元。

2008年 5月10—12日,准格尔旗大部地区出现霜冻,豆类作物受灾较为严重,需重新播种,玉米受灾较轻。玉米和豆苗受灾8010 hm²,直接经济损失243万元。

受强冷空气影响,5月28—30日,鄂尔多斯市出现较为严重的低温冷冻灾害,导致全市大面积农作物被冻死或冻伤,未被冻死的也延误了生长期,使籽粒饱满度不足,产量下降。其中伊金霍洛旗境内出现霜冻天气,造成7个镇138个村不同程度受灾。受冷空气和大风沙尘两次过程共同影响,康巴什区(原东胜区哈巴格西乡)受灾3000多人,受灾农作物面积约为533.34 hm²,其中约有146.67 hm² 青苗死亡率在40%左右,386.67余 hm² 青苗死亡率在15%左右,受灾农作物主要是饲料玉米,经济损失100多万元。鄂托克前旗出现霜冻,受灾面积约1.63万 hm²,受灾8700人,经济损失2500万元。共有1.52万 hm² 玉米、1133.33 hm² 经济作物被冻死或冻伤,玉米减产3成左右,经济作物减产5成左右。5月30日清晨,乌审旗出现霜冻天气。经核查统计,全旗因风沙和低温冷冻造成26840.8 hm² 农作物受灾,其中重灾16090 hm²(即需要抢种补植短期生作物),受灾相对较轻的10750.8 hm²,受灾农牧民群众17628户55920人,造成直接经济损失16099万元。5月30日至6月1日,东胜区出现霜冻,1个街道办事处和2个镇的24个村294个社遭受不同程度的冷冻害,受灾人口1.72万,农作物遭受较严重损失,受灾农作物面积约30.68 hm²,其中受灾程度在40%以下的8.14 hm²,受灾程度在15%以下22.54 hm²,受灾农作物主要是玉米,经济损失约1000万元。

9月20—21日,受新疆北部冷空气东移影响,鄂尔多斯市大部分地区出现初霜冻情况,最低气温-2~4 ℃。此次霜冻较常年平均霜期提前5 d左右,属正常初霜发生时间。沿河达拉特旗、准格尔旗发生轻微霜冻,玉米等大秋作物普遍已经成熟,对产量影响不大。梁外地区(鄂托克旗、鄂托克前旗、乌审旗、杭锦旗、伊金霍洛旗)部分未成熟玉米(约2万 hm²,因春天受风灾、冻害影响,生育期普遍延长10 d以上)受本次霜冻影响减产1~3成。其中霜冻导致伊金霍洛旗部分蔬菜被冻死。康巴什区受灾面积共2380.9 hm²,其中格丁盖村280.0 hm²、达汗壕265.5 hm²、寨子塔802.2 hm²、马王庙419.9 hm²、乌兰什里613.3 hm²,受灾人口5165人,其中格丁盖村550人、达汗壕1200人、寨子塔1876人、马王庙579人、乌兰什里960人,经济损失共1069.2万元,其中格丁盖村210.0万元、达汗壕199.1万元、寨子塔151.7万元、马王庙211.6万元、乌兰什里296.8万元。鄂托克前旗农作物被冻死或冻伤面积17853.4 hm²,其中玉米16817.07 hm²、辣椒536.67 hm²、糜子499.67 hm²。农作物减产5成左右,受灾人口3.84万,经济损失5928万元。其中城川镇农作物受灾面积10066.67 hm²,其中玉米9266.67 hm²、辣椒533.33 hm²、糜子266.67 hm²,普遍减产25%以上。受灾人口4600人,经济损失3580万元。

2010年 4月,鄂托克前旗平均气温7.4 ℃,较常年平均偏低2.3 ℃,为鄂托克前旗有气象记录以来极端最低值,与1996年相同,月极端最低气温出现在1日,为-8.5 ℃;牧草返青期推迟,白草返青期为5月4日,较2009年晚18 d,针茅返青期为4月16日,较2009年晚1 d。受前期气温偏低影响,5月末优势牧草——白草绝对高度8 cm,较2009年同期偏低2 cm;针茅绝对高度7 cm,较2009年同期偏低6 cm。

2012年 5月13—15日,鄂尔多斯市大部地区气温下降,最低气温降幅6~12 ℃,鄂托克旗、乌审旗乌审召和河南出现轻霜冻。其中5月14—15日凌晨,乌审旗乌兰陶勒盖镇、图克镇的村和嘎查部分地区先后遭受霜冻灾害。此次霜冻灾害涉及2302户5004人,受灾农作物3066 hm²,受灾草牧场66666 hm²,累计经济损失达176万元。

据9月13—14日调查,9月12—13日,乌审旗出现了不同程度的霜冻或轻霜冻,受冻地区农作物的经济损失预计在1成左右。

2013年 9月25—26日,准格尔旗纳日松镇全镇范围内出现霜冻天气,部分村遭受灾害。受灾农作物为玉米、荞麦。其中,玉米受灾143.33 hm²,荞麦受灾86.67 hm²,造成直接经济损111.3万元。

2014年 4月25日,东胜区出现冷雨湿雪天气,过程平均气温3.1 ℃,日降水量为17.4 mm,积雪深度为9 cm,导致东胜区部分园林树木枝叶和花草折损严重。

5月5—6日,达拉特旗展旦召苏木部分嘎查(村)出现了霜冻灾害,受灾面积196.3 hm²,冻死冻伤玉米约189.67 hm²、西瓜约6.67 hm²。

5月9—10日,达拉特旗展旦召苏木19个嘎查(村)出现了霜冻灾害,受灾面积4180.7 hm²,冻死冻伤玉米4116.33 hm²、西瓜63.33 hm²、药材1 hm²、葡萄树100棵。

5月12—13日,达拉特旗局部地区明显降温,出现了霜冻,造成19个村6800户受灾,受灾面积4795.6 hm²,玉米受灾面积4759 hm²,西瓜受灾面积35.5 hm²,其他作物受灾面积1.1 hm²。受灾人口18871人,经济损失1011.2万元。

2016年 3月10—11日,准格尔旗出现冻灾,经济损失18.9万元。

受冷空气影响,5月13—14日凌晨,乌审旗图克镇沙日嘎毛日村部分地区出现不同程度的霜冻,造成约266.67 hm²玉米、豆类等农作物受灾,灾情涉及302户1004人,经济损失约96万元。

5月14日13时—15日05时许,在乌审旗全苏力德苏木范围刮起6~7级强风,15日凌晨出现霜冻。据统计,全苏木受灾农牧户2631户7455人,12.05万余hm²草牧场受灾,1984.4 hm²水浇地玉米地成灾,约4866.87 hm²水浇地玉米地受灾,约81.07 hm²水浇地牧草受灾,共计经济损失617.83万元。

5月11—12日、13—15日,鄂托克前旗先后出现了沙尘、大风、霜冻天气,加至土壤墒情较差,致使大部地区遭受不同程度的灾害。5月以来,共出现8次扬沙和5次瞬时风力7级的大风天气,其中5月11日出现了8级以上大风,瞬时风速17.2 m/s。14日下午至夜间,鄂托克前旗大部地区出现了扬沙天气,扬沙过后出现了大幅降温,15日清晨鄂托克前旗大部地区最低气温降至0 ℃以下,在−3.4~2 ℃之间。鄂托克前旗4个镇62个嘎查(村)6657户7466人受灾,受损受灾农作物面积27296 hm²,其中玉米受灾面积26207 hm²,西瓜受灾面积1089 hm²。水浇地受灾面积4567 hm²,房屋屋顶掀翻1处,棚圈掀翻2处,蔬菜大棚51处受损,造成经济损失约980万元。

2017年 1月28—29日,受冷空气影响,准格尔旗经济损失31.2万元。

2018年 1月28—29日,受低温影响,准格尔旗经济损失1.9万元。

3月11日,准格尔旗出现冻灾,经济损失73.3万元。

4月3—4日,准格尔旗十二连城乡兴胜店村出现霜冻,经济损失1.7万元。

4月4—6日,准格尔旗出现霜冻,经济损失1.7万元。

6月3—4日,受冷空气影响,准格尔旗沙圪堵镇石窑沟村经济损失3.2万元。

9月14—15日,受冷雨影响,准格尔旗薛家湾镇柳树湾村经济损失1.1万元。

10月15—16日,准格尔旗出现霜冻,经济损失14.2万元,其中布尔陶亥苏木尔圪壕嘎查经济损失0.5万元。

2019年 2月18—19日,准格尔旗出现冻灾,经济损失12.5万元。

3月30—31日,受冷空气影响,准格尔旗经济损失0.1万元。

4月2—3日,受霜冻影响,准格尔旗十二连城乡兴胜店村经济损失0.2万元。

4月10—11日,准格尔旗出现霜冻,经济损失2.1万元。

5月12—13日,受冷空气影响,鄂尔多斯市气温明显下降,13日清晨各旗(区)最低气温降至-2.1~1.7 ℃,均达到霜冻标准,创下5月1日以来气温最低。霜冻对农作物和花草树木产生了一定的不利影响,出苗较早的玉米受到不同程度的冻害。

5月11—14日,达拉特旗出现大风、沙尘、降温天气。受大风和冷空气影响,吉格斯太镇、王爱召镇、白泥井镇、恩格贝镇等大部地区有霜冻或轻霜冻,造成农作物覆膜等农业设施被破坏,玉米、西瓜等农作物不同程度冻死、冻伤和吹断,全旗共造成36个村4724户11911人受灾,受灾农作物10713.9 hm²,其中,玉米受灾面积9862.9 hm²,西瓜受灾面积597 hm²,其他农作物254 hm²,经济损失1856.6万元。恩格贝镇13个村128个社1034户受灾;白泥井镇7个村54个社受灾,受大风影响有一户房屋受损;昭君镇1个村2个社40户受灾;王爱召镇8个村31社出现霜冻灾害,冻死冻伤玉米、西瓜等作物;吉格斯太镇7个村69社出现霜冻灾害。

5月13—14日,乌审旗6个苏木(镇)出现低温冷冻灾害,主要受灾农作物为玉米和西瓜,受灾面积为12272.7 hm²,受灾19361人,直接经济损失2399万元。

5月20日清晨,鄂托克前旗大部地区再次出现霜冻或轻霜冻。此次大风和霜冻天气造成全旗大部分地区的玉米、西瓜、辣椒、马铃薯、南瓜、果树、葱、萝卜、葡萄、小麦等农作物受灾,基础设施受损(其中拱棚受损9处、羊棚受损2处、墙体倒塌1处)。经初步调查统计,共有6859户受灾,农作物受灾面积3.34万hm²,其中绝收249.33 hm²,重新补种270.65余hm²,农作物减产面积约27646.67 hm²,造成经济损失约150万元。

9月13—14日,受冷空气影响,准格尔旗经济损失3.3万元。

2020年 3月22—23日,准格尔旗出现霜冻,经济损失21.3万元。

4月19—23日,鄂尔多斯市各旗(区)出现不同程度的霜冻天气。22—23日,各旗(区)最低气温降至-9.8~-3.4 ℃,其中乌兰镇、阿勒腾席热镇、薛家湾镇和锡尼镇最低气温为1981年以来同期最低。

据应急管理局和农牧业局统计,乌审旗、鄂托克旗、达拉特旗、鄂托克前旗的瓜果、蔬菜等百余亩大棚作物遭受冻害。其中,乌审旗出现低温冻害,据统计,灾害共造成嘎鲁图镇432人、19.96 hm²的玉米、果树和蔬菜受灾;无定河镇6人、2.07 hm²的西瓜及蔬菜受灾;苏力德苏木161人、3.57 hm²的玉米、西瓜及蔬菜受灾;图克镇19人、1.27 hm²的玉米、青椒及蔬菜受灾。本次低温冷冻在乌审旗范围内对农业共造成直接经济损失20.494万元。达拉特旗出现不同程度的霜冻,导致当地刚出苗的覆膜西瓜、大棚豆角、玉米受冻。展旦召苏木道劳村、柳林村、井泉村大棚约6.27 hm²西瓜、4 hm²玉米、0.13 hm²香瓜被冻死,温室育苗(青尖椒)2栋(折大田4.67 hm²)受冻,农户自育蔬菜苗50棚共约2.67 hm²被冻死。总受灾面积129.7 hm²,受灾涉及706人,经济损失180.0万元。

11月17—19日,东胜区出现寒潮天气过程,48 h内日最低气温下降11.2 ℃,对农牧业及道路交通产生不利影响。

12月28—30日,东胜区出现寒潮天气过程,48 h内日最低气温下降17.1 ℃,对农牧业及道路交通产生不利影响。

12月29—30日,受低温影响,准格尔旗经济损失3.2万元。

第九章 高温热浪

第一节 概述

高温灾害是我国较为常见的气象灾害之一,近年来高温热浪等极端天气气候事件出现频率明显增加(韩雪云 等,2019)。按照气象领域的定义,一般把最高气温等于或高于 35 ℃称为高温天气,如果这种高温天气能够一直持续数天(大于 3 d),就称为"高温热浪"天气,最高气温大于等于 37 ℃时,称作酷暑。

高温热浪是比高温天气危害性更高的一种极端天气,它会产生多方面的危害。持续处于极端高温会直接导致人类身体疾病或间接的影响情绪和精神系统,使工作效率下降,患肠道疾病、心脑血管等病症的概率升高(陈横 等,2009)。高温下居民群体性持续使用大功率电器并大量用水,给水利、电力等部门带来供求压力,从而影响居民正常生产、生活。农林牧方面,持续一段时间的高温天气会致使土壤中的水分蒸发流失,也会加速植物、作物的蒸腾作用,当雨水异常偏少时,大风和高温对于水分的蒸发和挥发作用就会变得更加明显,多种气象要素的不利叠加会造成干旱灾害,且随时间延长发展严重,给农业、牧业、林业生产带来更多不利影响。与此同时,气温久居不下并伴有大风天气时还易引发森林草原火灾,这会造成森林、草原生态环境的破坏和大气环境污染。气温高还会使得砂石土地状态疏松,抗剪能力变差,造成地质灾害风险变高(陈才,2020)。此外,高温热浪还影响文化旅游、日常出行、建筑施工等诸多方面。

根据高温天气对人体造成的精神影响和身体健康危害,对高温热浪的判断标准进行制定。高温热浪的规范制定受地理位置、社会人文和经济发展等多方面要素的影响。我国一般把日最高气温达到或超过 35 ℃时称为高温天气,连续 3 d 以上的高温天气称之为高温热浪过程。世界气象组织建议将高温热浪的标准制定为日最高气温高于 32 ℃,且持续 3 d 以上;荷兰皇家气象研究所则定义日最高气温高于 25 ℃,且持续 5 d 以上,其中至少有 3 d 最高气温高于 30 ℃;美国、加拿大、以色列等国家气象部门的高温标准则结合温度和相对湿度两个气象要素的热指数而定(徐金芳 等,2009)。

人体对于冷热的感觉取决于气温、空气湿度、风力、太阳热辐射等,因此,当气象要素的配置发生变化时,会对应出现不同类型的高温天气,表现出不同的特征。高温天气通常分为干热型高温和闷热型高温两种类型。干热型高温是指气温高、太阳辐射强且空气湿度低的高温天气。夏季,此类高温天气通常在北方地区出现。闷热型高温是指夏季水汽条件好,空气潮湿,在气温升高时,体感闷热。此类高温天气通常在南方地区出现,闷热型高温老百姓俗称"桑拿天"。经常出现在我国沿海、长江中下游和华南地区(谈建国 等,2009)。

鄂尔多斯市高温过程的发生受大气环流形势影响,可以分为大陆高压控制、副热带高压控制和西北气流控制三类。①大陆高压控制,鄂尔多斯市高空受大陆高压控制,地面一般以偏西气流为主,湿度较低,无法有效地分散热量,较易出现高温天气。②副热带高压控制,在副热带高压向西延伸或向北抬升的过程中,会控制鄂尔多斯市高空环流形势。副热带高压稳定少动,加之北方冷空气补充不及时,导致高温持续时间较长,易出现极端高温天气。③西北气流控制,环流形势呈两槽一脊时,鄂尔多斯市受强盛暖脊前的西北气流控制,对流层中下层下沉升温,干热少云,尤其沙漠等下垫面午后太阳短波辐射强致使地面升温明显(顾润源,2009)。

鄂尔多斯市高温热浪的发生还与下垫面有关,如地形地貌、地表植被覆盖度等,基于鄂尔多斯市所处的复杂多样的地表下垫面(分布有草原、平原、沙漠、山丘等),不同下垫面的比热容、反射能力、吸收能力等物理性质相差较大,因此温度的变化趋势也存在明显差异。高温热浪是鄂尔多斯市发生次数较少的灾害,分布范围也较为局地,影响程度相对较轻,常常与干旱灾害伴随发生。

一、年际变化特征

1960—2020年鄂尔多斯市平均最高气温、极端最高气温年际波动均较大,年平均最高气温有波动升高的趋势,各个国家气象观测站数据统计显示线性升高速率为0.19(杭锦旗)~0.45 ℃/10a(鄂托克前旗);全市常年平均最高气温14.9 ℃,年平均最高气温极大值出现在鄂托克前旗,为17.3 ℃(2013年)。年极端最高气温极大值出现在达拉特旗,为40.2 ℃(1975年)。1960—2020年无高温年的概率为28%(达拉特旗)~90%(东胜区)。年高温日数最大值出现在达拉特旗(2015年,15 d)。

1960—2020年达拉特旗年平均最高气温线性升高速率为0.30 ℃/10a(图9.1);常年平均最高气温15.1 ℃,年平均最高气温极大值出现在2017年,为16.4 ℃;极小值出现在1967年,为12.8 ℃。年极端最高气温极大值出现在1975年,为40.2 ℃;极小值出现在1988年,为33.3 ℃。达拉特旗无高温年的概率为28%,年高温日数最大值出现在2015年(15 d)。

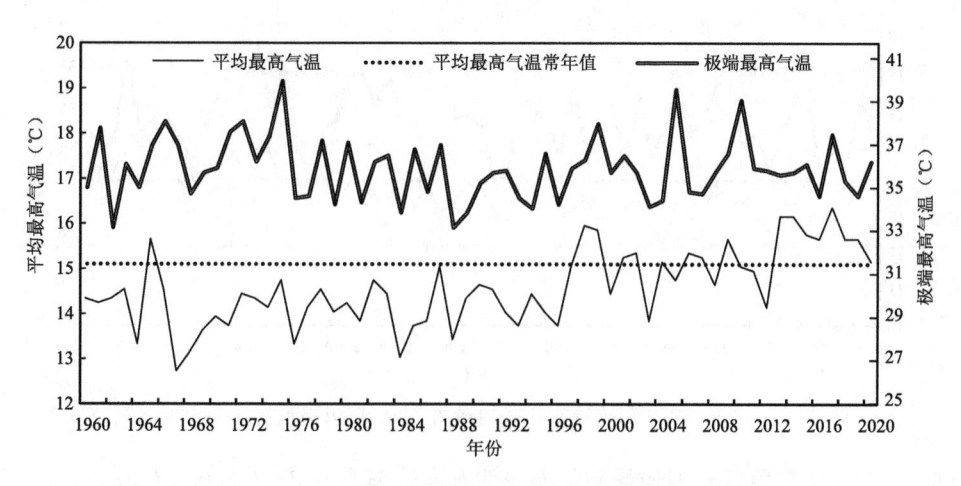

图9.1 1960—2020年达拉特旗年平均最高气温、年极端最高气温时间序列

1960—2020年鄂托克旗年平均最高气温线性升高速率为0.26 ℃/10a(图9.2);常年平均最高气温14.9 ℃,年平均最高气温极大值出现在2013年和2017年,均为15.9 ℃;极小值出现在1967年,为12.7 ℃。年极端最高气温极大值出现在2017年,为39.1 ℃;极小值出现在

1962年和1989年,均为32.2 ℃。鄂托克旗无高温年的概率为54%,年高温日数最大值出现在1999年(6 d)。

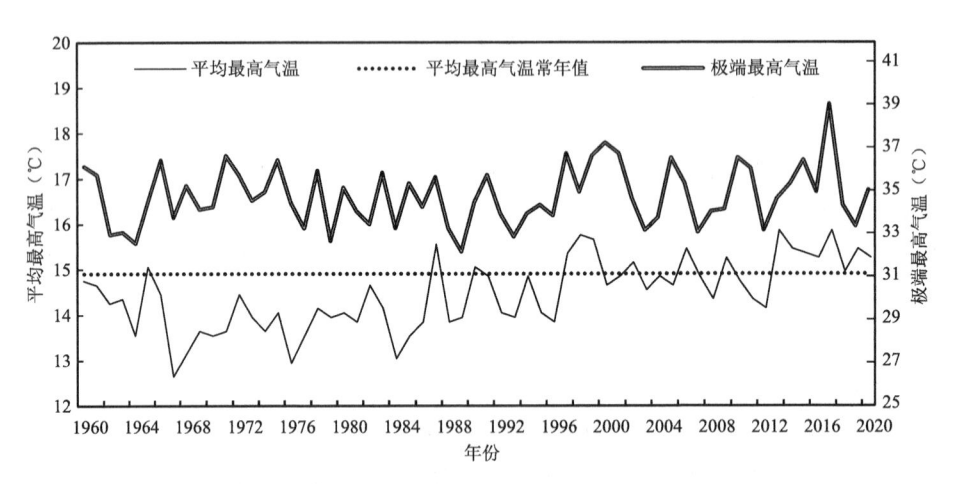

图9.2 1960—2020年鄂托克旗年平均最高气温、年极端最高气温时间序列

1960—2020年杭锦旗年平均最高气温线性升高速率为0.19 ℃/10a(图9.3);常年平均最高气温14.0 ℃,年平均最高气温极大值出现在1960年和2017年,均为16.3 ℃;极小值出现在1967年和1984年,均为12.0 ℃。年极端最高气温极大值出现在2007年,为38.1 ℃;极小值出现在1964年,为31.6 ℃。杭锦旗无高温年的概率为64%,年高温日数最大值出现在2007年(10 d)。

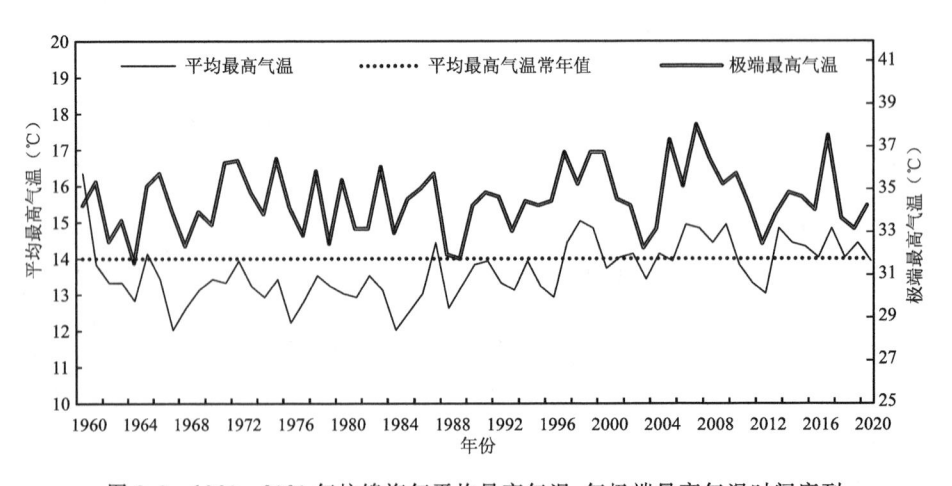

图9.3 1960—2020年杭锦旗年平均最高气温、年极端最高气温时间序列

1960—2020年东胜区年平均最高气温线性升高速率为0.33 ℃/10a(图9.4);常年平均最高气温12.9 ℃,年平均最高气温极大值出现在1960年和2017年,均为14.0 ℃;极小值出现在1967年,为10.4 ℃。年极端最高气温极大值出现在2005年,为36.7 ℃;极小值出现在2004年,为30.0 ℃。东胜区无高温年的概率为90%,年高温日数最大值出现在2010年(4 d)。

1960—2020年伊金霍洛旗年平均最高气温线性升高速率为0.23 ℃/10a(图9.5);常年平

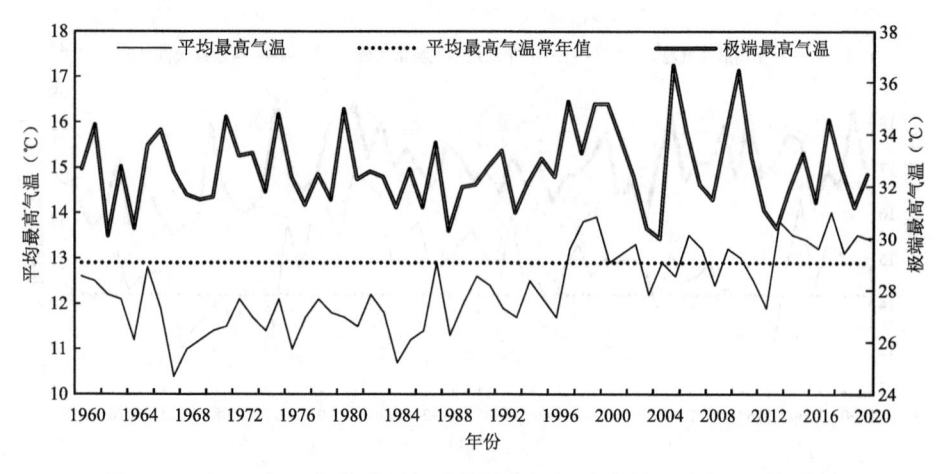

图 9.4　1960—2020 年东胜区年平均最高气温、年极端最高气温时间序列

均最高气温 14.2 ℃,年平均最高气温极大值出现在 1969 年,为 16.1 ℃;极小值出现在 1967 年,为 11.8 ℃。年极端最高气温极大值出现在 1999 年,为 37.4 ℃;极小值出现在 1964 年,为 31.5 ℃。伊金霍洛旗无高温年的概率为 74%,年高温日数最大值出现在 1999 年(6 d)。

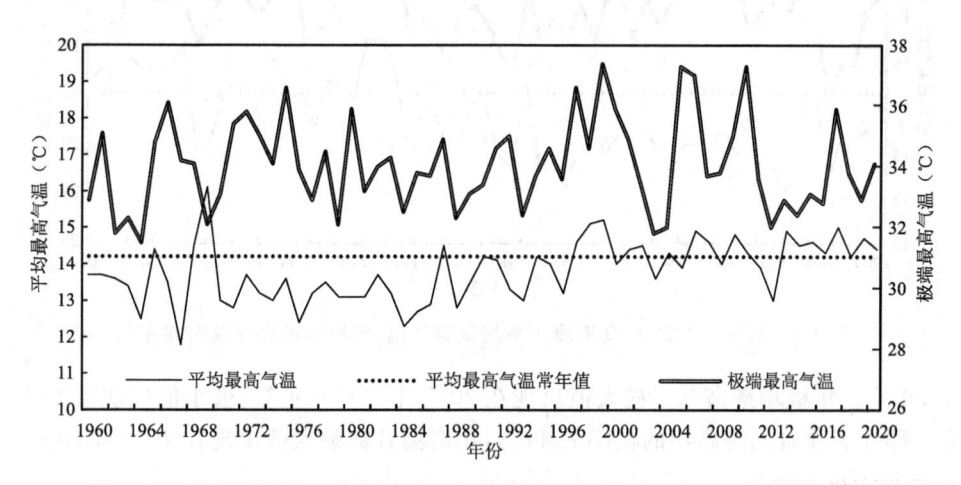

图 9.5　1960—2020 年伊金霍洛旗年平均最高气温、年极端最高气温时间序列

准格尔旗受 2005 年迁站影响,1960—2020 年气温时间序列不连续(图 9.6);常年平均最高气温 14.2 ℃,年平均最高气温极大值出现在 1999 年,为 16.8 ℃;极小值出现在 2012 年,为 13.0 ℃。年极端最高气温极大值出现在 2005 年,为 38.9 ℃;极小值出现在 2016 年,为 32.5 ℃。准格尔旗无高温年的概率为 36%,年高温日数最大值出现在 2001 年(15 d)。

1960—2020 年乌审旗年平均最高气温线性升高速率为 0.32 ℃/10a(图 9.7);常年平均最高气温 15.3 ℃,年平均最高气温极大值出现在 1998 年和 1999 年,均为 16.5 ℃;极小值出现在 1967 年,为 13.1 ℃。年极端最高气温极大值出现在 2005 年,为 37.9 ℃;极小值出现在 1964 年,为 30.8 ℃。乌审旗无高温年的概率为 59%,年高温日数最大值出现在 1972 年(6 d)。

1967—2020 年鄂托克前旗年平均最高气温线性升高速率为 0.45 ℃/10a(图 9.8);常年平均最高气温 16.1 ℃,年平均最高气温极大值出现在 2013 年,为 17.3 ℃;极小值出现在 1967

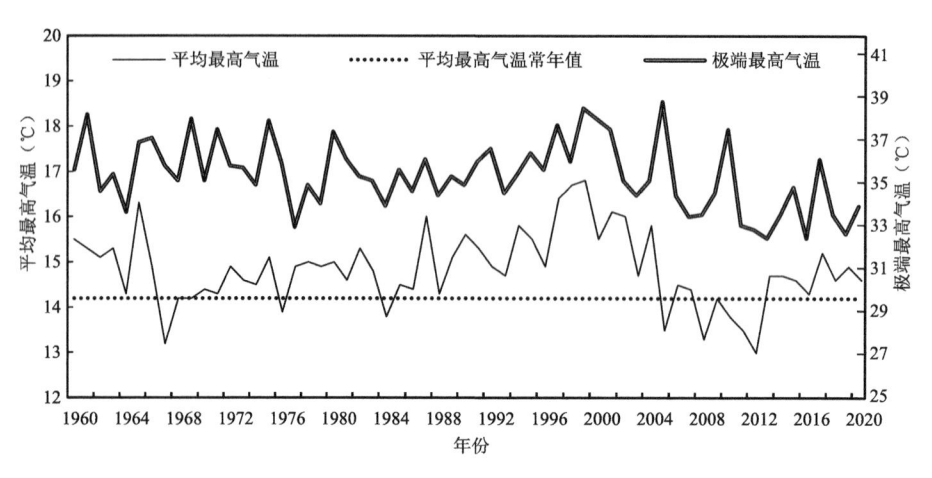

图9.6 1960—2020年准格尔旗年平均最高气温、年极端最高气温时间序列

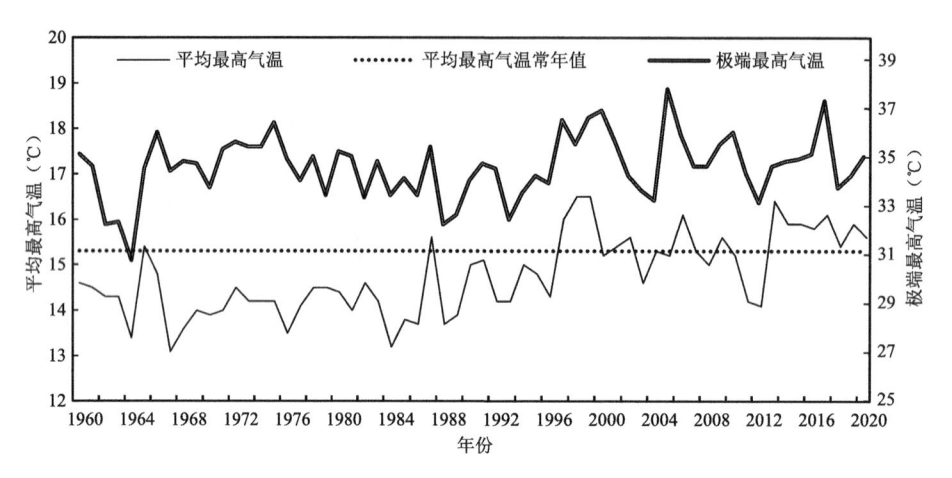

图9.7 1960—2020年乌审旗年平均最高气温、年极端最高气温时间序列

年,为13.6 ℃。年极端最高气温极大值出现在2017年,为39.4 ℃;极小值出现在1989年,为33.1 ℃。鄂托克前旗无高温年的概率为44%,年高温日数最大值出现在2017年(9 d)。

二、月际变化特征

1960—2020年,鄂尔多斯市月平均最高气温和月极端最高气温最大值均出现在7月,分别为29.0 ℃和34.3 ℃。高温日最早出现在4月,最晚出现在9月,集中分布在7月,为59 d,占全年高温日数的56%。

1960—2020年,达拉特旗月平均最高气温和月极端最高气温最大值均出现在7月,分别为30.0 ℃和35.4 ℃。达拉特旗高温日出现在5—8月,集中分布在7月,为99 d,占全年高温日的53%;其次出现在6月的高温日数为42 d,占全年高温日数的28%(图9.9)。

1960—2020年,鄂托克旗月平均最高气温和月极端最高气温最大值均出现在7月,分别为29.1 ℃和34.4 ℃。鄂托克旗高温日出现在6—9月,集中分布在7月,为46 d,占全年高温日数的73%(图9.10)。

图 9.8　1960—2020 年鄂托克前旗年平均最高气温、年极端最高气温时间序列

图 9.9　1960—2020 年达拉特旗平均最高气温、极端最高气温、高温日数月变化

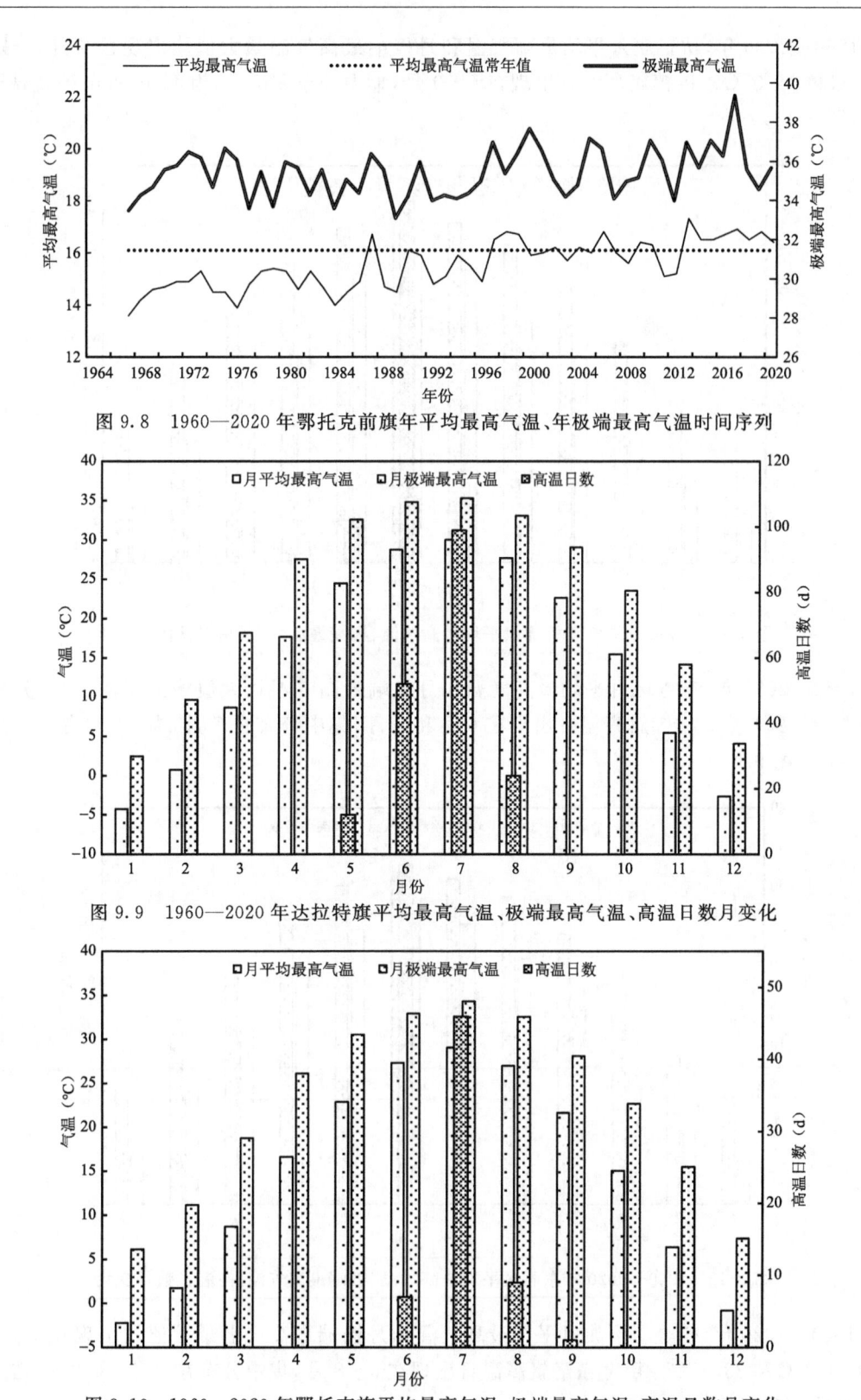

图 9.10　1960—2020 年鄂托克旗平均最高气温、极端最高气温、高温日数月变化

1960—2020年,杭锦旗月平均最高气温和月极端最高气温最大值均出现在7月,分别为28.6 ℃和34.0 ℃。杭锦旗高温日出现在6—9月,集中分布在7月,为41 d,占全年高温日的74%(图9.11)。

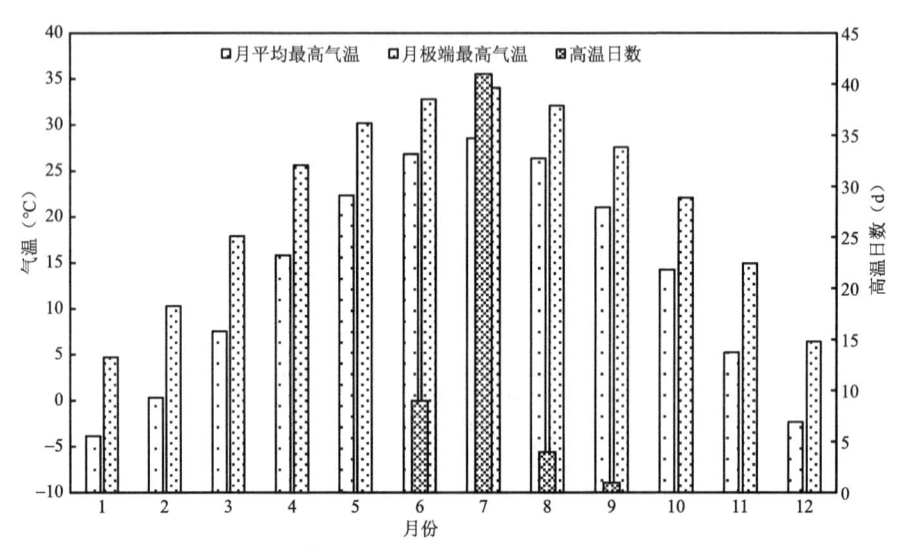

图9.11 1960—2020年杭锦旗平均最高气温、极端最高气温、高温日数月变化

1960—2020年,东胜区月平均最高气温和月极端最高气温最大值均出现在7月,分别为26.9 ℃和32.1 ℃。杭锦旗高温日出现在6月和7月,集中分布在7月,为12 d,占全年高温日的86%(图9.12)。

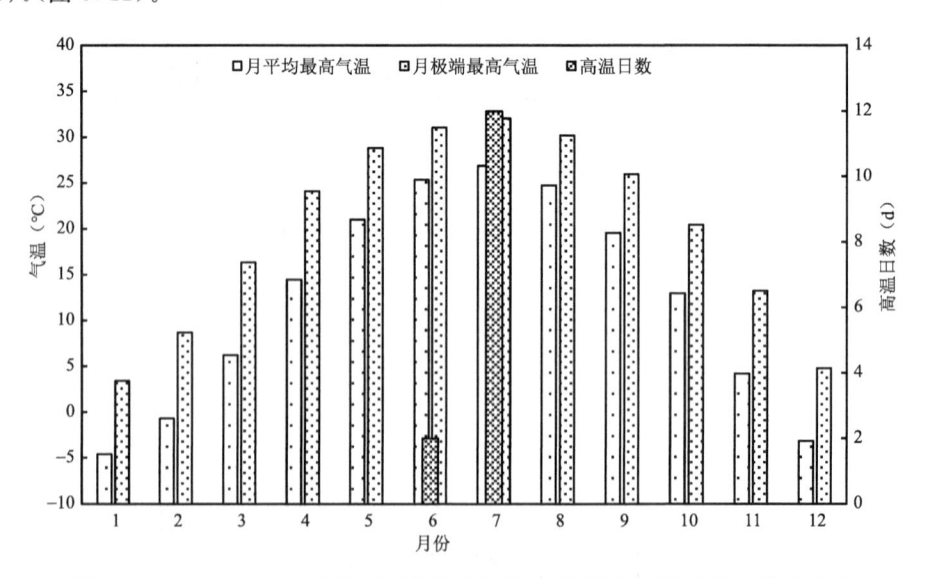

图9.12 1960—2020年东胜区平均最高气温、极端最高气温、高温日数月变化

1960—2020年,伊金霍洛旗月平均最高气温和月极端最高气温最大值均出现在7月,分别为28.2 ℃和33.4 ℃。伊金霍洛旗高温日出现在6—8月,集中分布在7月,为22 d,占全年高温日的76%(图9.13)。

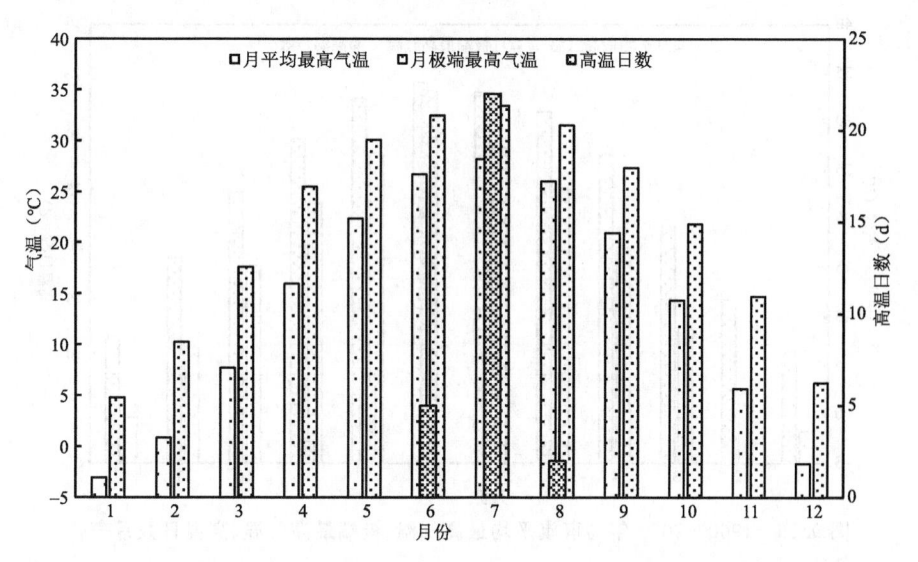

图 9.13　1960—2020 年伊金霍洛旗平均最高气温、极端最高气温、高温日数月变化

1960—2020 年,准格尔旗月平均最高气温和月极端最高气温最大值均出现在 7 月,分别为 29.6 ℃和 34.7 ℃。准格尔旗高温日出现在 4—9 月,主要分布在 7 月,为 78 d,占全年高温日的 55%;其次出现在 6 月,高温日数为 35 d,占全年高温日的 25%(图 9.14)。

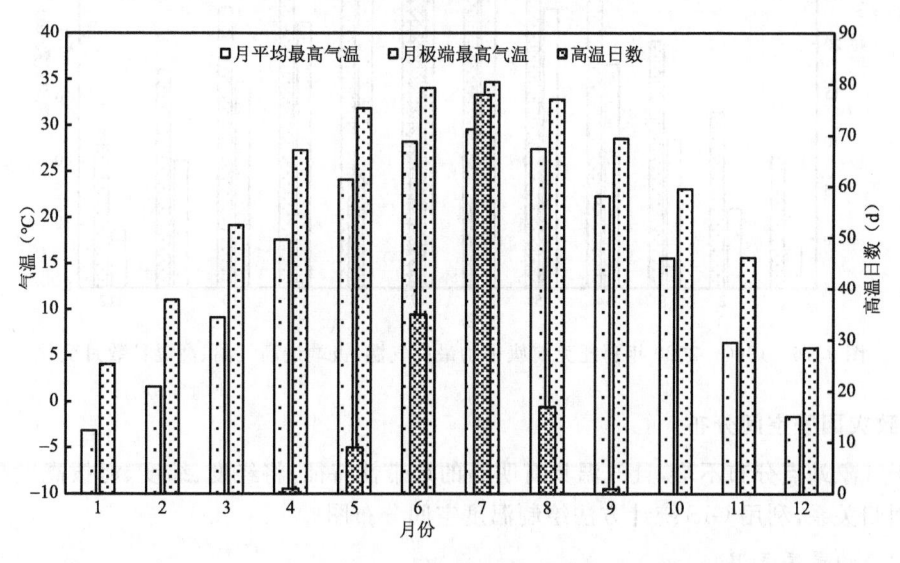

图 9.14　1960—2020 年准格尔旗平均最高气温、极端最高气温、高温日数月变化

1960—2020 年,乌审旗月平均最高气温和月极端最高气温最大值均出现在 7 月,分别为 28.9 ℃和 34.1 ℃。乌审旗高温日出现在 6—8 月,主要分布在 7 月,为 34 d,占全年高温日的 64%(图 9.15)。

1960—2020 年,鄂托克前旗月平均最高气温和月极端最高气温最大值均出现在 7 月,分别为 29.5 ℃和 35.0 ℃。鄂托克前旗高温日出现在 6—9 月,主要分布在 7 月,为 58 d,占全年高温日的 64%(图 9.16)。

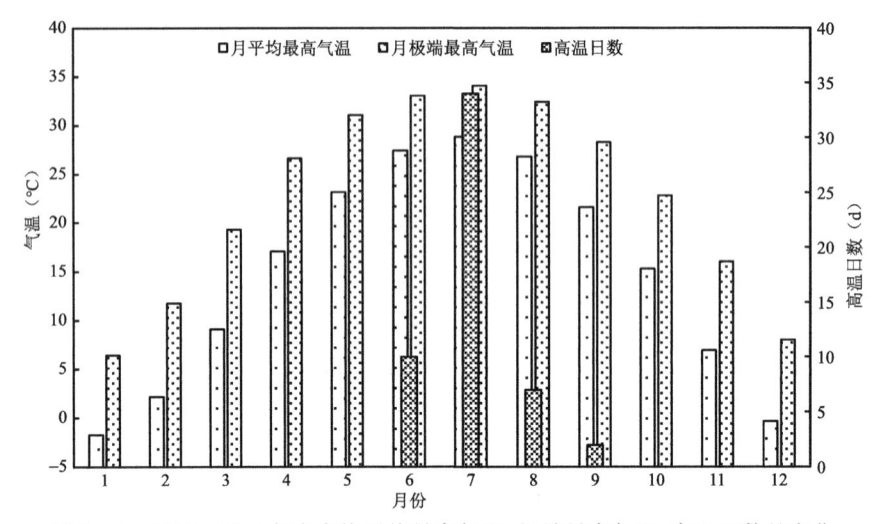

图 9.15　1960—2020 年乌审旗平均最高气温、极端最高气温、高温日数月变化

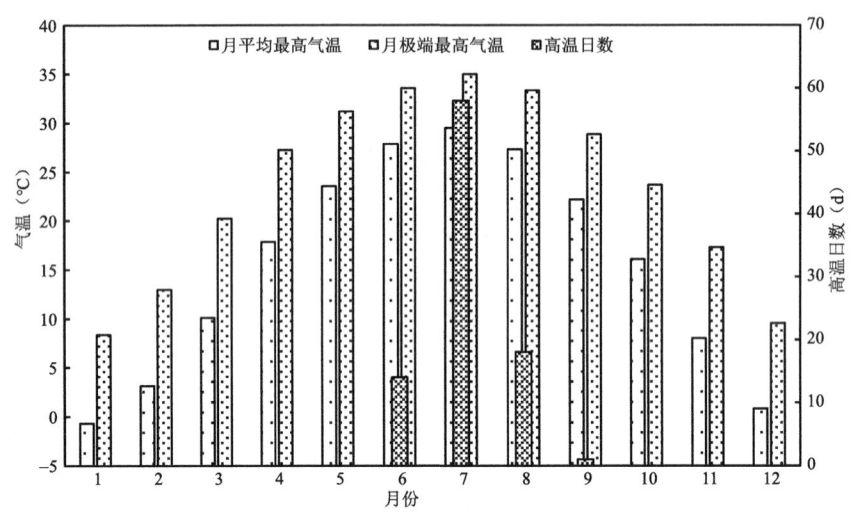

图 9.16　1960—2020 年鄂托克前旗平均最高气温、极端最高气温、高温日数月变化

三、致灾因子空间分布

由于气象站点分布不均,且气温具有明显的地带性特征,将经度、纬度、海拔高度与气温建立多元回归关系,利用 GIS 统计方法绘制温度空间分布图。

(一)平均最高气温

鄂尔多斯市各旗(区)国家级气象站平均最高气温为 12.3~15.7 ℃,呈中东部低、四周高的分布。低值区主要位于东胜区及周边地区,高值区主要分布在杭锦旗西部、鄂托克前旗和乌审旗南部((彩)图 9.17)。

(二)极端最高气温

鄂尔多斯市各旗(区)国家级气象站极端最高气温为 32.7~36.8 ℃,极端最高气温高值区的分布与地表覆盖类型、下垫面物理性质和纬度相关较强,主要出现在西北部沙漠区、北部沿河一带以及鄂托克旗西部、鄂托克前旗西部、乌审旗南部等纬度偏低地区((彩)图 9.18)。

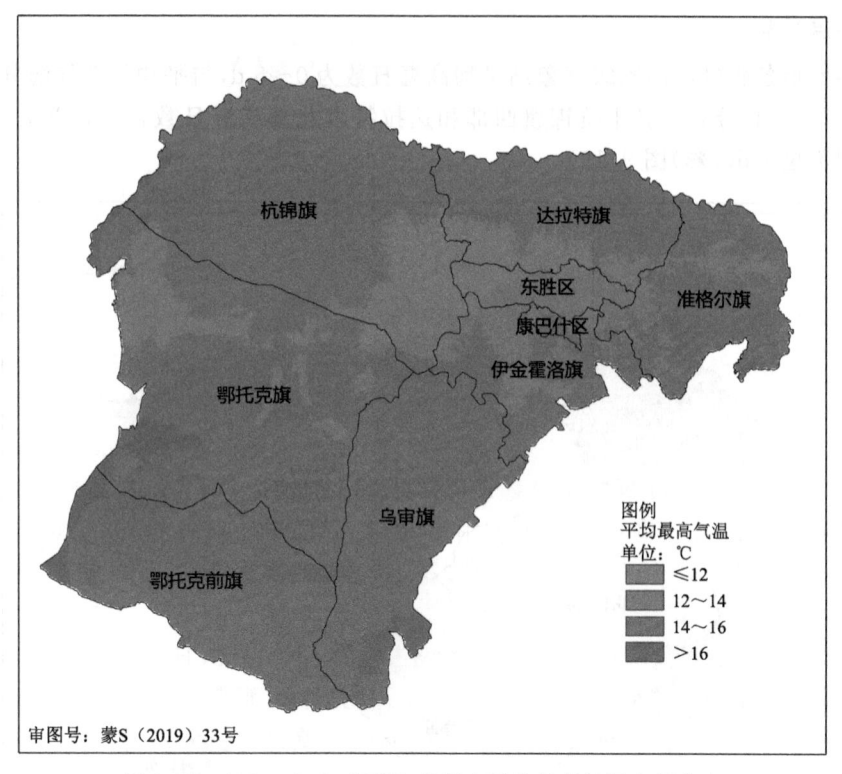

图 9.17　1960—2020 年鄂尔多斯市平均最高气温空间分布

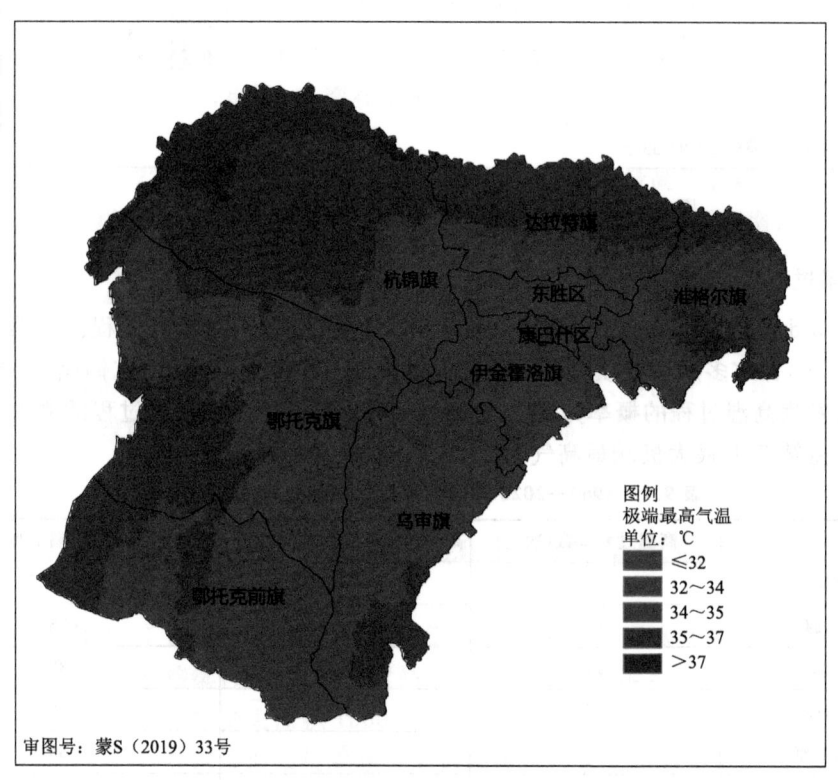

图 9.18　1960—2020 年鄂尔多斯市极端最高气温空间分布

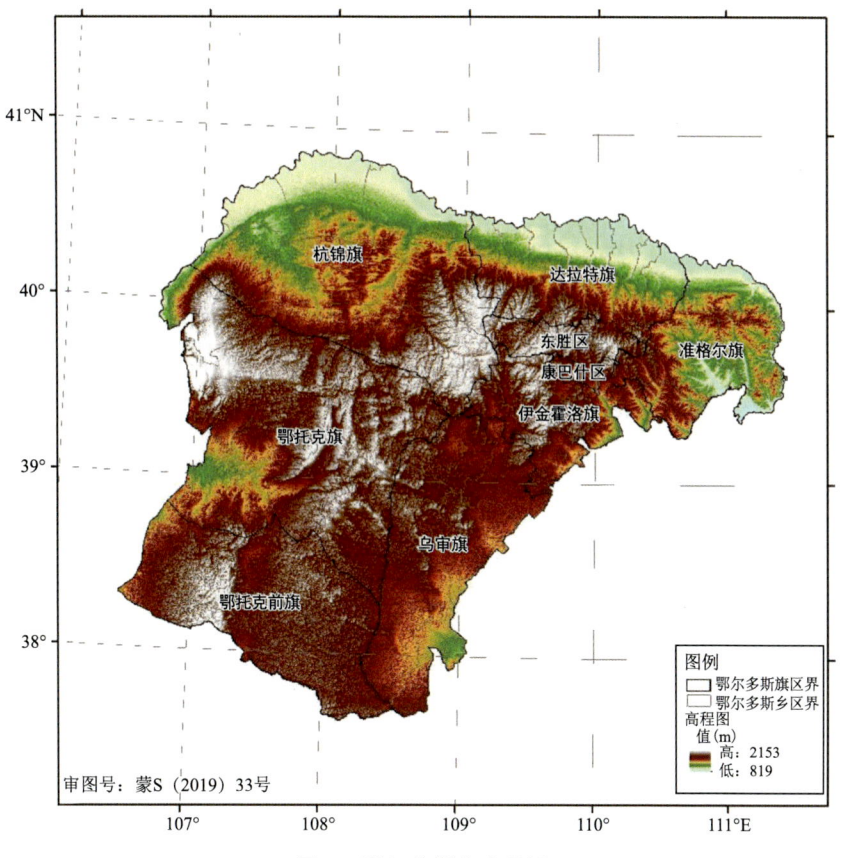

图 1　鄂尔多斯市高程图

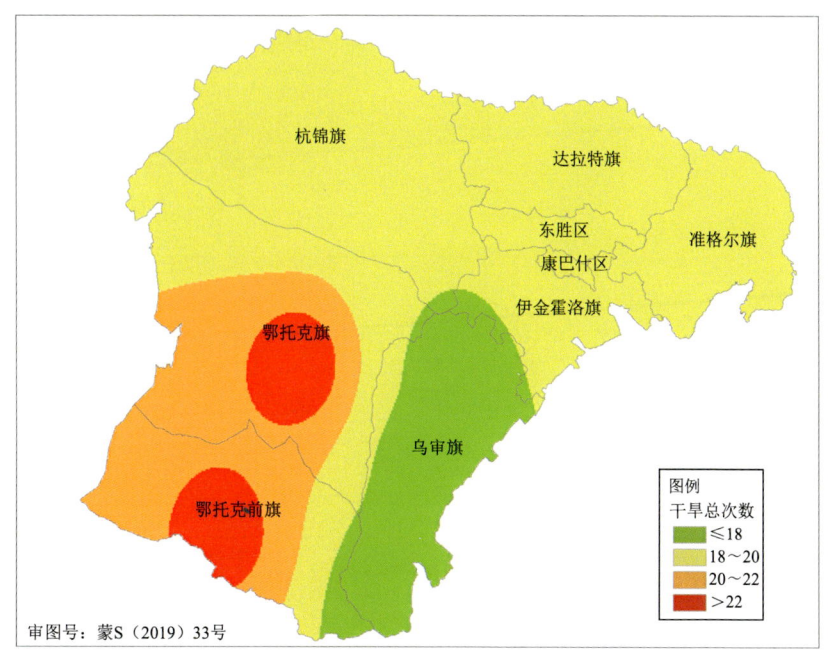

图 1.6　鄂尔多斯市 1960—2020 年干旱发生总次数空间分布

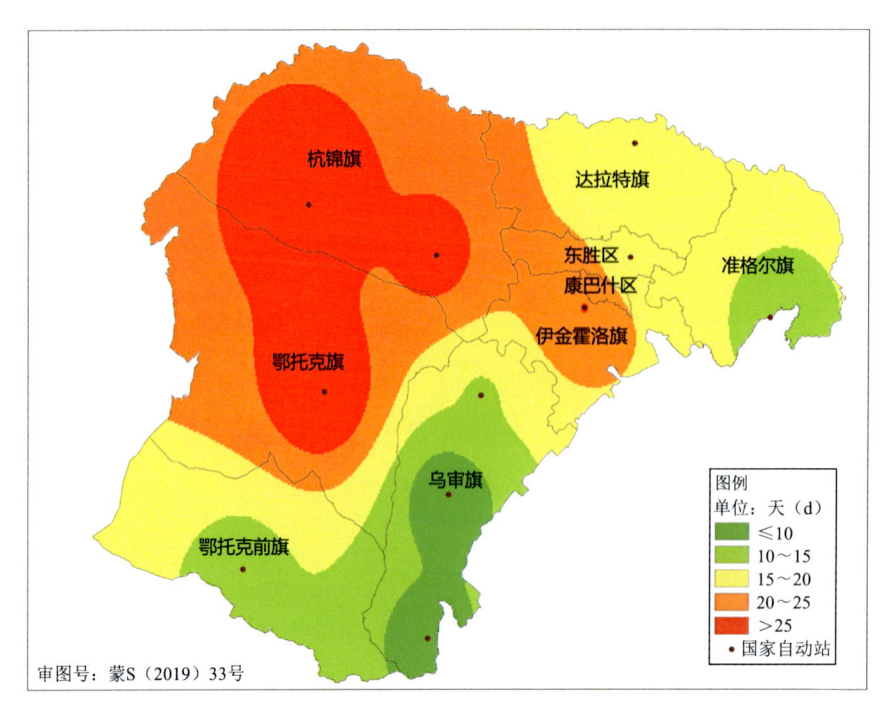

图 3.5　鄂尔多斯市年平均大风日数空间分布

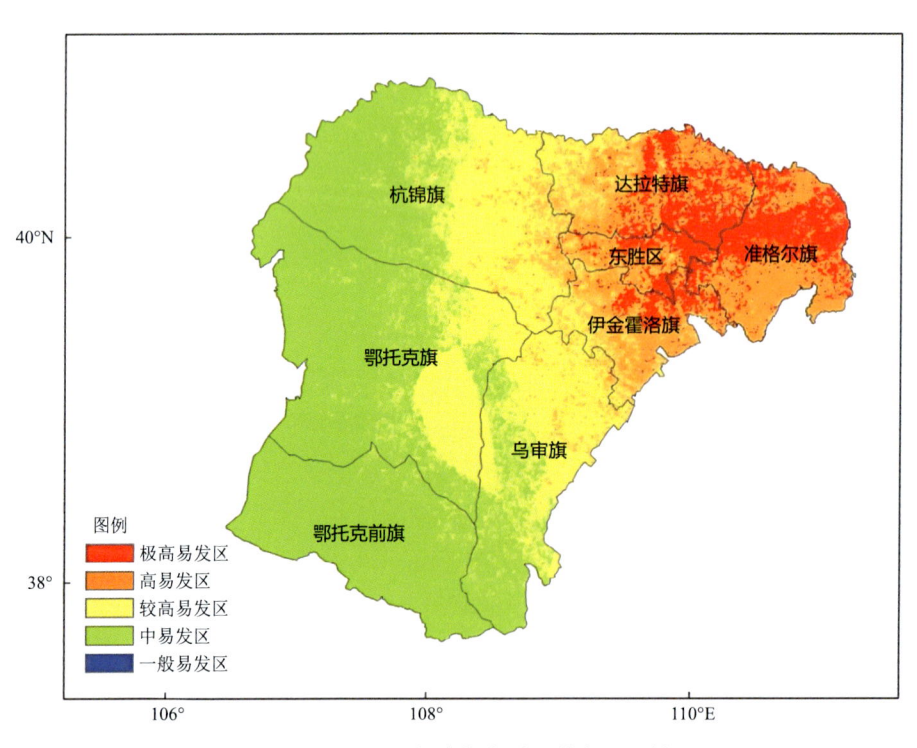

图 6.9　鄂尔多斯市雷电易发区区划

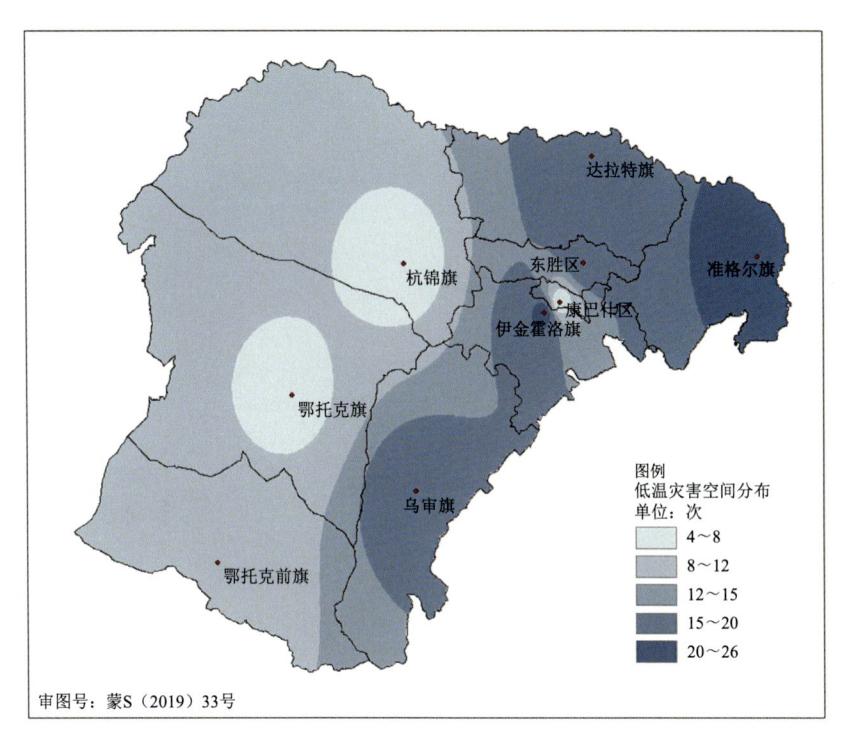

图 8.3 1957—2020 年鄂尔多斯市低温灾害空间分布

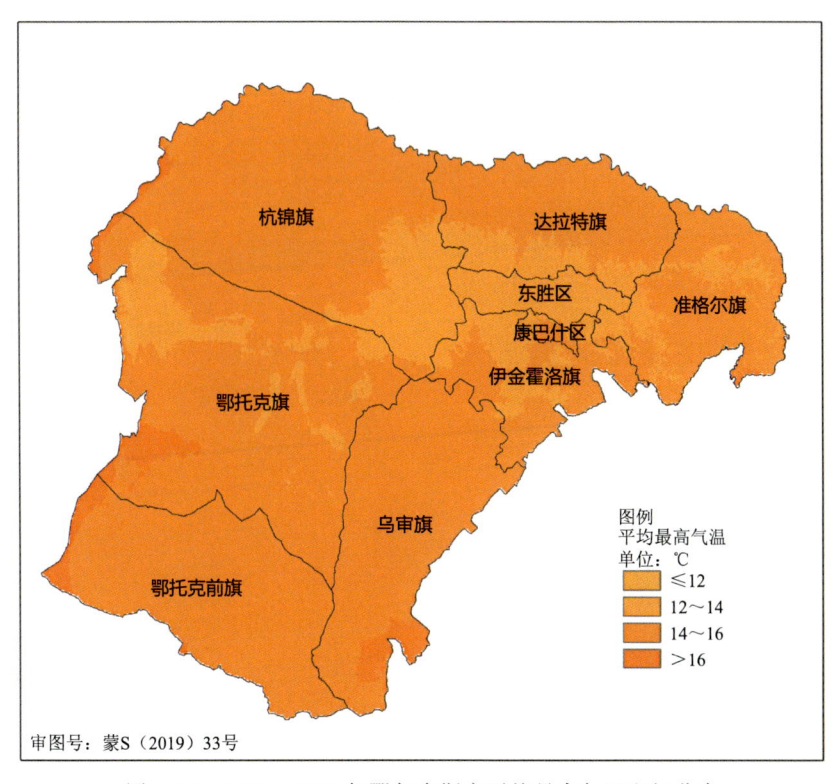

图 9.17 1960—2020 年鄂尔多斯市平均最高气温空间分布

· 3 ·

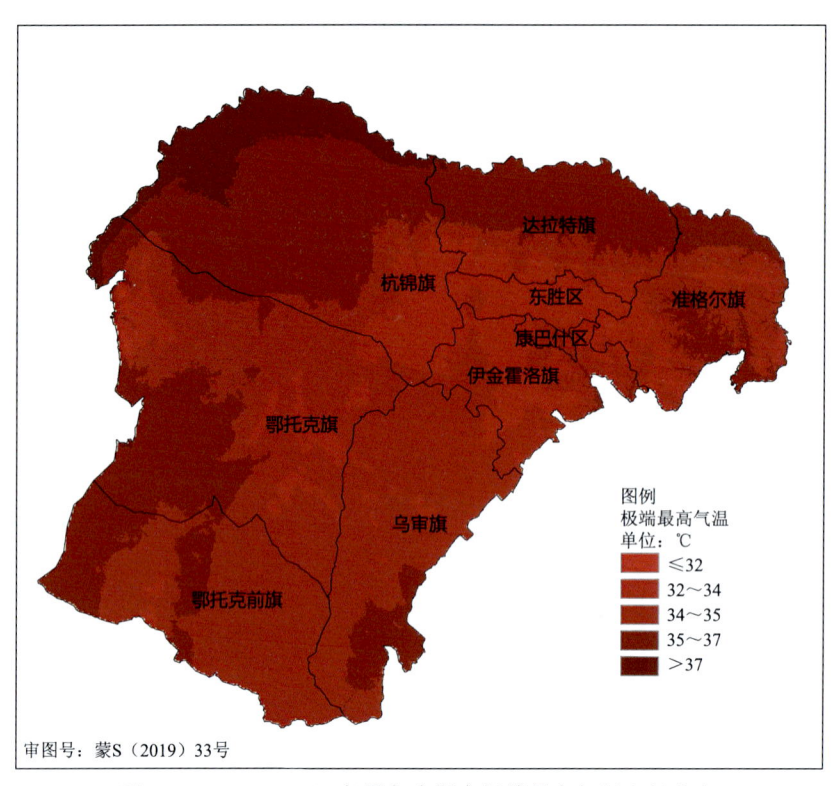

图 9.18　1960—2020 年鄂尔多斯市极端最高气温空间分布

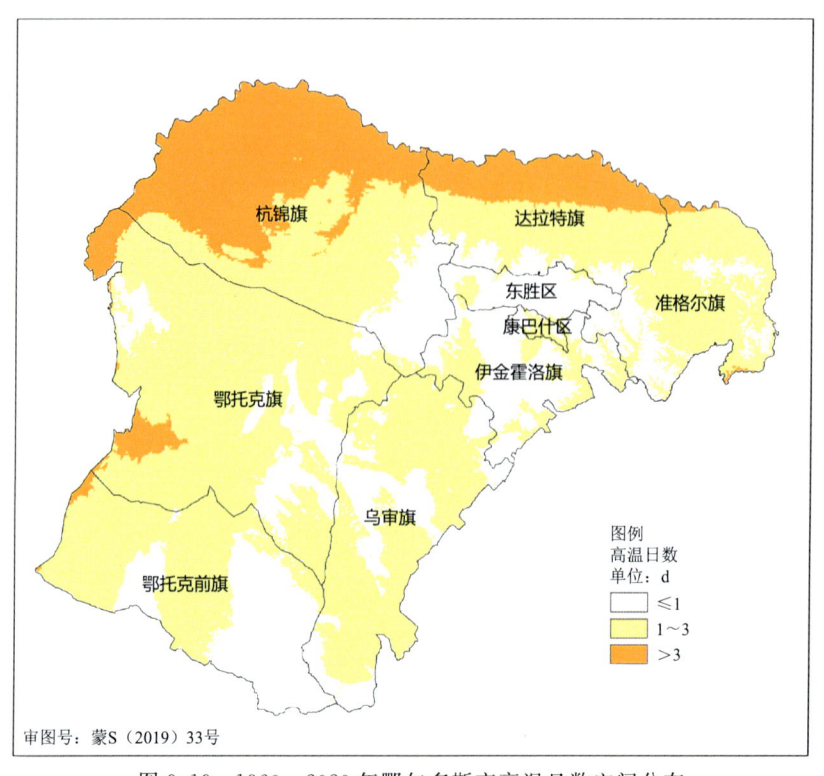

图 9.19　1960—2020 年鄂尔多斯市高温日数空间分布